本书出版是在国家自然青年科学基金（31801485）和哈尔滨学院青年博士科研启动基金项目（HUDF2017212）的资助下完成。

食品保藏与加工工艺研究

董世荣　徐　微　孙　宇／著

中国纺织出版社

内容提要

食品保藏和加工是一门应用科学，是食品工业重要的支柱科学之一。作者根据自己多年的教学经验，并结合生产实践的需要，撰写了《食品保藏与加工工艺研究》一书。本书首先系统而简洁地介绍了食品的原材料和食品保藏技术，在食品加工技术部分，将食品保藏和加工原理融合到各加工工艺中，在具体介绍几类常见食品的加工工艺时，强化了食品加工工艺与设备的应用。本书适用于高等学校食品及相关专业，也可作为高等职业学校、继续教育等同类专业的学习用书，也可作为从事食品相关的教学、科研开发、生产管理、行政管理人员的参考书。

图书在版编目（CIP）数据

食品保藏与加工工艺研究 / 董世荣，徐微，孙宇著
. -- 北京：中国纺织出版社，2019.7 （2024.2重印）
ISBN 978-7-5180-5559-3

Ⅰ. ①食… Ⅱ. ①董… ②徐… ③孙… Ⅲ. ①食品保鲜-高等学校-教材②食品贮藏-高等学校-教材③食品加工-工艺学-高等学校-教材 Ⅳ. ①TS205

中国版本图书馆 CIP 数据核字（2018）第 250365 号

责任编辑：姚　君　　　　责任印制：储志伟

中国纺织出版社出版发行
地址：北京市朝阳区百子湾东里 A407 号楼　邮政编码：100124
销售电话：010-67004422　传真：010-87155801
http://www.c-textilep.com
E-mail：faxing@e-textilep.com
中国纺织出版社天猫旗舰店
官方微博 http://www.weibo.com/2119887771
北京兰星球彩色印刷有限公司印刷　各地新华书店经销
2019 年 7 月第 1 版　2024年2月第4次印刷
开本：710×1000　1/16　印张：18
字数：313 千字　定价：81.00 元

前言

食品是人们生活的第一需要，随着我国经济的快速发展和城乡居民生活水平的不断提高，人们对食品的需求也发生了很大的变化。不仅要求吃饱，更要求营养、安全、优质、快捷、方便和多层次、多样化，这些需求成为我国食品工业升级改造的强大推动力。食品工艺是食品工业重要的支柱之一，食品工艺学的发展关系到每个人的生活，人们都在享受着食品工艺学发展带来的快捷生活和健康。

食品工业是人类的生命工业，也是永恒不衰的工业，食品工业现代化和饮食水平是反映人民生活质量高低及国家文明程度的重要标志。食品工业是我国国民经济的重要支柱产业，也是关系国计民生及关联农业、工业、流通等领域的大产业。在社会对安全、方便、健康、美味食品的需求推动下，食品加工理论的研究、食品新资源的开发、食品生产工艺和设备的提高等方面需要不断更新与进步。通过对食品加工和保藏的基本原理、相关技术和工艺及典型代表食品等专业知识的掌握，可为学习食品加工领域的专业课程或从事食品工业生产、管理、质量控制及相关领域的工作打下扎实基础。

本书共分为九章。第一章总结性的表述食品加工和保藏的各个方面内容。第二章介绍了食品加工原料，从分类与特征、结构和加工特性、安全生产与控制、食品加工的常用辅料四个方面进行了描述。第三章到第九章介绍了食品的各种加工工艺，分别是食品干制加工工艺研究、冷冻食品加工工艺研究、罐藏食品加工工艺研究、发酵食品加工工艺研究、腌制与烟熏食品加工工艺研究、果蔬制品加工工艺研究、饮料加工工艺研究。

本书参考并引用了大量相关文献，在此我们对相关作者深表感谢。由于作者学识与经验有限，加之时间仓促，书中难免不妥之处，恳请同行专家和读者不吝指正。

作　者

2019年1月

目录

第一章　绪论

食物是指一切天然存在可以直接食用或经初级加工可供食用的物质的统称。食物能够为人类提供营养或愉悦，通常含有碳水化合物、脂肪、蛋白质、维生素、矿物质、水等营养素中的一种或多种，当然食物也包括提供咖啡因、茶多酚、活性生物碱等对人体生活有益的成分。食物是人类赖以生存和繁衍的物质基础，人类的一切生命活动，包括人体生长发育、细胞更新、组织修补、功能调节等都必须从外界摄取物质和能量，因此，食物对人类来说如同阳光、空气一样重要。《中华人民共和国食品安全法》（以下简称《食品安全法》）中定义的食品是指各种供人食用或者饮用的成品和原料以及按照传统既是食品又是中药材的物品，但是不包括以治疗为目的的物品。因此，该食品范畴与传统食物范畴相同。

食物的来源可以是植物、动物或者微生物。食物可以由采集、耕种、畜牧、狩猎、捕捞等许多种不同的方式获得。早期人类的食物来源靠的是狩猎和采集野生植物果实，随着人类在长期生活实践中对动、植物生长规律的熟悉和掌握，人类逐渐学会了靠经营畜牧业和农业增加食物的生产方法。因此，农业的出现是人类文明的起源，也是人类进化的标志。随着食物季节性或区域性的相对过剩，推动了食物保藏与加工技术的发展。食品保藏和加工技术的发展状况反映了人类社会发展的文明程度，标志着一个民族和国家经济文化发达的程度和水平。

第一节　食品基本要素

人类根据当地的饮食习惯、爱好或其他特殊需要，利用各种食物原料，通过不同的食物搭配和各种加工处理，制成形态、风味、营养价值和功能性质等各不相同的花色品种。这些经过加工制作的食物统称为加工食品，加工食品是可作为商品流通的食物。食品的种类繁多，但作为商品的食品必须符合卫生安全、营养易消化性、良好的风味和外观、食用方便、耐贮藏运输等要求。

一、食品的卫生与安全性

自古就有“民以食为天，食以安为先”的治国安民的古训。食品安全是当今世界食品生产与消费中最受关注的问题，即使在科学技术高度发达、被认为是世界上食品供给最安全的国家——美国，也不断面对食品安全的挑战，并将其列为美国21世纪食品领域十大研究方向之首。在我国，近年来不断出现的食品安全问题，不仅给人民生命财产与健康带来了很大危害，同时严重挫伤了人们对国产食品的信心，也影响我国食品在国际上的声誉和地位。因此，加强食品生产、加工和流通环节的安全防护与监督控制，保证向消费者提供安全、卫生的食品是所有食品生产者首先必须牢记的原则。

食品安全性涉及从种植、养殖阶段的食品源头到食品销售和消费的整个食品链的所有相关环节，现代食品安全问题包括：环境污染、自然毒素、微生物污染、源头污染、加工污染、其他不确定的饮食风险。

（一）环境污染

环境污染物包括无机污染物和有机污染物。无机污染物主要涉及汞、镉、铅等重金属及一些放射性物质污染，一方面可能源于原料产地的地质影响，但是更为普遍的污染源则主要是工业、采矿、能源、交通、城市排污、农业生产等带来的。有机污染物中的二噁英、多环芳烃、多氯联苯等工业化合物及副产物，都具有可在环境和食物链中富集、毒性强等特点。随着工业化发展带来的环境污染日趋严重，越来越多的有毒有害物质通过大气、水体、土壤及食物链进入食品，污染食品进入人体很容易导致健康损害。环境污染带来的食品安全事件往往是灾难性的，多数重金属在体内有蓄积性和放射性，能产生急性和慢性毒性反应，可能还会有致畸、致癌和致突变的潜在危害。1968年发生在日本富山县的镉污染造成当地稻米中镉的含量超过当时日本食品限量标准的45倍，结果使1000多名更年期的女性因严重缺钙而全身骨骼疼痛，几百人死亡。2007年，南京农业大学潘根兴教授的研究团队，在全国6个地区（华东、东北、华中、西南、华南和华北）县级以上市场随机采购大米样品91个，结果表明，10%左右的被测市售大米镉超标。国家环保部数据显示，2009年重金属污染事件致使4035人血铅超标、182人镉超标，引发32起群体性事件。

（二）自然毒素

自然产生的食品毒素是指食品本身成分中含有的天然有毒有害物质，如发芽和绿色马铃薯中的龙葵碱、棉籽中棉酚毒素、黄花菜中秋水仙碱，以及存在于可食植物的某些豆类、核果和仁果的果仁、木薯块根中的氰苷类毒素等，都会引起食用者中毒反应，其中有一些是致癌物或可转变为致癌物。在人为特定条件下，食品中产生的某些有毒物质也多被归入这一类，如粮食油料等在从收获到贮运过程中产生的黄曲霉毒素，食品高温过程中产生的多环芳烃类、丙烯酰胺等，都是毒性极强的致癌物。天然的食品毒素广泛存在于动、植物体内，所谓“纯天然”食品不一定安全。

（三）微生物污染

微生物污染是影响食品卫生和安全的最主要因素，在种养、加工、贮藏和销售整个环节都可能造成食品的微生物污染。过去几十年，由于进食被沙门菌、空肠弯曲菌、肠出血性大肠杆菌污染的食品而引起的食源性疾病的发病率居高不下。在我国食物卫生安全问题中，食物中毒仍是最普遍、最主要的危害，而食物中毒中细菌造成的中毒事故占绝大多数，达到98.5%，细菌中毒多集中在粮食和食品贮存运输环节、卫生管理薄弱的食品加工点和一些餐饮摊点。环境污染和一些现代技术导致的致病菌菌株的突变，也导致食源性疾病发病率升高。因此，食品卫生管理中加强预测食品微生物学受到格外关注。

（四）农业种植业和养殖业的源头污染

在农业种植和养殖过程中，对食物原料的污染主要为农药、兽药（抗生素、激素）和禁止使用的饲料添加剂的滥用和残留。我国使用量最大的农药为有机磷农药，广泛用于农作物的杀虫、杀菌、除草，如甲胺磷、氧化乐果、久效磷、对硫磷、甲拌磷、敌百虫等，而这些正是农作物中残留最为严重的农药。随食物摄入人体内的残留农药，会分布于全身组织，大量摄入或接触后可导致急性中毒。饲料中长期、超量或违禁使用矿物质、抗生素、防腐剂和类激素等，可造成动物源性食品中有害物的残留而直接危害人体健康，目前对人畜危害较大的兽药及药物饲料添加剂主要包括抗生素类、磺胺类、呋喃类、抗寄生虫类和激素类等药物。此外，β-兴奋剂（如瘦肉精）、类固醇激素（如乙烯雌酚）、镇静剂（如氯丙咳、利血平）等是目前畜牧业中常见的滥用违禁药品。

（五）食品加工、贮藏和包装过程的污染

食品造假、违法经营已经成为我国食品安全最大的危害。使用病死畜禽肉、变质食材、地沟油等劣质原材料加工、制造食品；违规超剂量、超范围添加食品添加剂；非法添加非食用成分，如火锅中添加罂粟壳，用硫磺、“吊白块”漂白米粉、腐竹、竹笋、馒头，染色玉米馒头，墨水甘薯粉条等。为此，2011年原国家卫生部在先后公布了食品中可能违法添加的非

食用物质名单和食品中可能滥用的食品添加剂名单。另外，加工场地、人员、设备带来的有机、无机和微生物污染；食品加工过程中使用的机械管道、锅、白铁管、塑料管、橡胶管、铝制容器及各种包装材料等，也有可能对食品带来有毒物质的污染，如单体苯乙烯可从聚苯乙烯塑料包装进入食品；陶瓷器皿表面的釉料中所含的铅、镉、锑等溶入酸性食品中；纸包装材料中的造纸助剂、荧光增白剂、印刷油墨中的多氯联苯等会对食品造成化学污染；不锈钢器皿存放酸性食品时间较长渗出的镍、铬等也可污染食物。

二、营养和易消化性

人体正常生长发育需要各种均衡的营养素，在食品安全标准《预包装食品营养标签通则》（GB 28050—2011）中定义，营养素是指食物中具有特定生理功能，能维持机体生长、发育、活动、繁殖及正常代谢所需物质，包括蛋白质、脂类、碳水化合物、维生素、矿物质等。营养素主要来源于人类摄入的食物，食品是公众获取营养的最主要途径，营养也是人们对食品的最基本要求。公众营养状况是宏观反映人口发展水平和素质的关键指标，也是一个国家和民族文明进步程度的重要标志。

易消化性是指食品被人体消化吸收的程度。食品中的营养成分只有被消化吸收以后，才有可能成为能被人体利用的营养素。食品加工过程中的脱壳去皮、去纤维、熟化、嫩化等处理工序不仅是为改善食品口感、提高食品的营养价值，而且也是提高食品易消化性的重要措施。但加工必须适度，过度精制食品，尤其是大米、面粉等谷物食品，会造成矿物元素和维生素等营养素的流失，甚至可能引起疾病。

三、外观和风味

作为食品，要具有能激发人们食欲的外观和风味。食品外观不仅指食品的色泽和形态，还包括食品的整洁度以及包装的形状、色泽。风味指食品的香气、滋味和口感。愉悦的外观、诱人的香气会在很大程度上影响消费者的选购，舒适爽口的滋味口感则是影响消费者继续消费该食品的根本。为此，在食品生产过程中必须力求保持或改善食品原有的色泽，并赋予其完整的形态，最大限度地保持食品的香气、防止异味的产生。

四、方便性

随着人类生活方式的演变和生活节奏的加快，人们对食品的方便性和快捷性的追求也越来越高。食品的方便性已经成为食品生产中不容忽视的一项重要指标。由于食用方便食品可以节约采购、储备、制作和食用的时间，减少家庭制作食品时的下脚料，降低厨房污染，节省资源，丰富食品商品多样化市场，保障食品原料的安全，实现传统食品工业化和提高食品工业生产总值等特点，方便食品产业在国内外得到了快速发展。目前，方便食品品种繁多，方便主食有方便面、方便米饭、面包、馒头、冻藏包子、饺子、汤圆、冷冻面团和方便粥等；方便副食有肉罐头、火腿肠、鱼糜制品、鱼罐头、鱼丝、鱼片、鱼骨、虾干、冷藏乳品、蛋品、果蔬片、豆腐干、酱菜等；方便辅食有速溶麦片、芝麻糊、米粉、果蔬等；休闲食品包括薯条、玉米花、坚果、肉干、肉松、饼干、糕点、派、糖果等。方便食品已经形成了一个庞大的产业，有巨大的市场开发潜力和广阔的发展空间。

五、贮运耐藏性

贮运耐藏性能也叫贮藏稳定性，是在一定的贮藏及搬运条件下商品保持其正常品性的能力。进入经济时代，食品加工进入工业化、规模化的发展阶段，拓展销售市场、延伸销售半径、扩大消费人群，是食品加工企业的追求目标。但是，由于一般食品容易腐败变质，如何保证食品在贮藏运输、销售过程中保持质量的稳定、食品的卫生安全，是食品生产者必须面对的，如果食品不耐贮运，发生形态改变、腐败变质，就失去了食品品性，会对消费者健康带来危害。

因此，许多食物必须经过适当的加工处理制成食品，一方面保证其卫生和安全性；另一方面必须最大限度地保持其营养价值和感官品质，同时还要重视其食用方便性和耐贮运能力等。

第二节　食品加工工业

一、食品加工与食品工业

食品加工是指利用物理、化学、微生物、酶工程等方法处理可食资源，以保持和提高食物的可食性、营养性和利用价值，提高食物的贮藏性能，开发各类食品和工业产物的全过程。食品加工的重要目的之一是保藏食品，防止食物的腐败变质，延长食品食用期限；其次是提高食物的食用性能，包括食品的口感、风味、营养价值等；再次是通过去除有害物、杀灭有害微生物、防止食品变质和有毒物质生成等技术手段提高食品的食用卫生与安全。为了达到以上目的，必须采用合理的、科学的加工工艺和加工方法。

通过食品加工可为社会提供安全、卫生、营养、风味独特、品种丰富的食物；可有效延长食物的消费期限，扩大食物的销售半径和消费人群；同时，可提高农产品的附加值，增加农业及农产品的国际竞争能力，促进农业产业化发展，增加农业收入。

食品工业指主要以农业、渔业、畜牧业、林业或化学工业的产品或半成品为原料，采用科学生产和管理方法，制造、提取、加工成食品或半成品，具有连续而有组织的经济活动工业体系。按 2011 年修订的 GB 4754—2011《国民经济行业分类》标准，中国食品工业包含农副食品加工业、食品制造业、酒和饮料及精制茶制造业、烟草制造业四大类、22 个中类、57 个小类，共计 2 万多种食品。食品工业是农产品深加工的重要转化渠道，食品工业总产值与农业总产值之比也成为衡量一个国家（地区）食品工业发展水平的重要标志，是农业产后部门纵深发展和国民经济整体提升的重要反映。中国食品工业是我国国民经济的重要支柱产业，对推动农业发展，增加农民收入，改变农村面貌，提高我国农业的国际竞争能力，推动国民经济持续、稳定、健康发展具有重要意义。因此，围绕食品工业开展食品工程设计与研究，是推动食品工业不断向前发展的技术动力。

二、食品工业发展历程

世界食品产业的发展程度大致可分为 3 个阶段：原始阶段，食品产业只是农业的继续和延伸；初级阶段，从农副产品加工业转向食品制造业，逐步发展成为独立的工业体系；发达阶段，在发达的食品工业和商业的支撑下，食品运销业和餐饮业迅速发展。食品工业的发展历史悠久，近代食品工业的产生可以追溯到 18 世纪末 90 年代初。法国的阿培尔在 1810 年提出用排气、密封和杀菌的基本方法来保存食物，这种方法叫“食物贮藏法”，随着该方法的提出，世界上第一个罐头厂于 1829 年建成。1872 年美国发明了喷雾干燥奶粉的生产工艺，乳制品生产于 1885 年正式成为工业生产的一部分。18 世纪，英国的工业革命促进了食品科学技术的产生，出现了以蒸汽为动力的面粉厂，开始了机械化的食品工业。随着科学技术的进一步发展，现代食品工业发展迅速，食品加工的范畴和深度不断扩展，利用的科学技术也越来越先进，食品工业的发展在世界各国受到高度重视，成为许多国家国民经济中的支柱产业之一。在发达国家，食品工业产值在国民经济中占有较大比重，在美国、法国、日本等国食品工业的产值占国民生产总值的 20%以上，日本食品工业大约占整个日本制造业的 10.2%；美国食品工业占其制造业总产值的 8.8%。

中国是一个有着13亿多人口的大国，食品工业是关系国计民生的“生命工业”，也是一个国家、一个民族经济发展水平和人民生活质量的重要标志。20世纪80年代以后的改革年代，随着外资的引入，出现了很多外商独资、合资等形式的食品加工企业，这些企业在将先进的食品生产工艺技术引进国内的同时，也将大量先进的食品机械引入国内。受此影响，再加上社会对食品加工质量、品种、数量要求的提高，极大地推进了我国食品工业及食品机械制造业的发展进程及速度。通过消化吸收国外先进的食品机械技术，使我国的食品机械工业的发展水平得到很大提高。中国食品工业已经成为我国国民经济的重要支柱产业。

三、食品工业发展趋势

（一）食品方便化和产品的多样化是今后食品工业发展的重要特征

随着居民收入水平的提高，生活方式的变化，生活节奏的加快，使得简便、营养、卫生、经济、即开即食的方便食品市场潜力巨大。美国方便食品种类繁多，总产值在4000亿美元以上，其中冷冻干燥食品占美国方便食品的40%以上，而早餐谷物占销售额的60%左右。日本食品总加工产值中方便食品份额达到90%以上。我国经济的快速发展，城镇人口的不断增加，城镇居民对食品消费的数量、质量、品种和方便化必将有更多、更高的要求。所以，各种方便主食，肉类、鱼类、蔬菜等制成品和半成品，快餐配餐，谷物早餐，方便甜食以及休闲食品等和针对不同消费人群需求的个性化食品，在相当长的一段时间内都将大有文章可做。方便食品的发展是食品制造业的一场革命，始终是食品工业发展的推动力。

（二）营养食品、保健食品的开发与生产越来越受到重视

随着中国经济的增长、国民收入的增加和消费观念、健康观念的变化，食品更多地在风味化、时尚化的基础上，迈向优质化、营养化、功能化，低糖、低盐、低脂、低热量、高纤维是一个发展趋势，功能食品、功能饮料层出不穷，并逐渐摆上国民一日三餐的餐桌。大众食品功能化，功能食品产业化、大众化正在成为中国食品工业发展的趋势。

食品生产要注重开发营养搭配科学合理的新产品，开发营养强化食品和保健食品，既要为预防营养缺乏症服务，又要为防止因营养失衡造成的慢性非传染性疾病服务。针对不同人群的营养需求，可开发“全”营养食品、营养专用食品、营养强化食品、富营养素食品、营养补充剂。

（三）绿色食品、有机食品将成为食品消费的主旋律

随着经济的发展和社会整体福利水平的提高，人们对食品品质的要求越来越高，消费选择也从数量型向质量型转变。特别是绿色食品和有机食品的兴起，加速了这一转变进程，引领食品消费进入一个新的发展阶段。由于人们对绿色食品的普遍认知，消费需求不断扩大，市场占有率日益提高。有机食品已成为一项大宗贸易，其增速非其他食品可比，随着人们健康意识、环保意识的增强及有机食品贸易的迅速发展，有机食品将成为21世纪最有发展潜力和前景的产业之一。

（四）食品加工将更加精细化和标准化

食品加工程度既反映了产业科技水平的高低，也体现着经济效益的大小。加工越精细，综合利用程度越高，产品附加值就越高。如专用粉，在国外几乎每一种食品都有相对应的专用粉。美国专用粉的种类达100多种，欧洲也有近70种，占到了面粉总量的95%，目前我国专用面粉的品种数远不及此。专用油脂，日本有几百种，我国现阶段的食品专用油脂主要有烹调油、煎炸油、人造奶油、起酥油、色拉油、营养调和风味油等产品，食品工业发达国家的食品专用油脂有餐桌用油、起酥油、人造奶油、煎炸油、可可脂及其代用品等。玉米深加工品种美国有两三千种，我国只有几十种。另外，标准化是衡量食品工作发展水平的重要标准之一，也是进入世界市场的重要途径。

（五）食品生产向机械化、自动化、专业化和规模化方向发展

食品机械现代化的程度是衡量一个国家食品工业发展的重要标志（它直接关系到食品制造业和加工业产品科技含量的多少），以及食品深加工附加值的高低。提高食品生产机械化和自动化程度，是提高食品生产效率、食品质量安全、产品质量稳定和企业经济效益的前提和基本要求，也是实现食品加工企业规模化生产和发挥规模效益的必要条件。未来的食品市场竞争的核心要素将集中在加工业的规模和科技水平上，即通过实现规模经济和提高核心竞争力争夺更大的市场份额。

第三节 食品保藏的基本原理

一、微生物的控制

食品的种类繁多，不同的食品腐败变质情况各异，如何对微生物的活动进行控制以保证成品的质量，是整个食品行业在加工、储藏直至流通和销售过程中必然会遇到的重要问题。控制食品中微生物腐败变质的方法包括阻止或减少微生物污染、抑制微生物的生长代谢、杀灭微生物三个层次，这三个层次之间并无明显界限。

（一）阻止或减少微生物的污染

阻止或减少微生物的污染，是指采用各种手段和措施减少食品原料上的带菌量，且尽量避免在加工、流通的过程中染菌，涵盖了原料的采收/宰杀环节、生产环境和生产设备卫生条件、工作人员卫生条件、生产销售过程中的卫生条件、储藏卫生条件等方面。

（二）抑制微生物的生长和代谢

微生物生长需要适宜的条件，包括温度、pH 值、氧气、水分活度、基质条件等环境因子，只要外界环境条件不适宜，微生物的生命活动就会受到抑制、变异，甚至死亡，因此可以利用这些条件来抑制微生物的生长代谢。此外，生产中还常利用有益微生物及其代谢产生的防腐物质、直接添加防腐剂或通过烟熏产生的防腐物质来抑制微生物的生长代谢。

1. 控制温度

微生物种类不同，其对温度的敏感性不同，低温下低温菌仍能生长，但温度越低，生长繁殖速度越慢。这主要是由于低温降低微生物体内酶的活性，减缓物质代谢中的各种生化反应；温度下降时微生物细胞内原生质黏度增加，胶体吸水性下降，蛋白质分散度改变，并最后导致蛋白质不可逆凝固，从而破坏物质代谢的正常运行，对细胞造成严重损害；冷却时介质中冰晶体的形成就会促使细胞内原生质或胶体脱水，胶体内溶质浓度的增加常会促使蛋白质变性。微生物细胞失去了水分就失去了活动要素，于是它的代谢机能就受到抑制。同时冰晶体的形成还会使细胞遭受到机械性破坏。

一般酵母菌及霉菌比细菌耐低温的能力强，有些霉菌及酵母菌能在-

9.5℃的未冻结基质中生活，有些嗜冷细菌可在-8～0℃下缓慢生长，但大多数微生物在低于0℃的温度下生长活动可被抑制。除此之外，随着温度下降，当食品的水分冻结时，也会对微生物的生长繁殖产生抑制。低温保藏是目前为止最常用的食品保藏方法，根据保藏温度的不同可分为冷藏（-2～10℃）和冷冻（通常低于-15℃）两种。前者无冻结过程，通常降温至微生物和酶活力较小的温度，常应用于新鲜果蔬类的保藏；后者则将温度降低到冰点以下，使水部分或全部成冻结状态，常应用于动物性食品。

值得注意的是，低温保藏并不能完全杀灭微生物，只是使微生物不能生长繁殖或部分发生死亡，往往还有生存下来的，比如产气的乳杆菌即使在-190℃的液化空气和-253℃的液氧中仍不会死亡。一旦温度恢复到微生物适宜的条件时，微生物将迅速恢复其生长繁殖，导致产品腐败变质。为了较长期保藏，冷冻食品的冻藏温度一般要求低于-12℃，通常都采用-18℃或更低的温度。此外，低温保藏并不是对所有食品都适用。有些食品（主要是新鲜食物）就不宜于过低的温度中储藏，否则品质就会恶化。如番茄、香蕉、柠檬、南瓜、甘薯、黄瓜等若在10℃以下的温度中储藏，会发生不同程度的冷害。

针对冻藏而言，冷冻处理包括慢速冻结、中速冻结和快速冻结。由于慢速冻结时冰晶数量少，体积大，会对组织产生破坏作用，引起软化流汁等现象，因此实际生产中为保障食品品质，常采用快速冻结。但对于微生物而言情况则不同，冻结前，降温越快，微生物细胞内新陈代谢时原来协调一致的各种生化反应越难及时调整，因此微生物的死亡率越大；但冻结时情况则相反，缓慢冻结将导致大量微生物死亡，快速冻结相反。这是因为缓慢冻结时，一般食品长时间处于-1～12℃（特别是-2～5℃），并形成量大粒少的冰晶体，对细胞产生机械性破坏作用，还会促进蛋白质变性，以致微生物死亡率相应增加。快速冻结时，在对细胞威胁性最大的温度范围内停留的时间甚短，同时温度迅速下降到-10℃以下，能及时终止细胞内酶的反应和延缓胶质体的变性，故微生物的死亡率也相应降低。

2. 控制 pH 值

每一种微生物的生长繁殖都需要适宜的 pH 值，一旦 pH 值脱离适宜范围，酶的催化能力将受到影响，同时还将改变微生物细胞膜上的电荷性质，并进而影响微生物吸收营养物质的能力，导致微生物细胞新陈代谢不能正常进行。

3. 控制氧气

导致食品腐败变质的微生物大多是好氧菌，因此可以通过减少氧气来达到抑制这类微生物的目的，从而降低食品的腐败变质。除此之外，减少氧气还可以减少维生素、色素、酶促反应等氧化损失或发生。通常采用的方法是食品生产及保藏中的脱气（罐头、饮料）、充氮、真空包装。

4. 控制水分

水分是微生物生长活动必需的物质，但只有游离水才能够被微生物所利用。因此为控制微生物生长发育，生产上常采用降低食品中水分活度的方法。降低食品中水分活度的方法主要有：干制、冷冻和浓缩；添加亲水性物质（降水分活性剂），这样的物质有盐（氯化钠、乳酸钠等）、糖（果糖、葡萄糖等）和多元醇（甘油、丙二醇、山梨醇等），如腌渍（糖渍和盐腌）。

5. 利用微生物发酵产物抑制有害微生物的生长和繁殖

虽然微生物会导致食品的腐败变质，但是有些微生物却可以发酵产生有益的代谢产物，不仅增加了食品的营养价值，改善了制品的品质，而且抑制了腐败微生物的生长繁殖。根据所用微生物的不同，发酵食品可分为细菌发酵食品，比如酸奶、泡菜等；酵母菌发酵食品，如面包、啤酒等；霉菌发酵食品，如腐乳等。此外，很多发酵食品是由多种微生物共同作用的结果，如奶酪发酵过程中主要是乳酸菌和霉菌相互作用，而白酒生产过程中则包含了霉菌、酵母菌和细菌的共同作用。

发酵产生的抑菌物质主要有酒精、有机酸、CO_2、抑菌素等。

酒精是蛋白质变性剂，可以使微生物细胞的蛋白质发生不可逆变性，从而起到杀菌作用。一般来说，当食品中的酒精含量达到1%～2%时，对葡萄球菌、假单胞菌、大肠杆菌都有杀灭作用。当酒精含量在30%以上时，食品中的微生物能被全部杀灭。因此在一些酒精含量较高的酒类，不会因微生物的污染引起变质，反而因存放时间的延长，其中的风味物质更丰富，味道更醇厚。在食品加工过程中有时也通过添加一定的白酒，不仅可以使风味更好，而且具有一定的抑菌效果。

有机酸一般通过降低食品的 pH 值来抑制微生物的活性。乳酸具有较强的抑菌和杀菌作用，对革兰氏阴性菌的作用大于革兰氏阳性菌的作用。巴氏灭菌的牛奶一般保质期只有 1 ～ 2d 的时间，但是经接种乳酸菌发酵后，不仅产生独特的风味和口感，而且酸奶的保质期一般为半个月左右。一般来说，0.05%的乳酸浓度就能抑制某些腐败微生物的生长，0.3%的乳酸就能对蜡质杆菌、枯草杆菌的生长具有极大的抑制作用。此外，乳酸在有氧条件下对细菌的抑制作用更强。虽然乳酸的浓度越大，抑菌效果越好，但是浓度太大后会影响食品的感官特性，因此在发酵过程需要控制乳酸的产生量，才能既达到好的品质又延长了食品的保质期。

CO_2是一种气体抑菌剂，在空气中的正常含量为0.03%，低浓度的CO_2能促使微生物的繁殖，高浓度CO_2能阻碍引起食品腐败的大多数需氧微生物的生长。CO_2易溶解于水形成碳酸而降低食品的pH值，其溶解度随温度降低而增加，随着CO_2增加，抑菌作用越强。不同微生物对CO_2的敏感度差异较大，霉菌、极毛杆菌和无色杆菌等需氧菌对CO_2高度敏感容易受抑制，酵母对CO_2有阻抗性或不敏感，而乳酸菌等厌氧菌对CO_2阻抗性较强。

6. 使用防腐剂

防腐剂是指能够抑制或杀灭有害微生物的物质，使食品在生产、储运、销售、消费过程中避免腐败变质，如果从抗微生物的角度来看，也称为抗菌剂。按照防腐剂抗微生物的主要作用性质，可将其分为杀菌剂和抑菌剂，但在食品学上二者并无绝对界限，常常不易区分，同一物质，浓度高时可杀菌，而浓度低时只能抑菌；作用时间长可杀菌，作用时间短则只能抑菌。另外，由于各种微生物性质的不同，同一物质对一种微生物具有杀菌作用，而对另一种微生物可能仅有抑菌作用。

防腐剂抑制与杀死微生物的机理十分复杂，可能是作用于细胞膜，导致细胞膜的通透性增加，或是使细胞活动必需的酶失活，或是破坏细胞内的遗传物质使其失去功能。

目前世界上用于食品保藏的化学防腐剂有30～40种，按照其来源可以分为化学防腐剂和天然防腐剂两大类。其中，苯甲酸、山梨酸、亚硫酸盐和亚硝酸盐为常见的化学防腐剂，而甲壳素、乳酸链球菌素、酒精、壳聚糖、有机酸等则为常见的天然防腐剂。

由于防腐剂通常以添加物的形式进入食品之中，因此卫生安全、使用有效、不破坏食品的固有品质是食品防腐剂应具备的基本条件。防腐剂在使用时必须严格按照《食品添加剂使用标准》规定进行，使用量应在能够产生预期效果的前提下按最低剂量。使用防腐剂之前，还需要对防腐剂的理化性质及所需添加的食品的性质进行详细了解，一般在最小的用量下达到最好的防腐效果。比如苯甲酸是一种广谱的抑菌剂，在酸性条件下具有很好的防腐效果，但是在弱酸或者中性食品中防腐效果显著降低甚至无效。

由于防腐剂使用简单而且经济，在食品的生产过程中常利用防腐剂作为辅助手段配合其他保藏方法来达到防止食品中微生物生长繁殖的目的。

7. 烟熏处理

烟熏是运用木材不完全燃烧产生的气体、液体和固体颗粒混合物熏制食品的过程，常与腌制相继进行，主要用于鱼类、肉制品的加工中。烟熏和加热一般同时进行，也可分开进行。熏烟中含有的有机酸、醛和酚类具有较强的杀菌作用。有机酸与肉中的氨、胺等碱性物质中和，促进制品表面蛋白质凝固作用，由于其本身的酸性而使肉酸性增强，从而抑制腐败菌的生长繁殖。醛类一般具有防腐性，特别是甲醛，不仅具有防腐性，而且还与蛋白质或氨基酸的游离氨基结合，使碱性减弱，酸性增强，进而增加防腐作用。酚类物质具有很强的防腐作用，高沸点酚类杀菌效果较强。熏烟的杀菌作用较为明显的是在表层，经熏制后表面的微生物可减少 1/10。大肠杆菌、变形杆菌、葡萄球菌对烟最敏感，3h 即死亡。只有霉菌和细菌芽孢对烟的作用较稳定。由于烟熏本身产生的杀菌防腐作用是很有限的，而烟熏前的腌制、熏烟中和熏烟后的脱水干燥则赋予熏制品良好的储藏性能。随着冷藏技术的发展，烟熏防腐已降为次要的位置。现在烟熏技术已成为生产具有特殊风味制品的加工方法。烟熏有潜在污染食品的可能性，已证实有数种多环芳烃如苯并［a］芘和二苯并［a，h］蒽是致癌物质，现常采用过滤、控制木材燃烧温度在 343℃左右、使用液态烟熏制剂等措施减少或避免烟熏中的致癌物质。

（三）杀灭微生物

利用加热、辐射、高压、微波、臭氧、电阻加热杀菌和过滤除菌等方法可以使食品中微生物数量降至可以长期储藏所允许的最低限度，并维持这种状态，达到在常温下长期储藏食品的目的。用此方法保藏食品的技术关键是要采用密封包装，防止微生物二次污染。此处仅以高温和辐射处理为例，介绍其对微生物的杀灭作用。

1. 高温处理

一定的高温处理对微生物具有致死作用，因此，生产上常采用高温来进行杀菌，如巴氏杀菌、高温短时杀菌、超高温瞬时杀菌。食品杀菌时除能杀灭微生物外，还会对食品起到一定的烹煮作用，使食品质地和风味发生一定程度的改变。若高温处理过度，会导致产品风味和品质劣变，因此食品在高温杀菌处理时只要求达到“商业无菌”状态，而非细菌学上杀灭所有的微生物。所谓商业无菌，是指经过适度的热杀菌后，不含有致病微生物、腐败微生物和产毒微生物。

杀菌条件与多种因素有关，其确定需要根据食品的具体情况而定。如以肉毒梭状芽孢杆菌作为杀菌对象菌时，需在121℃湿热条件下15min或更长的时间，但对于保存期较短的鲜牛乳则只需采用62℃下30min巴氏杀菌方式，即可杀死所有的致病菌及大多数细菌。此外，进行杀菌处理时，常根据其pH值进行不同处理，pH值为4.5以下的酸性食品常采用100℃以下常压杀菌，而pH值为4.5以上的低酸性食品则常采用100℃以上的高压杀菌。

2. 辐射处理

食品辐射保藏就是利用原子能射线的辐射能量，对食品原料或其加工产品进行杀菌、杀虫、抑制发芽、延迟后熟等处理，从而达到食品保藏的目的。如大蒜可以通过γ射线辐照后大大延长其保存期。

食品经辐射后，附着在食品上的微生物和昆虫发生了一系列生理学与生物学效应而导致死亡，其机理是一个十分复杂的问题，目前还没有完全搞清楚，一般认为辐射杀菌的机理主要有两点：其一是辐射造成微生物遗传物质DNA的损伤，从而使微生物的繁殖受到抑制；其二是微生物一旦接受射线照射后，具有生物活性的溶质和大量的分子产生激发和电离，从而产生各种化学变化，使细胞受到致死的影响。此外，微生物细胞内其他物质的变化也会间接地使细胞的机能受损。

辐射保藏具有对食品感官性状（如色香味和质地）影响小、无残留、节省能源、适用范围广、效率高、射线穿透力强等特点。但是其安全问题还是受到很多人的关注，一般采用10kGy以内的能量辐照就不会造成食品中的感生放射性。

二、酶和其他因素的控制

食品中存在的酶对食品的质量有较大的影响，如前所述，这些酶对食品的风味、质地、营养价值会产生影响。而合理控制和利用这些酶，是食品储藏加工中进行各种处理的基础。

酶是一种特殊的蛋白质，酶的活动需要特定的环境条件，如温度、pH值、水分活度等，因此生产上常利用控制温度、pH值、水分活度、电离辐射等方法对酶进行控制，使其钝化或失活。

（一）酶的控制

1. 控制温度

温度对酶促反应速度影响较大，在一定温度范围内，随着温度升高酶的活性也逐步增加，过高、过低的温度对酶活性都有抑制作用。

每一种酶均有一个最适宜的温度。不同来源的酶，最适温度不同。一般植物来源的酶，最适温度为 40 ～ 50℃；动物来源的酶最适温度较低，在 35 ～ 40℃；微生物酶的最适温度差别较大，细菌高温淀粉酶的最适温度达 80 ～ 90℃。但大多数酶在温度升到 60℃以上时，活性迅速下降，甚至丧失活性，此时，即使再降温也不能恢复其活性。生产上常采用热烫处理来钝化酶的活性，当温度达到 80 ～ 90℃时，大部分酶的活性都会遭到破坏。不过不同酶的耐热性有较大的差异，如牛肝的过氧化氢酶在 35℃时即不稳定，而一些 DNA 聚合酶在 100℃左右的高温条件下保持几分钟而不失活，过氧化物酶耐热性强，大多在 100℃下处理 10min 仍不能完全灭活，因此常作为热处理时的指示指标。

低温也会对酶的活性产生抑制作用，因此生产中也常利用低温（如冷藏和冷冻）来保藏食品。但是低温并不能使酶完全失活，在长期冷藏中，酶的作用仍可使食品变质。

2. 控制 pH 值

pH 值对酶活力有明显的影响，主要是因为 pH 值可改变底物和酶分子的带电状态。每种酶都有最适 pH 值范围，高于或低于此 pH 值，酶活力都会降低，但是酶的最适 pH 值并不是一个常数，它受诸如底物种类和浓度、缓冲液种类和浓度等众多因素的影响，因此只有在一定条件下，最适 pH 值才有意义。绝大多数酶的最适 pH 值在 5 ～ 8，动物体内的酶最适 pH 值多在 6.5 ～ 8.0，植物及微生物中的酶最适 pH 值多在 4.5 ～ 6.5，但也有例外，如胃蛋白酶的最适 pH 值为 1.5，肝中精氨酸酶最适 pH 值为 9.7。而多数酚酶的最适 pH 值范围是 6 ～ 7。因此生产中为抑制酶促褐变常采用控制 pH 值来抑制其活性，当 pH 值在 3.0 以下时，酚酶几乎完全失活。

果蔬加工中最常采用柠檬酸、苹果酸、抗坏血酸以及其他有机酸的混合液以降低 pH 值，达到抑制果蔬褐变的目的。柠檬酸除可降低 pH 值外，还能与酚酶的 Cu 辅基进行螯合抑制酚酶的活性，但作为褐变抑制剂单独使用时效果不大，通常与抗坏血酸或亚硫酸合用，0.5%柠檬酸与 0.3%抗坏血酸合用效果较好。抗坏血酸还能使酚酶本身失活，在果汁中，抗坏血酸在酶的催化下能消耗掉溶解氧，从而具有抗褐变作用。

pH值还会影响酶的热稳定性。一般酶在等电点附近的pH值条件下热稳定性最高，而高于或低于此值的pH都将使酶的热稳定性降低。例如豌豆的脂氧化酶在65℃加热，当pH值为6时，*D*值为400min，如果pH值为4或8，则*D*值下降到3.1min。

3. 控制水分活度

水分活度会影响酶的活性。水分可以作为运动介质促进底物、产物扩散作用，促进底物和酶的结合，促进产物从反应复合物中释放，稳定酶的结构和构象，水还可以参与水解反应，破坏极性基团的氢键等。

酶的稳定性也与水分活度有密切关系。通常，酶在湿热条件下比干热条件下更易失活，如湿热条件下100℃瞬间可破坏酶的活性，而在干热条件下即使204℃，钝化效果也极其微小。故食品干制或速冻前先对酶进行湿热或化学钝化处理。

4. 电离辐射

电离辐射可以破坏蛋白质的构象，从而导致酶的失活，但是，使酶失活所需的辐射剂量是破坏微生物所需剂量的10倍。由于食品辐射杀菌对剂量有限制，因此在剂量允许的情况辐照后，食品中残存的酶活性仍会影响食品的品质。所以在以破坏酶活性为主的食品保藏中，不能单独使用辐射，可采用辐射与加热、冷冻等方法结合的方式处理。此外，酶对辐射的敏感性受酶的种类、浓度和纯度，食品中水分活度、pH值、所处的温度等因素的影响，使用时应一并考虑。

（二）其他因素的控制

1. 非酶褐变的控制

非酶褐变主要有美拉德反应和焦糖化反应引起的褐变，抗坏血酸氧化，及食品成分与包装容器反应引起的褐变。由于各种非酶褐变发生的机理不同，因此必须针对其原因来加以防治。如要防止美拉德反应引起的褐变可以采取如下措施：控制食品中转化糖的含量、降低储藏温度、调节食品水分活度、降低食品pH值、用惰性气体置换食品包装中的氧气、防止与光和金属等物质接触，添加防褐变剂如亚硫酸盐等。要避免焦糖化反应，主要是控制温度。要控制抗坏血酸氧化褐变，则可降低产品温度，用亚硫酸盐溶液处理以抑制葡萄糖转变为5-羟甲基糠醛，或通过还原基团的络合物抑制抗坏血酸变为糠醛，从而防止褐变。食品成分与包装容器的反应，则需采用涂料罐来加以解决。

2. 氧化作用的控制

氧化作用最主要是油脂的自动氧化，其自动氧化速度受脂肪酸及甘油酯的组成、氧、温度、水分、光和射线、重金属离子等因素的影响。因此富含油脂的食品加工过程中应杜绝与金属离子的接触，添加脱氧剂，选用有色避光材料，采用真空、充N_2或CO_2包装，并在低温下避光储存。

3. 物理因素的控制

物理因素包括温度、水分、空气、光线等众多因素，其中，温度和水分对食品败坏的影响最明显和复杂。物理因素控制的基本原则是创造一个有利于保护食品品质，抑制微生物、酶和物理化学反应的环境条件。如高温储藏果蔬时，呼吸作用、蒸腾作用、微生物活动都会加速；低温则可能导致冷害和冻害的发生。糖制品在环境湿度过大时会因吸潮而引起表面糖浓度降低，减弱对微生物的抑制效应，但若环境湿度过小，糖制品又会因失水而引起表面糖浓度增大，产生返砂现象，所以在实际生产上，需根据食品的具体情况来确定其适宜的温度和湿度。而对于空气、光线的影响而言，避光驱氧有助于食品的储藏。

4. 其他因素的控制

影响食品腐败变质的其他因素包括害虫和啮齿动物、寄生虫，机械损伤，食品自身的生理生化反应、外源性污染等。由于各自发生的情况不同，因此需针对具体情况加以控制。

综上，要使食品具有良好的保藏性能，需要同时对多种导致食品腐败变质的因素进行控制，而其中一种因素的控制措施同时可能对几种腐败因素产生抑制作用，此外还需注意，食品的包装技术也会影响到控制措施的制定与实施。

第四节 食品加工工艺

食品加工工艺简称食品工艺，是指将食品从原料加工成成品的整个过程，它由许多独立的操作单元有序组成。食品工艺学是采用先进的加工技术和设备并根据经济合理的原则，系统地研究食品的原材料、半成品和成品的加工工艺、原理及保藏的一门应用科学。食品工艺学研究的主要内容是在食品加工过程中，采用何种加工技术工艺，各个操作单元如何有机连接，每个环节如何操作，以及食品在加工中的基本原理。不同的技术工艺所生产的产品质量有较大差异，不但可以反映出加工制品生产技术水平的高低，而且直接影响到产品的质量。

一、食品工艺学的目的

食品工艺学的目的是弄清原料的加工特性、加工过程中化学成分的变化及成品的品质分析，了解和掌握食品加工过程的工艺组成、各工艺技术参数对加工制品品质的影响，掌握不同加工制品的制造原理，将生产过程中食品的理化变化和工艺技术参数控制有机地联系到一起，按照生产者和消费者意愿很好地控制产品质量。在食品生产工艺设计中，应用生物化学、食品化学、食品工程原理、微生物学等方面的知识，将先进生产技术与先进设备有机结合，同时应注意工艺在经济上的合理性。经济上的合理性就是要求投入和生产之间有一个合理的比例关系。设备先进性包括设备自身的先进性和对工艺水平适应的程度，先进的加工设备在很大程度上决定产品的质量，它与先进生产工艺相辅相成，在研究工艺技术的同时，必须首先考虑设备对工艺水平适应的可能性。因此，需要了解和掌握有关单元操作过程的一般原理、食品机械设备、机电一体化等知识，以对设备的加工水平进行判断。

综上所述，食品工艺学涉及的内容广泛而复杂，包括食品化学、食品微生物学、食品工程原理、食品原料学、食品添加剂原理与应用标准、食品法规和条例、食品质量管理、食品加工废弃物的处理等方面的知识内容。

二、食品工艺学的研究领域

食品加工的根本任务就是使食品原料通过各种加工工艺处理达到长期保存，防止食品败坏的目的，同时提高食品的食用性、安全性和方便性。围绕食品加工目的，食品工艺学的主要研究领域可以归纳为以下 6 个方面。

（1）研究充分利用现有食品资源开发新的加工形式和食品类型，积极开发食品新资源。

（2）研究食品生产、流通和销售过程中食品腐败变质的机制及影响因素，探寻科学、高效、安全的防腐措施。

（3）选择或开发新的包装材料，改进包装工艺和技术，提高食品的保藏性、商品性和运输性能。

（4）研究开发新型、方便、保健和特殊功能性食品。

（5）研究先进的食品生产技术、食品加工设备、科学的生产工艺和合理的生产组织形式，研究食品生产的安全性和规范化生产管理，获得良好的食品质量和经济效益。

（6）研究食品加工过程中原材料的综合利用技术和废弃物的处理技术，提高资源利用率、企业综合经济效益和环保水平。

第五节 食品工业的现状与发展前景

食品工业是世界上产品种类最多、规模最大和从业人数最多的产业，是全球第一大产业。我国自从改革开放以来，随着农业的不断增产和快速发展，一些大宗农产品（除乳制品外）的产量和人均占有量位于世界前列，食品工业总产值持续增长，在20多年中增长速度平均每年达20%左右。食品种类逐渐丰富、产量增大，一定程度上满足了消费者的生活需求。食品工业已成为我国国民经济的支柱产业之一，也是国民经济新的增长点，是我国第一大产业，但目前仍存在很多问题。

一、食品工业现状

（一）发展与成就

改革开放以来，我国食品工业取得了一系列的成就，主要表现在以下两个方面。

1. 工业生产快速增长，支柱地位得到强化

1978年，中国食品工业总产值472亿元，2017年，规模以上的食品工业企业主营业务收入为11.4万亿元，相当于1978年工业总产值的240多倍。食品工业是国内外主营业务收入唯一超过十万亿元的产业。

进入中国特色社会主义新时代的食品工业，增速逐渐放缓，结构调整和产业升级成为主题。2013年规模以上食品工业企业主营业务收入突破10万亿之后，中国食品工业开始从高速增长阶段进入中高速增长阶段，2014年，中国食品工业实现产值11.27万亿元，同比增速降低到个位数。2015年和2016年，中国食品工业增加值同比增长分别达到6.5%、7.2%，与当年GDP增速基本持平。这一时期，受互联网经济、电子商务和生产经营成本上涨影响，食品企业的发展模式开始多元化，国际化视野不断增强。

2. 产品结构不断优化，市场供应更加丰富

伴随改革开始40年的发展历程，在产值规模持续扩大的同时，中国食品工业适应消费者需求变化，不断调整优化产业结构，产品结构向多元化、优质化方向发展，新兴产品、创新品类不断涌现，中国食品的产品家族日益丰富和壮大。根据2017年10月1日实施的《国民经济行业分类》（GB/T4754-2017），我国食品工业涵盖农副食品加工业、食品制造业、“酒、饮料和精制茶制造业”及烟草制品业4个大类、21个中类和64个小类，共计数万种食品，众多细分产业和丰富的产品供应，有效保证了13亿人口对安全、营养、方便食品的消费需求。

（二）问题与不足

尽管取得了很大的进步，但我国食品工业也存在着问题，这体现在以下两方面。

1. 食品工业结构不合理，对国民经济的贡献率有待进一步提高

（1）从行业结构上看，食物资源粗加工多，深加工和精加工少。在发达国家，一日三餐中加工食品的消费总量已达70%～90%，通过工业化生产的主食品大多占70%以上。而我国为一日三餐服务的餐桌食品基本没有实现工厂化生产，中国特色的方便主食缺乏，工业化的各种副食加工品和半成品使用率低，特殊人群食用的食品发展不够。

（2）从产品结构看，产品品种花色少、档次低、包装差，产品更新换代慢，产品结构不能完全适应市场的需求变化。

（3）从地区结构看，2015年主营业务收入排在前十位的地区是山东、河南、湖北、江苏、四川、广东、湖南、福建、安徽和吉林，共实现主营业务收入74328亿元，占全国食品工业的66.5%。

“十二五”期间，东部地区继续保持了领先和优势的地位，2015年东部地区实现食品工业主营业务收入4.97万亿元，比2010年的3.26万亿元增长52.5%；中部地区借助农业资源优势，努力将其转化为产业优势，食品工业快速发展；2015年中部地区实现食品工业主营业务收入3.15万亿元，比2010年的1.45万亿元增长117.2%；西部地区借助政策优势，食品工业发展进入快车道，2015年西部地区实现食品工业主营业务收入2.21万亿元，比2010年的1.20万亿元增长84.2%；东北地区实现食品工业主营业务收入1.27万亿元，比2010年的0.91万亿元增长39.6%。

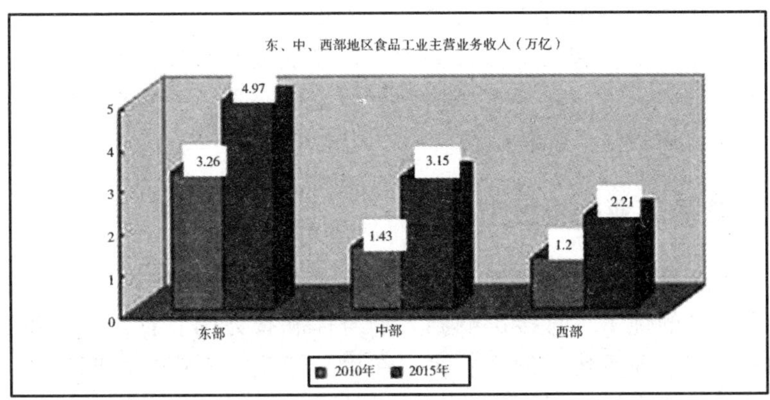

从增长速度上看，“十二五”期间，中部发展最快，西部次之，东北地区最慢。2010 年，东部、中部、西部、东北地区食品工业主营业务收入在全国食品工业主营业务收入中的比例分别为 45. 1 ∶ 22. 9 ∶ 19. 4；12. 6，到 2015 年发展为 42. 8 ∶ 27. 2 ∶ 19. 1 ∶ 10. 9。从中看出，东部地区和东北地区食品工业份额占比减少，中部地区份额增加。

中西部和东北地区食品工业主营业务收入占全国的比重由 2010 年的 54. 9%提高到 2015 年的 57. 2%。

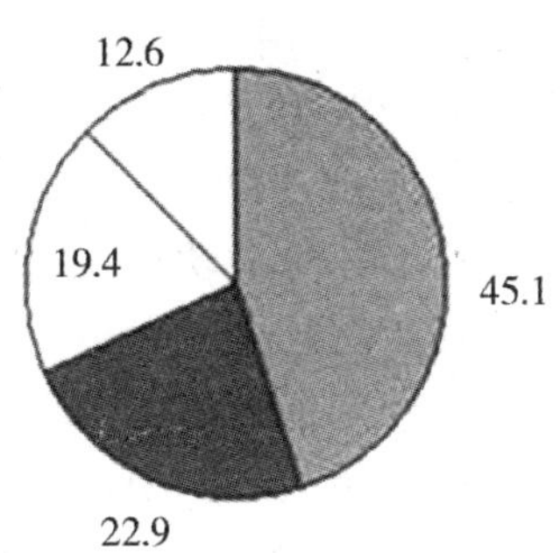

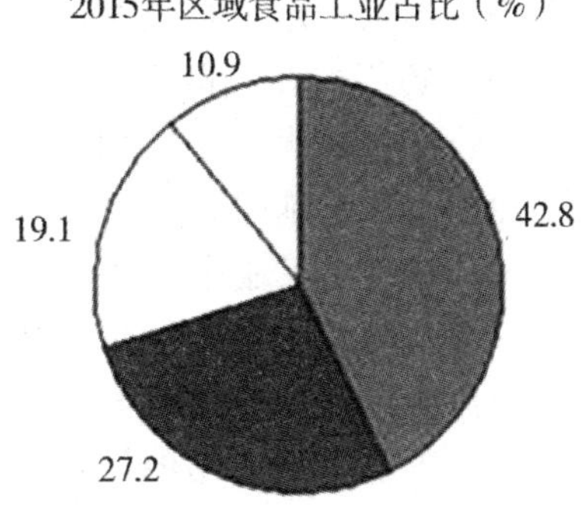

2. 食品安全保障体系不够完善

食品安全事件时有发生，如三聚氰胺事件、地沟油事件、塑化剂风波等，消费者对食品安全普遍持怀疑态度，这固然与消费者安全意识增强有关，但也与我国目前食品安全保障体系不完善有关，表现在不同行业间制定的标准在技术内容上存在交叉矛盾，食品卫生标准、食品质量标准、农产品质量安全标准和农药残留标准等标准体系有待进一步整合；检测技术相对落后，仪器设备配置不足，部分检验设备严重老化，故技术保障能力不足；基层检验机构和人员数量偏少，检测能力亟须加强；食品安全监管机制还不够健全，食品安全责任追溯制度尚不完善；一些企业主体责任不落实，自律意识不强，唯利是图。

二、食品工业的发展前景

食品工业是人类的生命工业，被称为永不衰落的朝阳工业。食品数量的多寡和质量的优劣，直接影响到人们身体和智力的发育，也关系到国家经济的发展和子孙后代的健康。我国在食品工业方面存在的问题决定了我国的食品工业还有许多需要发展、改进的地方，同时也说明了我国食品工业还有很大的发展空间，未来的食品工业将具有如下一些发展特点。

（一）生物技术在食品工业中将得到广泛应用

基因工程运用于食品原料品种改良，可提高品质，提高产量，甚至创造食品新资料。如利用基因工程可以改变谷类蛋白质中氨基酸的比例，营养价值大大提高。利用反义 RNA 技术将乙烯合成相关基因构建到番茄植株上，可延缓番茄的后熟和老化，延长采后保鲜期，减缓加工压力。在畜产品生产中，可以利用生物技术改变乳的成分，如生产酪蛋白含量高、乳糖含量低的牛奶等。在发酵工业上，通过基因工程改良发酵用菌种的性能，使代谢产物产量增大，生长周期缩短，大大提高产品的获得率。应用于保健食品原料，通过基因表达而获得有利于人类健康的有效成分等。

酶工程在食品工业中应用较为广泛。目前已有几十种酶成功运用于食品工业，涉及淀粉的深度加工，果汁、蛋奶制品，乳制品的加工制造。酶工程的应用能有效地改造传统食品工业，应用酶法生产果葡糖浆是现代酶工程在食品工业中最成功的应用。酶工程在食品保鲜与储藏过程中也发挥着较大作用，比如利用溶菌酶对革兰氏阳性菌、枯草杆菌等的溶菌作用，现已广泛用于干酪、肉制品和乳制品等食品中起到防腐保鲜的作用。

现代发酵工程对食品工业的影响主要表现在利用现代发酵技术改造传统食品以及加速开发附加值高的现代发酵产品。如利用双酶法糖化工艺取代传统的酸法水解工艺，用于味精生产，可提高原料利用率 10%左右。酵母、真菌等单细胞蛋白质含量高，被认为是最具应用前景的蛋白质新资源之一，并且可以通过发酵工程大量生产。此外，一些药用真菌，如灵芝、冬虫夏草等的多糖成分具有能提高人体免疫力、抗肿瘤、抗衰老等功效，通过发酵过程可实现其工业化连续生产。

（二）产品更加多样化，精深加工产品将大有可为

当前中国食品工业主要以农副食品原料的初加工为主，精深加工程度较低，食品制成品水平低，市场上缺乏符合营养平衡要求的早、中、晚餐方便食品，也缺乏满足特殊人群营养需求的食品。随着全面建成小康社会进程的不断加快，居民消费层次的变化以及年龄、文化、职业、民族、地区生活习惯的不同，食品消费个性化、多样化发展趋势越来越明显。所以，各种精深加工、高附加值食品，肉类、鱼类、蔬菜等制成品和半成品，谷物早餐以及休闲食品等和针对不同消费人群需求的个性化食品，在相当长的一段时间内都将大有可为。

（三）食品新产品被不断开发，新资源、新技术被不断利用

由于人口的增长，传统食品资源已逐渐不能满足需要，各种有前途的食品新资源的开发和应用将会得到加强，如蛋白质、野生植物、动物性食物和粮油新资源以及海洋资源等均将成为食品新资源开发和应用方面的热门课题。由于消费结构的多元化变化趋势，各种有开发和应用价值的新技术及具有市场前景的新产品将会得到重视和推广，如生命科学为代表的各种高新技术、各种工程化技术以及功能性食品、绿色食品和方便食品等，尤其是随着人们消费水平的提高和生活节奏的加快，方便食品（包括传统食品经过工业化加工发展形成的方便食品）将得到较快的发展。

（四）食品工业机械化和自动化能力将提高

提高食品生产机械化和自动化程度，是生产安全卫生、高营养价值食品的前提和基本要求，也是实现食品加工企业规模化生产和发挥规模效益的必要条件。食品工业企业应该从传统的手工劳动和作坊式操作中解脱出来，通过投入资金，完善软硬件条件，提高生产的机械化、自动化程度，提高经济效益。

（五）传统食品将走向国际化

商品生产的国际化、标准化、产业化，商品流通的现代化，人们思想意识的全球化，使得食品的区域性特点越来越小，人们有可能在当地品尝世界各地的特色食品。而且随着全球化的日益渗透，不同人种、不同民族、不同国家的概念将逐渐淡化，与人们生活密切相关的食品将全球化。

第二章　食品加工原料

食品原料是食品工艺学的基本内容之一，通过对食品原料知识的正确理解，使食品的保藏、流通、烹调、加工等操作更加科学合理，达到最大限度地利用食物资源，满足人们对饮食生活的需求。本章从食品原料的生物学特点出发，紧密联系食品原料的加工，阐述食品原料的分类与特征、食品原料的结构和加工特性。目前，食品安全问题已经成为全球的热点问题，而食品安全问题的解决在很大程度上依赖于食品原料生产过程中的安全控制，因此，本章对食品原料的安全生产和控制进行了叙述。同时，对食品加工中常用的辅料进行了概述。

第一节　食品原料的分类与特征

食品原料的来源广泛、种类繁多、品质各异、成分复杂，对食品原料进行分类，有助于系统地了解食品原料的性质和特点。

一、食品原料的分类

在食品加工与流通中，为了对复杂、繁多的食品原料进行有效的管理和评价，一般要对这些原料按一定方式进行分类，现代学者的分类方法主要有按自然属性分类和按生产方式分类。

（一）按自然属性分类

食品原料可分为动物性原料，如肉类、鱼类、禽类等；植物性原料，如粮食、蔬菜、果品等；矿物质原料，如盐、碱等；人工合成或从自然物中萃取的添加剂类，如香料、色素等。这种分类方法较好地反映了各种食品原料的基本属性。

（二）按生产方式分类

（1）农产品：农产品指在土地上对农作物进行栽培、收获得到的食物原料，也包括近年发展起来的无土栽培方式得到的产品，包括谷类、豆类、薯类、蔬菜类、水果类等。

（2）畜产品：畜产品指人工在陆上饲养、养殖、放养各种动物所得到的食品原料，包括畜禽肉类、乳类、蛋类和蜂蜜类产品等。

(3) 水产品：水产品指在江、河、湖、海中捕捞的产品和人工水中养殖得到的产品，包括鱼类、蟹类、贝类、藻类等。

(4) 林产品：林产品虽然主要指取自林木的产品，但由于林业有行业和区域的划分，一般把坚果类和林区生产的食用菌、山野菜算作林产品，把水果类归入园艺产品或农产品。

(5) 其他食品原料：其他食品包括水、调味料、香辛料、油脂、食品添加剂等。

二、食品原料的特征

(一) 植物性食品原料的特征

1. 呼吸作用

呼吸作用是生物体生物活动最重要的生理机能之一，也是新鲜的蔬菜、水果在储藏中最基本的生理变化。

果蔬的呼吸作用分有氧呼吸和无氧呼吸两种类型。有氧呼吸是指生物细胞在氧气的参与下，把某些有机物质彻底氧化分解，放出二氧化碳和水，同时释放能量的过程。无氧呼吸是指在无氧条件下，细胞把某些有机物质分解成为不彻底的氧化产物，同时释放能量的过程。这个过程发生于微生物，则习惯上称为发酵。

无论是哪种类型的呼吸，糖和酸等有机物质都将逐渐消耗，致使储藏中的果蔬味道变淡，呼吸热的产生和积累还会加速原料腐败变质，尤其是无氧呼吸还会产生一些有毒化合物，引起生理病害。但是，正常的呼吸作用又是新鲜的蔬菜、水果最基本的生理活动，它是一种自卫反应，有利于抵抗微生物的侵害。所以在原料储藏过程中应防止无氧呼吸，而保持较弱的有氧呼吸，以保持其活力，使原料的品质变化降低到最低限度。

2. 后熟作用

后熟作用是果蔬采收后其成熟过程的继续，是果蔬的一种生物学性质。在后熟过程中，原料仍然进行着一系列复杂的生理生化变化。原料中的有机成分在酶的作用下发生着分解与化合的变化，一般是淀粉被淀粉酶和磷酸化酶作用，水解为单糖，增加原料的甜味；叶绿素在叶绿素酶、酸、氧、乙烯的作用下分解，使绿色消失，而呈现类似胡萝卜素和花青素的红、黄、紫等色；蛋白质的含量因氨基酸的合成而增加；同时随着后熟产生的芳香油，原料产生香味；细胞壁间的原果胶质水解为水溶性胶质，但从生物学特性来看，原料的后熟又是生理衰老的过程。当它们完全后熟后，也就失去了储藏性能，而容易腐败变质。因此，在储藏果蔬过程中应通过控制条件延长其后熟过程。

影响果蔬后熟的因素主要有温度、氧和一些有刺激性的气体。温度高，可使原料中的酶的活性增强，促使后熟过程加快。例如，番茄在10℃时要存放40天才完成后熟，而在27℃的条件下，只需8天就能完成后熟。氧可促使原料的呼吸作用，并能加速原料中的香气和色素的形成。

3. 萌芽和抽薹

萌芽和抽薹是两年生或多年生蔬菜在终止休眠状态，开始新的生长时发生的一种变化，主要发生在以根、茎、叶等作为食用部位的蔬菜，如土豆、大蒜、大白菜等。蔬菜在休眠期生理代谢降低到最微弱的程度，但终止休眠期后，适宜的环境条件可使蔬菜随时萌芽和抽薹，导致营养成分消耗很大，组织变得粗老，食用品质降低，甚至产生有毒有害物质。

（二）动物性原料的特征

家畜、家禽、鱼类及贝类等在被宰杀或捕捞致死后，它们的肌肉组织会发生一系列生化变化，主要体现在以下几方面。

1. 僵直作用

僵直作用也称尸僵作用。当畜类、禽类、鱼类被宰杀时其肌肉组织是松弛柔软的，但经过一段时间后，肌肉开始变得僵硬，无鲜肉的自然风味，烹调时也不易成熟，这种变化就是肉的僵直作用。

普遍认为僵直作用的机制是动物在死后仍在进行无氧呼吸，通过酶的作用使肌肉中的糖原分解为乳酸，因动物死后终止了血液循环，这些乳酸不能排出，致使肌肉的pH值降低，当其酸度达到一些蛋白质的等电点时，使蛋白质变性，肌肉纤维紧缩，肌肉随之变硬。

僵直状态的形成与温度有关，在冷却条件下，牛肉在10～24h达到充分僵直；猪肉2～8h；鸡肉3～4h；鱼1～2h。在常温下，达到充分僵直的时间要短得多。例如，在37℃的条件下，牛肉只需要0.5h就可达到僵直。

2. 成熟作用

成熟作用又称后熟作用，是指僵直畜禽在一定条件下，由于肉中的酶类所引起的乳酸、糖原等呈味物质之间的变化，使肌肉变得柔软而有弹性，并带有鲜肉的自然气味，这种变化结果称为肉的成熟作用。

在成熟过程中，肉中的蛋白质在酶的作用下部分发生水解，生成物有多肽、二肽及氨基酸等。此外，腺苷三磷酸还可产生次黄嘌呤，这些物质都可使肉具有鲜美的滋味，当次黄嘌呤的含量达到1.5～2.0μg/g，肉的芳香为最适宜的状态。

肉的成熟是在僵直阶段中逐渐形成的，其中环境温度对肉的成熟有较大影响，温度越高，成熟得越快。以牛肉为例，当环境温度为2～3℃时，完成成熟需要7～10天；当18℃时只需2天；29℃时只需数小时即可解除僵直达到成熟。但成熟的时间越短，对肉的风味形成越不利。

另外，动物宰杀前的状态也与肉成熟的速度和质量有关。例如，动物宰杀前处于饥饿状态或经剧烈挣扎而处于疲劳状态，则肌肉中的糖原含量就较低，糖原酵解后的酸含量也少，这样肉类僵直的时间短，成熟得快，但肉成熟后的质量不好，色泽发暗，组织干燥且紧密。

综上所述可知，宰杀动物前最好使其保持良好的营养状态，宰杀后要放在冷藏的温度下使其逐渐结束僵直，这样肉成熟的效果较好。

3. 自溶

自溶又称自身分解。当成熟的肉在环境适宜时，在其自身组织层的酶作用下，使肉中的复杂有机物，如蛋白质进一步水解为较低的物质，如氨基酸、肽等，这个过程称为自溶。

处于自溶阶段的肉，其弹性逐渐消失，变得柔软而松弛，又由于空气中的二氧化碳与肉中的肌红蛋白相互作用，致使肉色发暗，并略带有酸味和轻微异味，实际上是开始腐败的过程。这一阶段的肉尚无大量腐败菌侵入，经高温后尚可食用，但气味和滋味已大减，并不宜再保存。

4. 腐败

处于自溶阶段的肉，污染上其他微生物后，在适宜的温度下，肉中的蛋白质与脂肪进一步分解，使肉质变得毫无弹性，并有明显的异味和臭味，这个过程就是肉的腐败。

腐败的生化过程很复杂，既有合成反应又有氧化还原反应。这些反应有的单独存在，有的相互交错进行。一般情况是先由蛋白质分解为氨基酸，再由氨基酸分解成更低级的产物，如尸胺、硫化氢，这些物质不但有恶臭味还有毒性。另外，在蛋白质分解的同时，脂肪会进行水解和氧化，产生具有不良气味的酮类及有毒的尸碱，因此，腐败的肉类不能食用。

第二节　食品原料的结构和加工特性

食品原料的两大类群（植物性原料和动物性原料）在结构和加工特性方面有着明显的不同。在我国，人们的主食结构绝大多数是以植物性原料为主，热量由植物性原料提供。但是，动物性原料肉、乳、蛋及内脏却可以为人类提供丰富的蛋白质、脂肪和维生素。动物性原料加热后，一部分蛋白质水解为氨基酸，使食品及菜肴的口味变得十分鲜美，各种技法、调味料的使用都会使原料中蛋白质发生微妙的变化，形成各种食品菜肴独特的风味。

一、动物性原料的一般结构和加工特性

（一）肉的形态结构

动物组织按其机能可概括为上皮组织、结缔组织、肌肉组织和神经组织。作为食品加工使用的主要是动物的胴体，胴体是指畜禽屠宰后除去毛、头、蹄、内脏、去皮或不去后的部分。从广义上讲，畜禽胴体则是肉。从狭义上讲，原料肉是指胴体中的可食部分，即除去骨的净肉。胴体由肌肉组织、结缔组织、脂肪组织、骨骼组织四大部分构成，这些组织性质直接影响肉品的质量、加工用途及其商品价值，且因动物的种类、品种、年龄、性别、营养状况不同而异。

1. 肌肉组织

肌肉组织是构成肉的主要组成部分，分横纹肌、心肌、平滑肌三种，占胴体 50%～60%。横纹肌是食品中最主要的肌肉组织，又称随意肌或骨骼肌。

（1）横纹肌的宏观结构。从组织学看，横纹肌由丝状的肌纤维集合而成，每 50～150 根肌纤维由一层薄膜包围形成初级肌束；再由数十个初级肌束集结并被稍厚的膜包围，形成次级肌束；由数个次级肌束集结，外表包着较厚的膜，构成了肌肉。初级肌束和次级肌束外包围的膜称为内肌周膜，也称为肌束膜，肌肉最外面包围的膜称为外肌周膜，这两种膜都是结缔组织。

在每一根肌纤维之间有微细纤维网状组织连接，这个纤维网称为肌内膜。在内、外肌周膜中分布着微细血管、神经、淋巴管，通常还有脂肪细胞沉积。而肌内膜沿着肌纤维方向在两端集合成腱，紧密连接在骨骼上。

在肌肉内，脂肪组织容易沉积在外肌周膜间，而难以沉积到内肌周膜和肌内膜处。在良好的饲养管理条件下，脂肪才会沉积在内、外肌周膜、肌内膜间。结缔组织内的脂肪沉淀较多时，使肉呈大理石纹状，能提高肉的多汁性。

（2）横纹肌的微观结构。构成肌肉的基本单位是肌纤维，也叫肌纤维细胞，属于细长、多核的纤维细胞，长度由数毫米到20cm，直径只有10～100μm。肌纤维由肌原纤维、肌浆、细胞核和肌鞘构成，其粗细随动物类别、年龄、营养状况、肌肉活动情况的不同而有所差异。例如，猪肉的肌纤维比牛肉的细，幼龄动物的比老龄的细。

①肌原纤维。肌原纤维是构成肌纤维的主要组成部分，是直径为0.5～2.0μm的长丝，是肌肉收缩的单位，由丝状的蛋白质凝胶构成，支撑着肌纤维的形状，参与肌肉的收缩过程，故常称为肌肉的结构蛋白质或肌肉的不溶性蛋白质。肌原纤维蛋白质的含量随肌肉活动而增加，并因静止或萎缩而减少。而且，肌原纤维中的蛋白质与肉的某些重要品质特性（如嫩度）密切相关。肌原纤维蛋白质占肌肉蛋白质总量的40%～60%，它主要包括肌球蛋白、肌动蛋白、肌动球蛋白和2或3种调节性结构蛋白质。肌原纤维上具有和肌纤维一样的横纹，横纹的结构按一定周期重复，周期的一个单位叫肌节。肌节是肌肉收缩和舒张最基本的功能单位，静止时约为2.3μm。肌节两端是细线状的暗线称为Z线，中间是宽约1.5μm的暗带或称A带，A带和Z线之间是宽约0.4μm的明带或称I带。在A带中央还有宽约0.4μm的稍明的H区。这就形成了肌原纤维上明暗相间的现象，如下页图所示。

②肌浆。肌浆是充满于肌原纤维之间的胶体溶液，呈红色，含有肌红蛋白、其他可溶性蛋白质和参与代谢的多种酶类。由于肌肉的功能不同，在肌浆中肌红蛋白的数量不同，这就使不同部位的肌肉颜色深浅不一。

肌肉组织生长的最重要阶段是在中胚层发育起来的，以不同的细胞类型发育而形成不同生理功能的两种肌肉，称为红肌和白肌（慢肌和快肌）。红肌中含有较多的肌红蛋白，肌红蛋白可把氧带到肌纤维内部，使有较大收缩性的肌肉不易疲劳。白肌中肌红蛋白较少，颜色浅，其特点是能快速收缩，但收缩性小，易疲劳。

2. 骨组织

骨组织是由细胞纤维性成分和基质组成，起着支撑机体和保护器官的作用，同时，又是钙、镁、钠等元素的贮存组织。成年动物骨骼含量比较恒定，变化幅度较小。猪骨占胴体的5%～9%，牛骨占15%～20%，羊骨

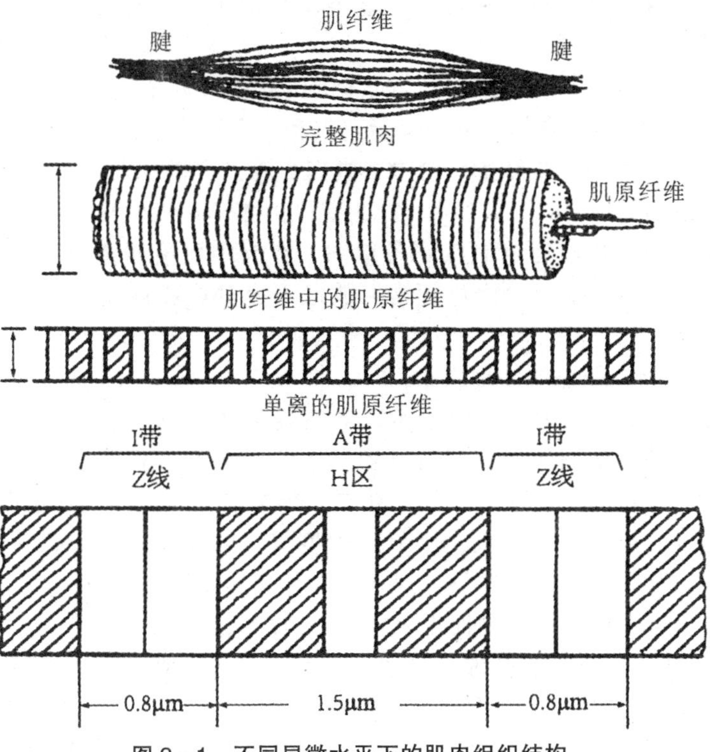

图2-1　不同显微水平下的肌肉组织结构

占8%～17%，兔骨占12%～15%，鸡骨占8%～17%。

（二）肉的加工特性

1. 肉的颜色

肉的颜色依肌肉与脂肪组织的颜色来决定，肌肉的颜色由肉中所含的色素蛋白质——肌红蛋白所决定，肌红蛋白含量越多，肉的颜色越深。它因动物的种类、性别、年龄、经济用途、肥度、宰前状态等而异，也和放血、加热、冷却、冻结、融冻等加工情况有关，还以肉中发生的各种生化过程，如发酵、自然分解、腐败等为转移。家畜的肉均呈红色，但色泽及色调有所差异。家禽肉的颜色有红白两种，腿肉为淡红色，胸脯肉为白色。

肉的颜色对肉的质量及可接受性的影响很大，但其变化比较复杂，肉质颜色的深浅受内因和外因的影响。

（1）影响肉颜色的内在因素。

①动物种类、年龄及部位。猪肉一般为鲜红色，牛肉深红色，马肉紫

红色，羊肉浅红色，兔肉粉红色。老龄动物肉色深，幼龄的色淡。生前活动量大的部位肉色深。

②肌红蛋白（Mb）的含量。肌红蛋白的相对分子质量约为16700，仅为血红蛋白的1/4，它的每分子珠蛋白仅和一个铁卟啉连接，但对氧的亲和力却大于血红蛋白。肌红蛋白含量多则肉色深，含量少则肉色淡。

③血红蛋白（Hb）的含量。血红蛋白由4分子亚铁血红素与1分子珠蛋白结合而成，用以运输氧气到各组织。在肉中血液残留多则血红蛋白含量多，肉色深。放血充分肉色正常，放血不充分或不放血（冷宰）的肉色深且暗。

（2）影响肉颜色的外部因素。

①环境中的氧含量。肌肉色素对氧有显著的亲和力。如真空包装的分割肉，由于缺氧呈暗红色，当打开包装后，接触空气很快变成鲜艳的亮红色。通常含氧量高于15%时，肌红蛋白才能被氧化为高铁肌红蛋白。

②湿度。环境中湿度大，则氧化速度慢。因在肉表面有水汽层，影响氧的扩散。如果湿度低且空气流速快，则加速高铁肌红蛋白的形成。

③温度。环境温度高则促进氧化，加速高铁肌红蛋白的形成。

④pH值。动物宰前糖原消耗多，宰后最终pH值高，往往肌肉颜色变暗，组织变硬并且干燥，切面颜色发暗。

⑤微生物的作用。储藏时污染微生物也会改变肉表面的颜色。污染细菌会分解蛋白质使肉色污浊；污染霉菌，则在肉表面形成白色、红色、绿色、黑色等色斑或发生荧光。

此外，鲜肉颜色的改变有以下几种情况：放血不良使肉呈暗红色而湿润，其保存性较差；肉在成熟过程中表面干燥浓缩，使肉色变暗变深；各种病理原因，如白肌病、牛黑腿病、嗜伊红性肌炎等，使肉苍白、发黑、发绿等；冻肉的胴体表面肉色不变，砍开面常呈淡灰红色，融冻后又呈鲜红色，二次冻结的肉呈暗红色且脂肪及骨髓被染红；气封装的各种气体对肉色有影响，如纯CO_2对肉色有损害，纯N_2则对肉的呈色有利等。

2. 肉的风味

肉的风味是指生鲜肉的气味和加热后肉制品的香气和滋味，其成分复杂多样，含量甚微，用一般方法很难检测。除少数成分外，多数无营养价值，不稳定，加热易破坏或挥发。

（1）气味。肉的气味是肉质量的重要条件之一，决定于其中所存在的特殊挥发性脂肪酸及芳香物质的量和种类。

肉气味的强弱受动物种类、加工条件等影响，如牛肉的气味及香味随年龄的增长而增强，成熟后的牛肉会改善其滋味。大块肉烧煮时比小块肉味浓。加热可明显地改善和提高肉的气味。虽然牛肉、猪肉、鸡肉等生肉的味道很弱，并有明显的差别，但分析测定结果表明，其气味的主要成分基本上属于同类物质。此外，一些生鲜肉有各自的特有气味。羊肉的膻味（4-甲基辛酸、壬酸、癸酸等），狗肉、鱼肉的腥味（三甲胺、低级脂肪酸等），性成熟的公畜的特殊气味（腺体分泌物）。肉经过水煮加热后产生的强烈肉香味，主要是由低级脂肪酸、氨基酸及含氮浸出物等化合物产生。

（2）滋味。肉的鲜味（香味）由味觉和嗅觉综合决定。肉的滋味，包括鲜味和外加的调料味。肉的鲜味成分主要有肌苷酸、氨基酸、三甲基胺肽、有机酸等。

成熟肉风味的增加，主要是核苷类物质及氨基酸变化所致。牛肉的风味主要来自半胱氨酸，猪肉的风味可从核糖、脱氨酸获得。牛、猪、绵羊的瘦肉所含挥发性的香味成分主要存在于脂肪中，如大理石样肉。脂肪交杂状态越密风味越好。因此肉中脂肪沉积的多少对风味更有意义。

二、植物性原料的一般结构和加工特性

（一）一般结构

植物原料都是由细胞构成的，植物细胞基本上都是由原生质体、细胞壁、液泡和内含物所组成。

原生质体是细胞内有生命的物质，细胞的一切代谢和生命活动都在这里进行。原生质中最主要的成分是以蛋白质和核酸为主的复合体，也称“蛋白体”。在显微镜下观察发现，原生质中有细胞核、质体、线粒体等各种细胞器。细胞核的主要功能是控制细胞的生长、发育和遗传；线粒体内含有蛋白质和脂类，以及与呼吸作用有关的酶和与能量代谢有关的腺苷三磷酸；质体是绿色植物所特有的细胞器，它包括含有大量淀粉的白色体，含叶黄素和胡萝卜素的有色体和含叶绿素甲、叶绿素乙、叶黄素和胡萝卜素的叶绿体。

细胞壁由纤维素组成，包围在原生质体外围，是具有一定硬度和弹性的固体结构。细胞壁也是由原生质体所产生的，从初生壁到次生壁，原生质还可以合成一些物质渗透到细胞壁中去，以改变细胞壁的性质，如木质、角质等以增加细胞壁的支持力量和降低透水性。

液泡是植物细胞的显著特征，特别是成熟的细胞，其液泡可以占据细胞整个体积的90%。液泡里的细胞液成分复杂，通常含有糖、单宁、有机酸、植物碱、色素和盐类等。

内含物是细胞在生长分化过程中，以及成熟后，由于新陈代谢作用，产生的一些代谢物，最常见的储藏物质是淀粉，在植物原料的块根、块茎、种子或子叶中都储存大量的淀粉。蛋白质、脂肪也是许多植物细胞的储存物质，此外还含有各种形状的晶体、维生素、生长素等物质。

细胞之间的果胶类物质把相邻的两个细胞粘连在一起，具有相同的生理机能和形态结构的细胞群，形成组织，组成了植物的营养器官和结实（繁殖）器官，植物的营养器官包括根、茎、叶；植物的结实器官包括花、果实、种子。根据各植物的特点，可以选取植物的某一部分器官作为食品原料。

（二）加工特性

每一种植物原料都具有其特有的风味，要想加工出有独特风味的食品，必须熟悉原料的食品加工特性。这里主要介绍粮食和果蔬的加工特性。

1. 植物原料加工特性

（1）风味特征。植物性食品原料的风味首先与品种有关，不同的品种其风味特点不同，即便是同一类别，品种不同，其风味也有不同。例如，同样是葱，娄葱与龙爪葱的风味明显不同。另外，同一物种的植物性原料由于生长期不同，致使其风味特点产生明显差异，如北方稻与南方稻、新疆西瓜与海南西瓜等，由于地理位置及生长期的不同，各品种在风味特点上产生明显特征。同时，即便是同一原料，由于部位的不同，其风味特点也不尽相同。例如，西瓜的中心部与边缘部的口感不同、甘蔗顶端与根端的口感不同等。

（2）质感特征。如同风味特征一样，可供食用的部位不同，其质感有着明显的差异。例如，黄瓜的顶花部与蒂把部、藕芽与藕鞭、冬笋的尖部与根部、芦笋的顶芽与躯干部等，其质感的不同，制约和决定着加工方法的应用。

（3）色彩特征。植物性食品原料的色彩沉积有相当一部分是不稳定的，任何一种食品加工方法对其都可能造成不同程度的影响，如绿色植物中的叶绿素在加热情况下，其色素状况会发生改变；有色蔬菜中的叶黄素和胡萝卜素等有色体在加热及不同环境状态下也都会发生变化，当然加热温度和环境酸碱度对其的影响大小至关重要，在食品加工过程中应按照食品质量要求给予相应的技术处理。

（4）营养损耗。植物性食品原料中含有大量人体所需的各类营养物质，特别是维生素和矿物质，而这些营养素在食品加工中因机械加工和高温加热或人为因素会受到不同程度的破坏和损失，包括洗涤流失、高温分解流失、成分反应物生成流失等，这些特性在食品加工中都应给予考虑。

2. 粮食的加工特性

（1）后熟。粮食种子在田间达到完熟收割以后，有的品种在生理上并未完全成熟，主要表现在呼吸旺盛，发芽率低，加工出品不高，食用品质差。经过贮藏一段时期以后，这种现象便会逐步得到改善。这种由完熟到生理成熟所进行的生理变化，称为“后熟作用”。这段过程所需要的时期称为“后熟期”。通常以发芽率达到80%以上作为完成后熟期的标志。

粮食种子在后熟期间的生理变化，主要是继续合成作用，即种子中的可溶性糖、非蛋白态氮、游离脂肪酸等低分子物质，逐步合成为淀粉、蛋白质和脂肪等高分子物质。随着合成作用的完成，种胚成熟，水分减少，干物质增加，酶的活性降低呼吸渐趋微弱，种皮透气性增强。因而工艺、食用品质及种用品质都得到改善。

粮食种子的后熟期，随品种不同而异。大部分早、晚籼稻和晚粳稻品种无明显的后熟期，早粳一般为半月以上；玉米、高粱需2～3周；麦类后熟期较长，小麦需2～2.5个月，大麦需3～4个月，燕麦需2～6个月；蔓生大粒型花生需4～7个月。后熟期的长短不仅与种子品种有关，而且与环境条件密切相关。高温、干燥、通风良好，有利于促进和加速后熟的完成。反之，低温、潮湿和通风不良，则会延缓和推迟后熟的完成。

（2）陈化。粮食和其他生物一样，都有一定的寿命期。当它完成后熟以后，随着贮藏时间的延长，尽管没有发热霉变或其他危害，其理化性质也会发生一系列变化，使品质逐渐劣变而趋于衰老，这种现象称为“陈化”。

粮食的陈化，主要是由于酶的活性减弱，呼吸能力降低，原生质胶体结构松弛，造成生化和物理性质的改变。在生化方面的表现，一般是生活力衰退，发芽率降低，新鲜度减退，脂肪酸增加，黏性下降，失去原有的色泽和香味，甚至产生陈臭气味。在物理方面则表现为水分降低；干粒重减小，容量增大，硬度增加，米质变脆，面粉的面筋持水率下降，发酵力减弱等。总之，粮食陈化后，对加工、食用、营养品质及商品价值都有不利影响。

粮食开始陈化的时间随品种而异。据实验，在安全水分和正常贮藏条件下，籼稻谷贮藏3～4年，玉米贮藏2年，在食用品质上没有显著变化，贮藏15年以内的小麦，除发芽率有降低外，并未发现因贮藏时间较长而产生品质劣变现象。从实践经验来看，成品粮一般都比原粮陈化快，大米的陈化以糯米最快，粳米次之，籼米较慢，特别是粉状粮食更易陈化。

3. 果蔬的加工特性

（1）成熟度。果蔬原料的成熟度和采收期适宜与否直接关系到加工成品质量高低和原料的损耗大小。不同的加工品对果蔬原料的成熟度和采收期的要求不同。果蔬加工上，一般将成熟度分为三个阶段，即可采成熟度、加工成熟度和过分成熟度。

可采成熟度是指果实充分膨大长成，但风味还未达到顶点。这时采收的果实，适合于贮运并经后熟后方可达到加工的要求，如香蕉、西洋梨等水果。一般工厂为了延长加工期常在这时采收进厂入贮，以备加工。

加工成熟度是指果实已具备该品种应有的加工特征，分为适当成熟与充分成熟。根据加工类别不同要求成熟度也不同，如制造果汁类，要求原料充分成熟，色泽好，香味浓，糖酸适中，榨汁容易，吨耗率低；制造干制品类，果实也要求充分成熟，否则缺乏应有的果香味，制成品质地坚硬，而且有的果实如杏，若青绿色未退尽，干制后会因叶绿素分解变成暗褐色，影响外观品质；制造果脯、罐头类，则要求原料成熟适当，这样果实因含原果胶类物质较多，组织比较坚硬，可以经受高温煮制；而果糕、果冻类加工时，则要求原料具有适当的成熟度，其目的是利用原果胶含量高，使制成品具有凝胶特性。

过分成熟度是指果实质地变软，风味变淡，营养价值降低。这种果实除了可作果汁和果酱外（因不需保持形状），一般不适宜加工其他产品。一般加工品均不提倡在这个时期进行加工。但制作葡萄加工品时，则应在这时采收，因为此时果实的含糖量高，色泽风味最佳。

总体而言，加工原料越新鲜，加工的品质越好，损耗率也越低。因此，应尽量缩短从采收到加工的时间，这也是加工厂要建在原料基地附近的原因。

（2）易腐性。果品蔬菜多属易腐农产品，这些原料在采收、运输过程中，极易造成机械损伤，若及时进行加工，尚能保证成品的品质，否则腐烂严重，失去加工价值或造成大量损耗。例如，葡萄、番茄等，不耐重压，易破裂，极易被微生物浸染，给以后的消毒杀菌带来困难。总之，果品蔬菜要求从采收到加工的时间尽量短，如果必须放置或进行远途运输，则应有一系列的保藏措施。同时在采收、运输过程中防止机械损伤、日晒、雨淋及冻伤等，以充分保证原料的新鲜。

（3）柔嫩性。部分蔬菜和浆果类原料具有柔嫩性，如叶菜、甜玉米、草莓等。罐头制品要求原料质地柔嫩细致，但要有一定耐煮性；速冻更是要求原料新鲜、组织脆嫩、内部纤维含量少；腌制也要求原料肉质紧密而脆嫩。

（4）纤维性。主要是一些蔬菜富含粗纤维，如芹菜、竹笋等，粗纤维过高影响品质。蔬菜制罐、干制、速冻、腌制都要求原料粗纤维少。蔬菜干制要求原料干物质含量高、风味好、废弃部分少、皮薄肉厚、组织致密、粗纤维少。例如，竹笋干制后，质地粗糙，组织坚硬，不堪食用，所以不适合干制。

（5）粉粒性。主要是一些蔬菜，如南瓜、豆类、玉米等，和一些坚果类原料本身所具有的一种品质特性，与细胞结构和淀粉粒有关，其对口感有一定影响。

（6）汁液性。主要是一些水果和蔬菜富含汁液，如柑橘类、苹果、番茄等。其出汁率高低和是否容易榨汁对饮料生产有一定影响。

（7）耐贮性和抗病性。不同的果蔬有不同的耐贮性和抗病性。所谓耐贮性是指果蔬在一定贮藏期内保持其原有质量而不发生明显不良变化的特性；而抗病性则是指果蔬抵抗致病微生物侵害的特性。生命消亡，新陈代谢终止，耐贮性、抗病性也就不复存在。成熟期采收的冬瓜在通常环境条件下放置数十天仍可保持鲜态。

第三节　食品原料的安全生产与控制

一、畜产食品原料的安全生产与控制

畜产食品原料的安全性主要取决于食源性致病菌、人兽共患病和兽药残留的控制。

（一）食源性致病菌及其控制

世界卫生组织指出："凡是通过摄入食物而使病原体进入人体，以致人体患感染性或中毒性疾病，统称为食源性疾病。"食源性疾病包括食物中毒、肠道传染病、人兽共患传染病、肠源性病毒感染及经肠道感染的寄生虫病等。

1. 常见的食源性致病菌及其危害

（1）沙门氏菌。沙门氏菌属，属于肠杆菌科，为革兰氏阴性杆菌。典型的菌种是肠炎沙门氏菌。沙门氏菌属污染食物后无感官性状的明显变化，易被忽视而引起食物中毒。

沙门氏菌常寄生在人类和动物肠道中，并在动物中广泛传播而感染人群。如果畜禽肉蒸煮加热不当或在冰箱中放置时间过长，都容易发生沙门氏菌感染或中毒。

（2）致泻性大肠杆菌。大肠埃希氏菌俗称大肠杆菌，为革兰氏阴性杆菌，是人类和动物肠道正常菌群的主要成员。但是当机体抵抗力下降或大肠杆菌侵入肠外组织或器官时，可作为条件性致病菌而引起肠道外感染，有些血清型可引起肠道感染。在卫生学上大肠杆菌常作为卫生监督的指示菌。

（3）金黄色葡萄球菌。葡萄球菌属于微球菌科，为革兰氏阳性兼性厌氧菌，在60℃加热30min即可被杀死。其中，金黄色葡萄球菌是引起食物中毒的常见菌种。若破坏食物中污染的金黄色葡萄球菌肠毒素需在100℃加热2h。

葡萄球菌在适宜的条件下可迅速生长繁殖并产生肠毒素，引起食用者发生食物中毒。

（4）肉毒梭状芽孢杆菌。肉毒梭状芽孢杆菌简称肉毒梭菌，为革兰氏阳性杆菌。在适宜的环境条件下可产生肉毒毒素，引起食物中毒。罐头的杀菌效果一般以肉毒梭菌为指示菌。肉毒毒素是一种神经毒素，是目前已知的化学毒物和生物毒物中毒性最强的一种。

（5）单核细胞增生李斯特氏菌。单核细胞增生李斯特氏菌属于李斯特菌属，为革兰氏阳性杆菌。它能致病和产生毒素。

（6）空肠弯曲菌。空肠弯曲菌属螺旋菌科，革兰氏阴性弧菌。空肠弯曲菌中有一些菌株可以产生热敏型肠毒素，不同菌株的产毒量差别较大。它是一种重要的肠道致病菌。

（7）志贺氏菌。志贺氏菌属即通称的痢疾杆菌，是导致典型细菌性痢疾的病原菌。引起志贺氏菌中毒的食品主要是冷盘和凉拌菜，特别是畜禽肉的凉调。

（8）变形杆菌。变形杆菌属，属于肠杆菌科，革兰氏阴性杆菌。变形杆菌常与其他腐败菌共同污染生食品，使生食品发生感官上的改变。熟制品中极易被忽视而引起中毒。

2. 食源性致病菌的主要预防控制措施

针对食源性致病菌，需加强对屠宰场所的卫生监督和管理，加强对畜禽胴体卫生检疫，加强食品原料加工、贮运和餐饮食品烹调、制备等环节的卫生管理。

如果畜禽患有沙门氏菌病，胴体无病变或病变轻微时，高温处理后方可出厂（场），血液及内脏作化制或销毁；肌肉有显著病变时，化制或销毁。确认为李斯特氏菌、肉毒梭菌感染的病畜或整个胴体及副产品均销毁处理。

（二）人兽共患病及控制

人兽共患病是指由细菌、真菌、立克次体、衣原体、病毒和寄生虫等引起的一类在脊椎动物和人之间自然传播的疾病的总称，它可通过人与患病的动物直接接触，也可经由动物媒介或被污染的空气、水和食物传播。

1. 主要畜禽病毒病的病原体及危害

病毒性疾病既可以通过食物和粪便污染，也可以通过衣物、接触、空气等感染。人和动物是病毒复制、传播的主要来源。

（1）口蹄疫，俗称口疮热和流行性口疮，是由口蹄疫病毒所引起的偶蹄动物的急性、发热性、高度接触性传染病。中国把它列为进境动物检疫一类传染病。

（2）疯牛病，主要是因给牛饲喂含痒病或疯牛病病原的骨肉粉所致。牛海绵状脑病，俗称疯牛病，是由朊病毒引起的一种人兽共患传染病。主要引起脑组织空泡变性、淀粉样蛋白斑块、神经胶质增生等。

（3）禽流行性感冒，简称禽流感，是一种由 A（甲）型流感病毒引起的家禽和野禽的急性、高度致死性传染病。WHO 指出，目前的 HTN9 型病毒株仅能通过禽类传染给人体，但是这种病毒很容易变种，突变出“人传人”的禽流感病毒。

2. 主要人兽共患传染病的病原菌及危害

（1）炭疽病是由炭疽芽孢杆菌引起的人兽共患的急性、热性、败血性、烈性传染病。人类炭疽病以皮肤炭疽为主，也可发生肺炭疽、肠炭疽和脑炭疽，可发生败血症而死亡。

（2）结核病是由结核杆菌感染引起的慢性传染病。结核病主要由呼吸道和消化道传播，其中以呼吸道传播为主。

（3）布氏杆菌病：布鲁氏杆菌病（简称布氏杆菌病）是由布氏杆菌引起的一种慢性接触性传染病。布氏杆菌病是人兽共患病，为我国《传染病防治法》法定乙类传染病。

（4）猪链球菌病是由溶血性链球菌引起的人兽共患疾病。染病后潜伏期一般为 1 ～ 3 天，急性型发病急，病程短，常无任何症状即突然死亡。体温高达 41 ～ 43℃，呼吸迫促，多在 24h 内死于败血症。

3. 主要人兽共患寄生虫病的病原体及危害

（1）囊尾蚴病又称囊虫病，是由绦虫的幼虫所引起的人兽共患寄生虫病。人感染囊尾蚴后，在四肢、颈背部皮下可出现半球形结节，重症病人有肌肉酸痛、疲乏无力和痉挛等表现。当虫体寄生于脑、眼、声带等部位时，常出现神经症状、失明和失音等现象。

（2）旋毛虫病是由旋毛线虫所引起的一种人兽共患寄生虫病。人食用患旋毛虫的畜肉1周左右，出现胃肠炎症状及肌肉疼痛，如果幼虫进入脑、脊髓，可引起脑膜炎样症状，导致死亡。

（3）弓形虫病是由刚地弓形虫所引起的一种人兽共患原虫病。人的先天性感染多与孕妇妊娠初期感染弓形虫发病有关。其还可导致流产、早产和胎儿先天性畸形。

4. 人兽共患病的控制

防止人兽共患病，首先要注意对饲养动物及时有效地给予疫苗接种，一经发现病畜，应立即对病畜采取消毒、封锁隔离措施，必要时对病畜和同群牲畜予以扑杀销毁，同时做好健康动物和人的预防工作。其次，加强屠宰前的兽医卫生检疫检验，屠宰过程中发现可疑病畜应立即停宰送检。最后，饲养和屠宰场所及用具等进行必要的消毒处理，从事畜牧业及其相关工作的人员应做好个人防护，每年进行预防接种，并采取卫生防护措施。

（三）兽药残留及其控制

兽药残留是指给动物使用兽药或饲料添加剂后，药物的原形及其代谢产物可蓄积或储存于动物的细胞、组织、器官或可食性产品（如肉、乳、蛋）中。人类长期摄入含兽药残留的畜产品，药物不断在体内蓄积，当浓度达到一定量后，就会对人体产生毒性作用。

1. 主要的兽药残留

目前，对人畜危害较大的兽药及药物饲料添加剂主要包括抗生素类、磺胺类、呋喃类、抗寄生虫类和激素类等药物。

2. 兽药残留的主要危害

如果没有按照规定对兽药进行合理使用，没有按规定的休药期进行停药，药物就会在动物组织中产生残留，产生一定的危害或潜在的副作用。

（1）细菌耐药性。细菌耐药性是指有些细菌菌株对通常能抑制其生长繁殖的某种浓度的抗菌药物产生了耐受性。同时也有引起与这些药物接触的内源性菌群中的某一种或几种细菌产生耐药性的危险。经常食用含药物残留的动物性食品，动物体内的耐药菌株可通过动物性食品传播给人体，给临床上感染性疾病的治疗带来一定的困难。

（2）菌群平衡失调。过多的抗微生物药物的使用会导致菌群平衡发生紊乱，造成一些非致病菌的死亡，使菌群平衡失调，进而导致长期腹泻或维生素缺乏等反应，甚至使人体因某些营养素和活性物质的缺乏而产生生理功能紊乱，导致疾病发生。

（3）残留毒性。人长期摄入含兽药残留的动物性食品后，药物不断在体内累积，当浓度达到一定量后就会对人体产生毒性作用。

（4）过敏反应。人群中有一些对抗生素易感的个体，即使在残留量非常低的情况下也能产生不耐受性甚至致命的过敏反应。

（5）激素的副作用。人长期食用含有低剂量激素类药物的动物性食品，由于累积效应，有可能干扰人体的激素分泌体系和身体的正常机能。

3. 兽药残留的控制

为了控制动物性食品中的兽药残留，可采取以下几种主要措施。

（1）按照兽药的使用规范进行科学合理用药。包括合理配伍用药、使用兽用专用药，能用一种药的情况下不用多种药，特殊情况下一般最多不超过3种抗菌药物。

（2）严格按照规定的休药期进行用药。兽药的休药期指畜禽停止给药到许可屠宰或它们的产品（乳、蛋）许可上市的间隔时间。

（3）加强监督检测工作。兽药残留具有潜在的危害性，一些对药物非常敏感的人群，其危害更严重。

（4）选择合适的食用方式。消费者可通过烹调加工、冷藏等加工方法减少食品中的兽药残留。

二、水产食品原料的安全生产与控制

了解水产食品原料中的有毒有害物质的来源、分布和主要特性，有利于采取有效控制和相应加工措施，减少危害。

（一）海洋鱼类的毒素

1. 河鲀毒素

（1）来源及分布。河鲀毒素多存在于河鲀鱼、海洋翻车鱼、斑节虾虎鱼和豪猪鱼等多种鲀科鱼类，毒素的浓度由高到低依次为卵巢、鱼卵、肝脏、肾脏、眼睛和皮肤，而肌肉和血液中含量较少。

（2）特性及危害。河鲀毒素是一种生物碱类天然毒素，在低pH值时较稳定，碱性条件下河鲀毒素易于降解，在4%的NaOH溶液中20min可以完全破坏。

河鲀毒素的毒性很强，主要作用于神经系统，抑制呼吸，引起呼吸肌和血管神经麻痹，对胃、肠道也有局部刺激作用。河鲀毒素的毒性比氰化钠强1000倍。

（3）预防与控制。大力开展宣传教育，加强监督管理；新鲜河鲀鱼必须统一收购，集中加工；新鲜河鲀去掉内脏、头和皮后，肌肉经反复冲洗，加入2%碳酸钠处理24h，然后用清水洗净，可使其毒性降至对人体无害的程度。

2. 鲭鱼中毒（组胺中毒）

（1）来源及分布。莫根氏变形杆菌、组胺无色杆菌、埃希大肠杆菌、沙门氏菌、链球菌和葡萄球菌等富含组氨酸脱羧酶的细菌污染鱼类后，可以使鱼肉中游离的组氨酸脱掉羧基，形成组胺。

（2）特性及危害。鲭鱼中毒是一种过敏性食物中毒，主要是人体对组胺的过敏反应所致，通常表现为面部、胸部或全身潮红，头痛、头晕、胸闷、呼吸急促，愈后良好，一般没有后遗症，死亡也很少发生。

（3）预防与控制。在温度15～37℃，有氧，中性或弱酸性（pH值为6.0～6.2），渗透压不高（盐分3%～5%）的条件下，易产生大量组胺。因此，控制组胺的产生是预防鲭鱼中毒的关键，如改善捕捞方法，烹饪时加入食醋都可以一定程度上降低其毒性。

3. 西加毒素

（1）来源及分布。西加毒素中毒是吃了在热带水域捕获的鱼中毒而引起的临床综合症状的总称。

（2）特性及危害。西加毒素是一种脂溶性聚醚，毒性是河鲀毒素的20～100倍，对小鼠的LD_{50}为0.45μg/kg。

西加毒素主要影响人类的胃肠道和神经系统，中毒症状与有机磷中毒有些相似，表现为腹泻、恶心、呕吐及腹痛，严重者会导致瘫痪和死亡。

（3）预防与控制。美国食品药品监督管理局（FDA）规定新鲜、冷冻和生产罐头食品的鱼类中西加毒素的含量不得超过80μg/100g。

4. 鱼卵毒素

（1）来源及分布。能产生鱼卵毒素的鱼包括青海湖裸鱼、淡水石斑鱼、鳇鱼和鲶鱼等。

（2）特性及危害。鱼卵毒素为一类毒性球蛋白，具有较强的耐热性。

中毒症状潜伏期短，出现恶心、呕吐、腹泻和肝脏损伤，严重者可见吞咽困难、全身抽搐甚至休克等现象。

（3）预防与控制。鱼卵中毒主要以预防为主。加工肌肉部位时，要用大量的流动水清洗干净，经过油炸、炖、烧、煮等加工后再食用。

（二）贝类毒素

大多数贝类中均含有一定数量的有毒物质。

1. 麻痹性贝类毒素

（1）来源及分布。麻痹性贝类毒素（PSP）是20多种腰鞭毛虫分泌的毒素的总称，是所有的海产品中对健康危害最严重的毒素，主要在海产品中出现，尤其是在软体动物中富集。

（2）特性及危害。PSP属于非蛋白质毒素，是有效的神经肌肉麻痹剂，食入后使人出现晕眩、休克等神经中毒症状。使人致死的PSP剂量为500～1000μg/kg体重。

（3）预防与控制。我国《无公害食品水产品中有毒有害物质限量》（NY 5073—2006）中规定贝类中PSP的含量不得超过400μg/100g。

2. 腹泻性贝类毒素

（1）来源及分布。腹泻性贝类毒素（DSP）主要由藻类引起，可被DSP毒化的贝类是双壳贝类。DSP一般分布在贝的中肠腺中。

（2）特性及危害。到目前为止，尚没有人类因中腹泻性贝毒而致死的报道，但发病率很高。中毒症状以消化系统为主，如恶心、腹痛、腹泻（水样便）。

（3）预防与控制。DSP对人的最小致病剂量为12MU（1MU相当于OA 4.0μg）。我国《无公害食品水产品中有毒有害物质限量》（NY 5073—2006）中规定DSP在贝类中不得检出。

3. 神经性贝类毒素

（1）来源及分布。神经性贝类毒素（NSP）的发生与海洋赤潮有关。

短裸甲藻在细胞裂解、死亡时会释放出一组毒性较大的短裸甲藻毒素（BTX），是一种神经毒素。

（2）特性及危害。NSP 的毒性较低，对小鼠的半致死量 LD_{50} 为 50μg/kg。当人类食用受短裸甲藻污染的贝类后 30min ～ 3h 便会出现 NSP 症状，如腹痛、恶心、呕吐、腹泻，并伴有眩晕、肌肉骨骼疼痛、乏力、头痛、冷热颠倒等。NSP 中毒很少致死。

（3）预防与控制。对 NSP 的控制主要以预防为主。水中铁的含量异常升高可作为赤潮发生之前的标志。

4. 失忆性贝类毒素

（1）来源及分布。失忆性贝类毒素（ASP）是一种红藻产生的有毒氨基酸。ASP 可在贝类、鱼类、蟹类体内蓄积。

（2）特性及危害。软骨藻酸（DA）为神经兴奋剂或神经刺激性毒素，半致死量 LD_{50} 为 10μg /kg。使用含有 DA 的海产品 3 天后出现恶心、呕吐、腹泻、腹部痉挛等症状，腹泻有时会伴有头晕目眩、神智错乱、方向感丧失甚至昏迷。另有一部分患者记忆永久性丧失，严重时可导致死亡。

（3）预防与控制。检测到贻贝及蛤中的软骨藻酸含量超过安全限量 20μg /g，立即关闭捕捞区。

三、植物类食品原料安全生产与控制

植物类食品原料不安全因素很复杂，了解其来源、性质，可以为用科学合理的储藏加工方法处理植物类食品原料以确保食品安全奠定基础。

（一）农药残留与控制

1. 农药残留对安全食品原料生产的影响

农药残留是指农药使用后残存在生物体、食品（农副产品）和环境中的微量农药、有毒代谢物、降解物和杂质的总称，具有毒理学意义。残存的数量为残留量。当农药过量使用，超过最大残留限量时，将对人畜产生不良影响或通过食物链对生态系统中的生物造成毒害。

2. 农药污染的途径

农药污染的过程主要有：施用农药后对作物或食品的直接污染；空气、水、土壤的污染造成动植物体内含有农药残留，从而间接污染食品；来自食物链和生物富集作用；运输及储存中由于和农药混放而造成食品污染。

3. 主要农药残留

（1）有机氯农药。我国虽然已于1983年停止生产和使用有机氯农药滴滴涕（DDT）和六六六（BHC），但近年来杀虫脒作为杀虫剂和杀螨剂代替其在棉花中大量使用，造成环境和食品污染而影响食品安全。有机氯农药化学性质很稳定，不易降解，易于在生物体内积蓄。

（2）有机磷农药。早期发展的有机磷农药大部分是高效高毒品种，而后逐步发展了许多高效低毒低残留品种，直到现在人们还在大量地使用剧毒的有机磷农药。有机磷农药化学性质不稳定，分解快，在作物中残留时间短。

（3）其他农药。氨基甲酸酯类农药和拟除虫菊酯类农药是当前常用于农业的农药。

①氨基甲酸酯类农药。氨基甲酸酯类农药具有高效、低毒、低残留的特点。农业上的氨基甲酸酯类农药可分为两类：一类是 N - 烷基化合物，用作杀虫剂；另一类是 N - 芳香基化合物，用作除草剂。

②拟除虫菊酯类农药。拟除虫菊酯类农药也是近年发展较快的农药，主要有氰戊菊酯、溴氰菊酯、氯氰菊酯、杀灭菊酯（速灭杀丁）、苄菊酯（敌杀死）和甲醚菊酯等。

③杀菌剂。多菌灵杀菌剂在蔬菜和水果生产中经常使用。在蔬菜中多菌灵杀菌剂使用量少，使用次数少，半衰期短，故一般不存在残留。

4. 降低农药残留的措施

对于农业生产来说，要建立健全农药法规，加强对原料作物的生产管理。例如，严格按照《农药安全使用规范总则》（NY/T 1276-2007）施药；严格按照安全隔离期进行收获；综合防止病重虫害，减少农药的使用量。

（二）植物食品原料中天然有毒有害物质

1. 苷类

苷是糖分子中的环状半缩醛形式的羟基和非糖类化合物分子中的羟基脱水缩合而成具有环状缩醛结构的化合物。苷类一般味苦，可溶于水及醇中，极易被酸或共同存在于植物中的酶水解，最终产物为糖及苷元。苷元化学结构类型不同，所生成的苷的生理活性也不相同。主要包括芥子苷、氰苷等。

2. 生物碱

存在于食用植物中的生物碱主要是龙葵碱、秋水仙碱及吡啶烷生物碱，在医药中常有独特的药理活性。

3. 毒蛋白

毒蛋白主要包括：外源凝集素，又称植物红细胞凝集素，是一类由植物合成的对红细胞有凝聚作用的糖蛋白；消化酶抑制剂，许多植物的种子和荚果中都存在动物消化酶抑制剂。

4. 酚类

（1）棉酚。棉籽可以榨油，食用冷榨棉籽油可引起中毒，其毒性决定于游离棉酚的含量。游离棉酚是一种细胞原浆毒，人食入后，对胃肠道黏膜有强烈的刺激作用，吸收后随血液分布于全身各个器官，损害人体脏器及中枢神经，还可影响生殖系统的功能。

（2）其他酚类。

①白果。白果又名银杏，是我国特产，其肉质外种皮、果仁及绿色的胚中含有有毒成分，主要是白果二酚和白果酸。经皮肤吸收或食入白果的有毒部位后，进入小肠，引起中枢神经系统损害和胃肠道症状。严重者因呼吸衰弱、肺水肿或心力衰竭而危及生命。

②柿子。柿子不仅富含维生素 C，而且还有润肺、清肠、止咳等作用。但一次性食入量过大尤其是食入未成熟的柿子，容易形成胃柿石。另外，当空腹或大量食入柿子或与酸性食物（包括药物）同食时，容易发生胃柿石病。

（三）真菌毒素

真菌在自然界中分布广泛，有些真菌会在农作物上生长繁殖或污染食品，使农作物发生病害或使食品发霉变质。真菌毒素是由真菌产生的具有毒性的二级代谢产物。真菌毒素的产生条件与真菌生长繁殖的环境条件密切相关，一般在温度 25 ～ 33℃、相对湿度 85%～ 95%的环境下，最适合真菌的生长繁殖，也最容易形成真菌毒素。

现已经发现了 300 多种化学结构不同的真菌毒素，其中已经被分离出来且证明有毒、化学结构清楚的真菌毒素有 20 多种。

1. 几种典型的真菌毒素

(1) 曲霉毒素。有些菌株可产生毒素，严重危害人畜健康。曲霉毒素主要由曲霉属中的黄曲霉、赭曲霉、杂色曲霉和寄生曲霉等产生。其中，黄曲霉毒素是目前研究最早也最为清楚的一类曲霉毒素。

黄曲霉毒素的产毒菌株主要是黄曲霉和寄生曲霉。黄曲霉毒素在中性和不太强的酸性条件下比较稳定，在较强的碱性条件下迅速分解（pH 值为 9～10)，耐高温，268～269℃高温条件下才能被破坏，280℃下裂解，故通常的烹调加热条件下不易被破坏。

黄曲霉毒素的污染途径主要是污染粮油原料及其制品。一般而言，如果食物和食物原料的储存条件足够潮湿，允许黄曲霉生长但又并不足以潮湿到使其他生物生长时，都有可能产生黄曲霉毒素。我国食品中黄曲霉毒素的允许量标准见表 2-1。

表 2-1 我国食品中黄曲霉毒素的最大允许量标准

食品种类	允许量标准(μg/kg)	食品种类	允许量标准(μg/kg)
玉米	20	食用油（花生油除外)	10
花生及制品	20	其他粮食豆类及发酵食品	5
大米	10	婴儿代乳食品	不得检出

(2) 青霉毒素。青霉毒素主要有橘青霉素、展青霉素、黄天精和黄绿青霉素等。

2. 真菌毒素的预防和控制措施

虽然真菌毒素可以污染水果、蔬菜，甚至乳及乳制品，但人体摄入的大部分真菌毒素均来源于谷物。目前，在谷物收获前完全去除农作物中的真菌毒素还没有十分可靠的方法。因此，控制食品原料中的真菌毒素污染是最为关键的。

谷物收获前必须加强管理，建立和维持轮作制度。种植新作物前，应尽量将陈谷穗、根和其他残留物犁到地下或清除掉。收获期间的管理要注意收获的时间、温度及湿度，防止其他污染物的污染。收获时尽可能避免谷物的机械损伤和土壤污染。收获后的谷物应立即测定其水分含量并尽快干燥，使水分达到可储存的推荐含量。储存期间的储存设备应包括干燥和通风良好的设施。

第四节　食品加工的常用辅料

一、水

水与产品质量的关系十分密切，其中，凡直接与原料及其制品接触的用水都称为生产用水，而洗涤设备、工具和清洁卫生用水为清洁用水。

食品生产用水的水质必须与生活饮用水相同，一般以自来水为水质来源，可不必检验，但使用井水、泉水或其他水源生产时则必须对水质进行检验，因为水质过硬，含有较多无机盐离子，可能会因离子强度过高而影响产品质量，因此，有时要经过软化处理才能使用。此外，还要检查微生物含量是否合格。

二、油脂

油脂是脂肪酸甘油三酯的混合物，食品加工中可使用的天然油脂按所含的脂肪酸不同可分为三类，即固态油脂类、半固态油脂类和液态油脂类，这也是依照饱和脂肪酸量逐渐减少及不饱和脂肪酸逐渐增加的次序排列的。固态油脂包括猪脂、牛脂和羊脂等；半固态油脂包括奶油、椰子油、棕榈仁油和棕榈油等；液态油脂包括含油酸较多橄榄油和茶油，以油酸和亚油酸为主的花生油、芝麻油、棉籽油和米糠油，亚油酸含量较高的玉米油、豆油、葵花油和红花油，亚麻酸含量高的亚麻油及含特种脂肪酸的菜油和蓖麻油。

三、淀粉

淀粉是由许多葡萄糖分子脱水缩合而成的天然高分子物质，为白色粉末，无嗅无味，相对密度为 1.499 ～ 1.513。商品淀粉含水分为 12% ～ 18%。淀粉不溶于冷水。把淀粉放在水中边加热边搅拌，到一定温度后淀粉颗粒开始吸水，黏度升高，透明度增大，这一温度称为糊化起始温度。随着加热温度继续升高，淀粉颗粒继续吸水膨润，体积增大直至达到膨润极限后颗粒破坏，黏度下降，这种淀粉加热后的吸水—膨润—崩坏—分散的过程称为淀粉的糊化。放冷后糊化淀粉失去流动性，形成凝胶，并有一定的强度，其凝胶强度与膨润度呈正相关性，浓度、温度和加热时间是很重要的因素，凝胶化的淀粉在放置一段时间后，由于糊化而分散的淀粉的分子会再凝集，使凝胶劣化，水分离析，出现淀粉老化现象。

四、蛋白质

（一）植物蛋白制品

1. 大豆蛋白制品

大豆蛋白制品除其本身所具有的营养成分之外，还具有热凝固性、分散脂肪性和纤维形成性等优良性状。大豆蛋白溶液加热后会产生凝胶化，所以加入肉糜中后可增强制品的弹性，一般加入量为5%。pH值在6.5以上时，其保水力可达90%以上。它能使水中呈油滴型的脂肪乳化，且乳化物的稳定性与蛋白质浓度呈正相关性。大豆蛋白制品包括脱脂大豆粉、浓缩蛋白、抽提蛋白和分离蛋白四种。其中浓缩蛋白和分离蛋白的质量较好，无腥味，色泽淡、使用量较多。

2. 小麦蛋白制品

小麦蛋白是将小麦除去淀粉后得到的谷蛋白，调节成酸、碱性后，使之溶解，喷雾干燥的制品。小麦蛋白在中性附近几乎不溶于水，形成极有弹性的新胶。这种黏胶的弹性受pH值和食盐浓度的影响。它在pH值为6.0左右显示出其物性特征，在pH值为8.0左右凝胶强度最高，随着食盐浓度的增加，其伸展性和耐捏性增加，在食盐浓度3.0%时显示出良好的特性，小麦蛋白一般可吸水1～2倍，加热后有凝固性或结着性，加热温度在80℃以上就能起到增强制品特性的作用。

（二）动物蛋白

1. 明胶

明胶是动物的皮、骨等结缔组织经加热溶出后得到的一种胶原蛋白，经过进一步脱脂、浓缩、干燥等工艺处理后得到的干燥明胶是一种无色无味的物质，明胶在浓度1.0%以上就会失去流动性变成有弹性的凝胶。溶胶与凝胶之间的转换温度随明胶的种类的不同而不同，一般当温度上升至30～35℃时发生溶胶化，形成高黏度的溶胶，随着温度的降低，其黏度增加，当温度下降到26～28℃时开始凝胶化，形成具有网状结构的凝胶体。

2. 蛋清

在全蛋清中，外水状蛋清占25%左右，浓厚蛋清占50%～60%，其余为内水状蛋清和其他成分。蛋清的凝固一般从56℃开始，66℃时大部分凝固，至80℃时完全凝固，这种凝固不同于明胶，是一种蛋白质的不可逆变性。

新鲜全蛋清和冷冻全蛋清的弹性增强效果几乎没有差别，咀嚼感与光泽以新鲜蛋清为好。新鲜的浓蛋清与水状蛋清的添加效果差，白度低。添加杀菌蛋清的产品破断度和凹陷度比添加冷冻蛋清差。干蛋清比冷冻蛋清的弹性增强效果差，但白度高。加盐全蛋清比冷冻全蛋清的添加效果差，白度也较低。

五、调味料

（一）食盐

联合国粮农组织和世界卫生组织（FAO/WHO）规定："食盐以氯化钠为主要成分，指海盐、地下矿盐或天然卤水制的盐，不包括由其他资源生产的盐，特别是化学工业的副产品。"食用盐的主要成分是氯化钠，同时还含有少量水分、杂质及铁、磷、碘等元素。

（二）糖类

糖类是多羟基醛、多羟基酮及能水解生成多羟基醛或多羟基酮的有机化合物。糖类在水产品生产上的应用，除了作为调味用甜味剂外，还起到减轻咸味、防腐、去腥、解腻等作用，更主要的是可以用于冷冻鱼糜中防止鱼肉蛋白质的冷冻变性。

（三）味精

味精是以粮食为原料经发酵提纯的谷氨酸钠结晶。我国自1965年以来已全部采用糖质或淀粉原料生产谷氨酸，经等电点结晶沉淀、离子交换或锌盐法精制等方法提取谷氨酸，再经脱色、脱铁、蒸发、结晶等工序制成谷氨酸钠结晶。

味精具有强烈的鲜味，是含有一个结晶水的L-谷氨酸钠。其味觉呈味成分中，鲜味占71.4%，咸味占13.3%，甜味占9.8%，酸味占3.4%，苦味占1.7%，其他占0.4%。味精的溶解度较大，其阈值（即仅能察觉到味道时的最低浓度）为0.03%，作为调味料广泛应用于食品加工中。

（四）其他

除了食盐、糖类及味精等调味料，食品加工中还可采用酱油、食醋、料酒、混合氨基酸调味料等调味料。

六、香辛料

香辛料是指各种具有特殊香气、香味和滋味的植物全草、叶、根、茎、树皮、果实或种子，如月桂皮、桂皮、茴香和胡椒等，用以提高食品风味。因其中大部分用于烹调，故而又称调味香料。

香辛料中主要的呈香基团和辛味物质是其中的醛基、酮基、酚基及一些杂环化合物，除了有增香、调味、矫臭、矫味的效果之外，还含有抗菌和抗氧化性的成分。香辛料的种类繁多，用于食品加工的香辛料有使制品形成独特香气的胡椒、丁香、茴香，对制品有矫臭、抑臭和增加芳香性的肉桂和花椒，有以辣味为主的生姜和以颜色为主的洋葱等。香辛料的种类、配比，除了根据原料的鲜度、其他调味料的配比情况及加工方法等方面的情况考虑外，应重视消费者的嗜好这一关键性的因素。

七、食品添加剂

根据《中华人民共和国食品卫生法》的规定，食品添加剂是指“为改善食品品质和色、香、味，以及为防腐和加工工艺的需要而加入食品中的化学合成或者天然物质”。食品添加剂具有增加食品的保藏性、防止腐败变质；改善食品的感官性状；有利食品加工操作，适应生产的连续化和机械化；保持或提高食品的营养价值及满足其他特殊需要等作用。食品添加剂按来源可分为化学合成食品添加剂和天然食品添加剂两类。合成品则是通过化学合成的方法制取；天然品主要从动植物中提取制得，也有一些来自微生物的代谢产物。

食品添加剂包括防腐剂、抗氧化剂、食用色素等，食品添加剂关系到人民的身体健康，世界各国都采取一定的法规形式对其进行卫生管理。生产、经营和使用食品添加剂应严格遵守有关的法规和条例，尤其应注意各种食品添加剂都必须经过适当的安全性毒理学评价。

第三章　食品干制加工工艺研究

大多数食品原料含有较高的水分，为了该类食品的运输、贮藏和进一步加工利用，通常需要脱除食品中的部分水分，降低食品的含水量，这一加工处理过程称为食品的干制。

第一节　食品干制的原理

一、干制过程的湿热传递

食品干制过程是水分和热量的传递过程，即食品吸收热量，逸出水分，因而也称湿热传递过程。湿热传递过程与食品的热物理学性质之间的关系是十分密切的，现分述如下。

（一）食品的比热容

食品是成分复杂的混合体，食品中干物质的比热容较小，为 1.257 ~ 1.676kJ/(kg · K)，而水的比热容为 4.19kJ/(kg · K)，因此，湿物料的比热容取决于食品的含水量，而且食品的比热容与其含水量之间呈线性相关，但食品的含气量等因素也会影响比热容数值。如果食品的含水率为 $W\%$，食品的比热容可表示为：

$$c_{食} = [c_{干}(100 - W) + c_{水} W]/100 = c_{干} + (c_{水} - c_{干})W/100$$

（二）食品的热导率

食品是一种多相态混合体系，食品的热导率主要取决于它的含水量和温度，因而在干燥过程中是可变的。食品的热导率与温度之间大体上呈线性相关，即随着温度的升高，热导率增大。但随着水分含量的降低，热导率将不断地减小，这是因为在水分蒸发后，空气代替水分进入食品中，从而使其导热性变差（如图 3 - 1 所示）。热导率与水分含量的关系因食品种类而异，以麦粒的干燥为例，当含水量 W 为 10%～20%时，热导率 λ 可表示为：

$$\lambda = 0.07 + 0.00233W$$

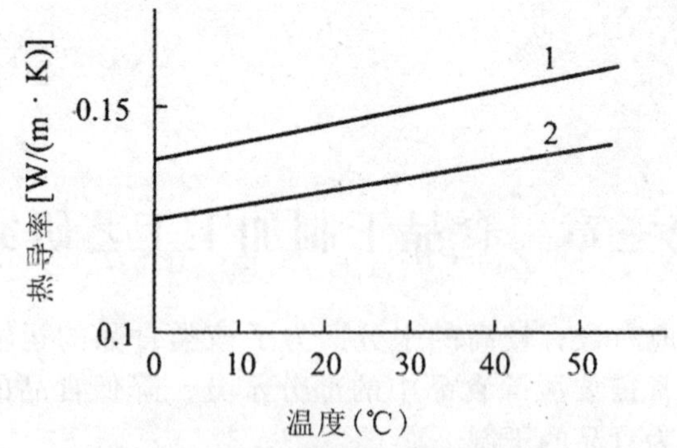

图 3-1　热导率与温度的关系

1—水分含量为 40%的物料　2—水分含量为 10%的物料

（三）食品的导温系数

导温系数是表示食品加热或冷却快慢的物理量，可用下式来计算：

$$\alpha = \lambda / c\rho$$

式中，ρ 表示食品的密度，与含水量有很大关系；c 表示食品的比热容。

因此，温度和含水量仍是影响导温系数大小的主要因素，其中含水量的影响更大。小麦的导温系数与含水量之间的关系如图 3-2 所示，在某一含水量下，小麦的导温系数会出现极大值。随着温度的升高，食品的导温系数也会增大。

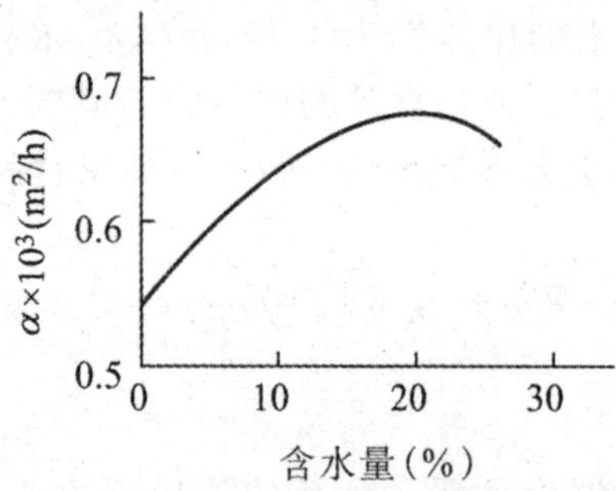

图 3-2　导温系数与含水量之关系

（四）物料的给湿

潮湿物料中的水分通过物料表面向外（周围空气）扩散的过程称为给湿过程。湿物料表面水分受热后会被汽化，然后从物料表面向周围介质扩散，物料表面与它内部各区间形成水分梯度，使物料内部水分不断向表面移动，湿物料湿度下降。通常水分蒸发只在表面进行，但在复杂的情况下也会在内部进行。因此，物料内部水分可能会以液态或蒸汽状态向外扩散转移。

（五）物料的导湿和导湿温性

给湿过程在物料内部与表层之间形成的水分梯度促使物料内部水分以液体或蒸汽形式向表层迁移，这一过程称为导湿。在普通加热干燥条件下，物料表面受热高于中心，湿物料受热后形成的温度梯度导致水分由高温向低温处移动，即温度梯度和湿度梯度的方向相反，阻碍了水分由内部向表层的扩散，这种现象称为导湿温性或雷科夫效应。导湿温性是在许多因素影响下产生的复杂现象，如温度升高导致水蒸气压力升高，使水分由热层进到冷层；物料内空气因温度升高而膨胀，使毛细管水分顺着热流方向转移等。

二、影响热量和质量传递的重要因素

食品干制过程是水分和热量传递的过程，即食品吸收热量，逸出水分。同一操作条件很难同时满足这两个过程所需的条件。在食品干燥过程中，以下因素对湿热传递有较大影响。

（一）食品的表面积

传热介质和食品的换热量及水分的蒸发量与食品的表面积成正比，为了加速热量和质量的传递，我们通常将有待干燥的食品分切成小块或薄片。分切后的食品增大了表面积，也就增加了湿热交换的通道，并且缩短了热量传递到食品中心的距离和食品中心的水分运行到表面的距离，从而加速了水分的扩散和蒸发。

（二）干燥介质的温度

首先，加热介质与食品之间的温差越大，热量传入食品的速率越快，水分在食品内部的扩散速度和表面的蒸发速度越快；其次，当加热介质是空气时，空气的温度越高，其饱和蒸汽压越高，能够容纳的水分越多。水分以蒸汽形式逸出时，将在食品周围形成饱和的蒸汽，若不及时排除，将阻碍食品内水分的进一步外逸，从而降低水分的蒸发速度。因此，以空气为加热介质时，空气流动的作用较温度更大。

（三）空气流速

空气流速的增大，不仅能够使对流换热系数增大，而且能够增加干燥空气与食品进行湿热交换的频率，及时驱除食品表面的蒸汽，防止在食品表面形成饱和空气层，从而能显著地加快食品的干燥速度。

（四）空气相对湿度

第一，当空气为干燥介质时，空气越干燥，能够容纳的水分越多，食品的干燥速度越快。但是，脱水的食品具有吸湿性，如果食品表面的蒸汽压低于空气的蒸汽压，食品就会吸收空气中的水蒸气，增加食品的水分含量，直至其表面蒸汽压与空气的蒸汽压互相平衡。此时的空气湿度为平衡相对湿度，食品的水分含量为平衡水分。因蒸汽压是温度的函数，各种食品在不同温度下对应的平衡相对湿度各不相同，如经典的土豆吸湿等温线（图3-3）所示。第二，空气的相对湿度除了能够影响湿热传递的速度以外，还决定了食品的干燥程度。如前所述，在降速干燥阶段，空气温度不宜太高，降低空气湿度或可成为一种选择，但需要的时间相对较长，而且干燥空气一般通过冷凝脱水制备，还要计算能耗以确定其可行度。

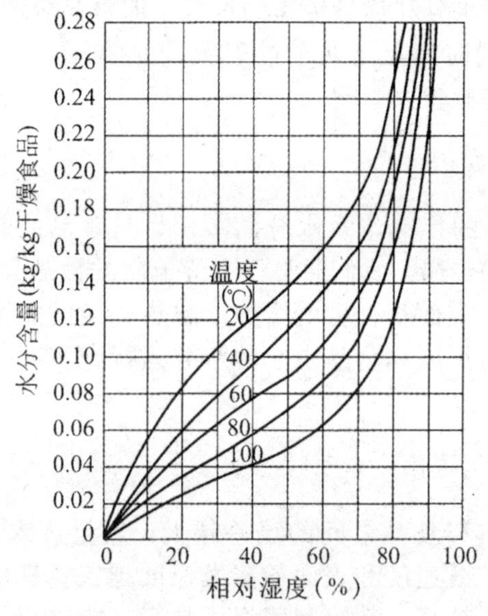

图3-3　土豆吸湿等温线

（五）真空度

水的沸点反比于真空度，在相同的温度下，提高干燥室的真空度相当于增加了食品与空气之间的温差，因此能有效地加快食品内水分的蒸发速度，并能使干制品具有疏松的结构。热敏产品脱水干制时，低温真空条件和缩短干燥时间对产品品质的保证具有极为重要的作用。

除了外界干燥环境对干燥速度造成的影响，食品物料自身的组成与结构也是干燥过程必须考虑的因素。食品成分的分布（如脂肪层的位置）、作为溶质的浓度（尤其是高糖分食品）、与水的结合力（食品内的游离水最易去除，在食品物料同形物中的吸附水分较难去除，进入胶质内部的水分更难去除，以化学键形成水合物形式的水分最难去除）、组织结构特征（如纤维性食物的方向性）等，都会影响热与水分的传递。

三、食品干制过程的特性

可用干燥曲线、干燥速率曲线和食品温度曲线的组合来表示食品干制过程的特性，如图3－4所示。食品干制过程中绝对水分和干制时间的关系曲线称为干燥曲线。食品绝对水分的计算基础是食品干物质的重量。在食品干制过程中，任何时间的干燥速率和该时间食品绝对水分的关系曲线称为干燥速率曲线，食品温度和干制时间的关系曲线称为食品温度曲线。

在食品初期加热阶段，食品温度上升到湿球温度的速率非常快，干燥速率会随之增加到最大值，由于这个阶段需要的时间特别短，某些情况不会专门对此阶段进行介绍。恒率干燥阶段是食品干燥的主要阶段，此阶段具有稳定的干燥速率，水分含量以线性方式下降，湿球温度是物料温度的稳定温度，水分的蒸发消耗了加热介质提供的全部热量。当食品干制到第一临界水分 C 点（如图3－4所示）时干燥速率开始下降，食品内水分含量

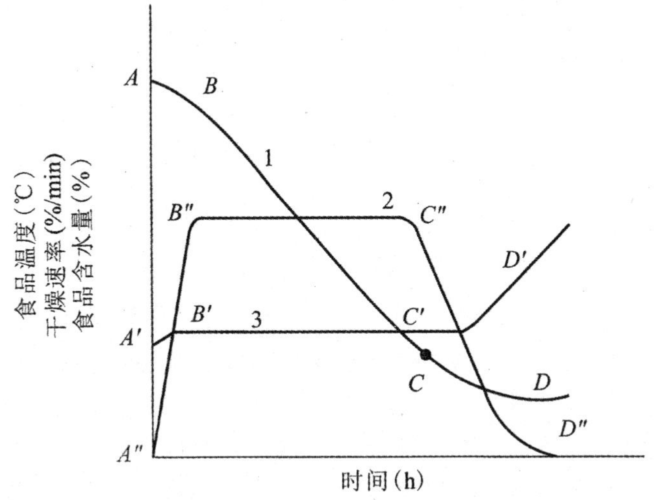

图3－4 食品干制过程的特性

1—干燥曲线 2—干燥速率曲线 3—食品温度曲线

沿曲线下降，逐渐趋近于平衡水分，食品温度逐步上升。当食品水分达到平衡水分时，干燥速率为零，食品温度达到干球温度。

在干制过程中，以下几个因素决定了水分由中心向表面转移的速度和过程：表面蒸发后引起的水分梯度、物料内的毛细管力、溶质迁移到表面的渗透压、物料内的温度梯度。物料在恒速干燥阶段始终保持湿润水分进行蒸发，界面层中的温度梯度很小，蒸汽分压成为蒸汽的迁移势，物料表面水分的蒸发强度类似于水在自由表面上的蒸发强度。物料内部水分扩散能力对干燥速率有很大的影响，干制过程中如能维持相同的物料内部和外部的水分扩散率，就能延长恒速干燥阶段，缩短干燥时间。水分扩散能力可以用导湿系数来表示。

在恒速干燥阶段，物料排除的水分以渗透水分为主，以液态状态转移，保持稳定不变的导湿系数（如图 3 - 5 中 *DE* 段所示）。当进入干燥毛细血管水分阶段时，物料内水分的转移状态为水蒸气或液态，导湿系数也会随之下降（如图 3 - 5 中 *CD* 段所示）。再进一步干燥，此时物料排除的水分以吸附水分为主，转移状态为蒸汽，在排除多分子层水分时导湿系数上升（如图 3 - 5 中 *BC* 段所示），排除单分子层水分时因水分和物料结合牢固，导湿系数下降（如图 3 - 5 中 *AB* 段所示）。总之物料导湿系数将随物料结合水分的状态而变化。

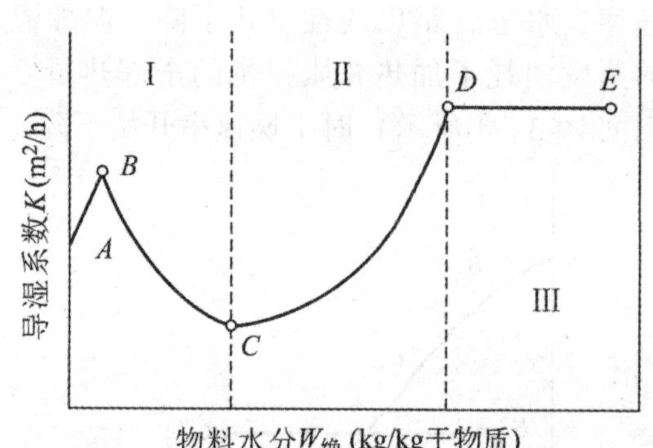

图 3 - 5　物料水分和导湿系数间的关系

Ⅰ—吸附水分　Ⅱ—毛线管水分　Ⅲ—渗透水分

在干燥过程中，水分梯度和温度梯度会同时存在于湿料内部，如果水分梯度和温度梯度向相反的方向推动水分流动，但是导湿性弱于导湿温性，那么水分的流动方向就会和热流方向一致，此时的阻碍因素是导湿性；若是导湿性强于导湿温性，则情况相反，物料水分的流动方向与水分减少的方向一致，此时的阻碍因素为导湿温性。在大多数情况下，阻碍内部水分扩散的因素是导湿温性。如果表面水分的蒸发速度比内部水分的扩散速度快，那么干制过程就会维持在恒速干燥阶段；如果水分的蒸发速度比水分的扩散速度快，那么导湿温性比导湿性强，物料表面的水分就会转移到更深层次，但是表面水分的蒸发不会停止，从而产品表面就会出现硬化、龟裂等现象。由于表面干燥速度很快，导致温度的上升速度也很快，使得水分蒸发向物料深处转移，并在深处蒸发。物料内层水分蒸发会产生压力，当压力达到一定大小时，水分的转移方向就会被改变，向物料表面扩散，并在表面蒸发。

在降速阶段，影响干燥速率的因素主要是食品内部水分扩散速率和食品内部水分蒸发速率，空气流速及其相对湿度的影响逐渐消失，空气温度的影响增强。随着干制过程的进行，会逐渐减少物料的水分梯度，逐渐增大物料的温度梯度，还会减少物料内部向表面移动的水分总量，干燥介质的参数变化决定了物料表面的水分蒸发速度。

第二节　食品在干制过程中的变化

食品在干燥过程发生的变化可归纳为物理变化和化学变化两种。

一、物理变化

（一）溶质迁移现象

在干燥食品时，食品表层会有所收缩，使得食品内部受到挤压。通过孔隙和毛细管，组织中的液态成分会移动到表层，水分会在表面汽化逸出，会逐渐加强外层液体的浓度。通常情况下，干制品内部存在一些可溶物质，但是它们的分布不是很均匀，越靠近表面，溶质越多。由于表层溶液的浓度逐渐增高，但是没有改变内层溶液的浓度，因此内部和表面会形成浓度差，在浓度差的作用下，溶质会从表层溶液扩散至内层。因此，两股方向相反的物质流出现在干燥过程中，第一股物质流使溶质流向表面，第二股物质流使溶质流向内部，如此使得溶质分布更加均匀。当干燥速度比较快时，食品表面会有溶质堆积并析出结晶，或有干硬膜在表面形成，但是若将干燥工艺条件控制在适当的条件下，干制品溶质就会均匀分布在食品中。

（二）干缩、表面硬化和热塑性

细胞壁结构具有一定的弹性和硬度，即使细胞死亡，也不能完全将其消除。当应力超过细胞弹性限度时，就会发生结构屈服，但是应力消失之后，无法恢复细胞的原有形态，如此细胞就发生了干缩。当有充分弹性的细胞组织在均匀而缓慢地失水时，物料各部分会均匀地线性收缩，但更多情况是食品在高温和热烫后进行干燥，在中心干燥之前表面已经干燥变硬了，当中心干燥收缩时就会牵拉坚硬表面下各层次，导致内部开裂，产生空隙和蜂窝等，形成多孔结构，因此，干制品的密度较低。低密度干制品吸收水分更加容易，可以快速复水，具有较好的外观，但是包装和贮藏需要大量资金，只有很短的贮藏期，很容易被氧化。适合进一步加工的原料是高密度干制品。

若是食品的糖类和其他溶质的浓度较高，在干燥过程中，溶质会发生迁移，使食品表面有溶质残留，食品内部向表面蒸发的微孔和裂隙就会被封闭，而且干制时还会有正常的收缩作用发生，当物料表面温度很高时，物料表面会因为内部水分没有及时转移而快速形成一层干硬膜；食品表面干燥过于强烈，导湿速度严重滞后于给湿速度时也会使表层形成一层干硬膜。发生表面硬化之后，食品表层的渗透性极低，使干燥速率急剧下降而将大部分水分保留在食品内，延长了干燥过程。此外，在表面水分蒸发后，其温度也会大大升高，这将严重影响食品的外观质量。此时需要降低食品表面温度，减缓干燥速度，或适当“回软”后再干燥，以控制表面硬化。

果汁或蔬菜汁因缺乏组织结构而缺乏刚性，在干制时，即使所有水分都已逸出，其固体仍呈热塑性发黏状态，给人一种仍含有水分的感觉，并且还会粘在输送带上难以除去。在冷却时，热塑性固体就硬化成结晶状或无定形玻璃状而易于除去，因此，输送带式干燥设备内常设有冷却区。

(三) 挥发性物质的损失

从食品中逸出的水蒸气总是夹带着微量的各种挥发性物质，使食品特有的风味受到不可回复的损失。虽然香气回收技术已经有了很大进步，但完全香气复原是很难做到的。

(四) 水分分布不均现象

食品干燥过程是食品表面水分不断汽化、内部水分不断向表面迁移的过程。推动水分迁移的主要动力是物料内外的水分梯度。从物料中心到物料表面，水分含量逐步降低，这个状态到干燥结束始终存在。因此，在干制品中水分的分布是不均匀的。

二、化学变化

（一）营养成分的损害

若是食品中的糖类含量较高，那么在加热时非常容易分解和焦化糖分，尤其是其中的葡萄糖和果糖，经过长时间的高温干燥，糖分损耗非常大。果蔬食品干燥时变质的主要原因之一是糖类因加热而引起的分解焦化。

脂肪氧化与干燥时的温度受氧气量的影响。通常情况下，相对低温真空干燥来说，高温常压干燥引起的氧化现象比较严重。在干燥前加入抗氧化剂可以抑制干制时的脂肪氧化。

蛋白质对温度比较敏感，在干制食品时，蛋白质会发生一些反应，包括蛋白质变性、羰氨反应等。

值得注意的一个问题是维生素的损失。抗坏血酸等水溶性维生素在高温下很容易被氧化，硫胺素对热非常敏感，核黄素对光比较敏感。若是在干制前没有将酶钝化，会损失大量的维生素。

（二）褐变

食品干制时褐变是不可回复的变化，被认为是产品品质的一种严重缺陷。严重的褐变会对食品产生诸多影响，比如干制品的色泽被影响、破坏产品风味、破坏产品的复水能力、影响干制品的抗坏血酸含量等。温度、时间、水分含量都会影响褐变的速度，温度越高，褐变的速度越快，当温度超过临界值时，干制品就会快速焦化。另外时间也非常重要，将对热敏感的食品置于90℃下几秒钟，食品不会发生明显的褐变，但是将其置于16℃下8～10h就会发生明显的褐变。若食品水分含量在15%～20%时，食品的褐变达到最大速度。

第三节　干制品的干燥比和复水性

一、干制品的干燥比

干燥比是干制前原料重量和干制品重量的比值，即每生产1kg干制品需要的新鲜原料重量（kg）。食品的干燥比反映了产品的生产成本。

食品含水量一般是按照湿重计算的。但在食品干制过程中，食品的干物质基本不变，而水分却在不断变化。为了正确掌握食品中水分的变化情况，也可以按干物质量计算水分百分含量。

二、干制品的复水性和复原性

干制品的复水性是指新鲜食品干制后能重新吸回水分的程度，一般用干制品吸水增重的程度来表示，而且这在一定程度上也是干制过程中某些品质变化的反映。

干制品的复水并不是干燥历程的简单反复。这是因为干燥过程中所发生的某些变化并非可逆，例如胡萝卜干制时的温度为93℃，则它的复水速率和最高复水量就会下降，而且高温下干燥时间越长，复水性就越差。Brooks（1958年）已证实喷雾干燥和冷冻干燥后鸡蛋特性的变化和蛋白质不可逆变化的程度有密切的关系。和鲜肉相比，复水后的肉类干制品汁少且碎渣多，所以干制品复水后不可能100%地恢复。

为了研究和测定干制品的复水性，国外曾制定过脱水蔬菜复水性的标准试验方法。可是用这种方法进行重复试样试验时，经长时间的浸水或煮沸后最高吸水量和吸水率常会出现较大的差异。

复水试验主要是测定复水试样的沥干重。这应按照预先制定的标准方法，特别在严密控制温度和时间的条件下，用浸水或煮沸方法让定量干制品在过量水中复水，用水量可随干制品干燥比而变化，但干制品应始终浸没在水中，复水的干制品沥干后就可称取它的沥干重或净重。

复水比（$R_{复}$）简单来说就是复水后沥干重（$G_{复}$）和干制品试样重（$G_{干}$）的比值。复水时干制品常会有一部分糖分和可溶性物质流失而失重。它的流失量虽然并不少，但一般都不再予以考虑，否则就需要进行广泛的试验和仔细地进行复杂的质量平衡计算。

复重系数（$K_{复}$）就是复水后制品的沥干量（$G_{复}$）和同样干制品试样量在干制前的相应原料重（$G_{原}$）之比：

$$K_{复} = \frac{G_{复}}{G_{原}} \times 100\%$$

只有在已知样品干制前相应原料重（$G_{重}$）的情况下才能计算复重系数，但在一般情况下 $G_{重}$ 却为未知数，因此，只有根据干制品试样重（$G_{干}$）以及原料和干制品的水分（$W_{原}$ 和 $W_{干}$）等一般可知数据来进行计算：

$$G_{原} = (G_{干} - G_{干} W_{干})/(1 - W_{原})$$

复重系数（$K_{原}$）也是干制品复水比和干燥比的比值，其式如下：

$$K_{复} = \frac{R_{复}}{R_{干}} = \frac{G_{复}/G_{干}}{G_{原}/G_{干}} \times 100\%$$

由于 $R_{复}$ 总是小于或等于 $R_{干}$，因此 $K_{复}$ 越接近 1，表明干制品在干制过程中所受损害越轻，质量越好。

第四节　干制方法、设备与工艺研究

一、食品干制方法

食品干制的方法应根据食品种类、对干制品的品质要求及干制成本的合理程度选择。总的来看，干制的方法可分为自然干制和人工干制两大类。

自然干制的方法包括晒干和风干。晒干是利用太阳的辐射直接进行暴晒干制的方法，主要用于果蔬、鱼、肉等食品的干制。风干（阴干）是不利用阳光而在自然空气对流下干制食品的方法。

在一些冬季气候比较寒冷的地方，有利用寒冷天气使食品中的水分冻结，再通过冻融循环或直接升华除去食品中水分的干燥方法，该方法属于自然的冷冻干燥方法。在青海、西藏广大牧区，有在冬天制作风干牦牛肉干的习惯，制作此类产品主要是利用冬季寒冷气候使牦牛肉冻结，并在自然条件下脱水。

人工干制指在常压或减压环境中以对流、传导和辐射的传热方式或在高频电场中加热的人工控制工艺条件下干制食品的方法。根据为干燥提供能量的加热介质的类型，可将人工干制方法分为：①直接接触干燥，热空气作为干燥介质；②间接接触干燥，热传介质不与食品直接接触；③红外或高频干燥，由辐射能量提供热量；④冷冻干燥，水分通过低压固—气过渡态（升华）而除去。按干燥的连续性，可将其分为间歇（批次）干燥和连续干燥。按干燥时空气的压力，可将其分为常压干燥和真空干燥。

二、人工干制方法及设备

（一）热风干燥（空气对流干燥）

空气对流干燥是最常见的食品干燥方法，也叫空气干燥法，以干燥的热空气作为干燥介质，通过对流方式与食品进行热量与水分的交换，使食品干燥。热空气是热的载体，也是湿气的载体。空气对流干燥一般在常压下进行，有间歇式（分批）和连续式。被干燥的湿物料可以是固体、膏状物料及液体。

根据干燥介质与食品的流动接触方式，可将其分为固定接触式对流干燥和悬浮式接触干燥两大类。悬浮式接触干燥的共同点是固体颗粒或液体食品悬浮在干燥空气流中干燥，常见的悬浮式接触干燥有气流干燥、流化床干燥及喷雾干燥。

空气对流干燥中空气流动有自然或强制对流循环，在不同条件下环绕湿物料进行干燥。热空气的流动靠风扇、鼓风机或折流板加以控制，空气的流量和速度会影响干燥速率。空气的加热可以用直接或间接加热法，直接加热空气靠空气直接与火焰或燃烧气体接触；间接加热靠空气与热表面接触加热，对热空气的加热可以在干燥设备空气的进口部位，也可以在干燥空间进行不同阶段的循环加热。

1. 固定接触式对流干燥法

固定接触式对流干燥的共同点是食品堆积在容器或其他支持器件上进行干燥。固定接触式干燥的具体方法有很多，如柜式干燥、隧道式干燥、带式干燥、带槽式干燥、仓储式干燥、泡沫式干燥和滚筒干燥等。下面系统介绍几种常用的固定接触式对流干燥法。

（1）柜式干燥。柜式干燥是最简单的固定接触式对流干燥方法。如图3－6所示，它的工作过程是把食品放在烘车托盘中，再置于多层框架上，热空气在风机作用下流过食品，将热量传给食品的同时带走水蒸气，从而使食品获得干燥。

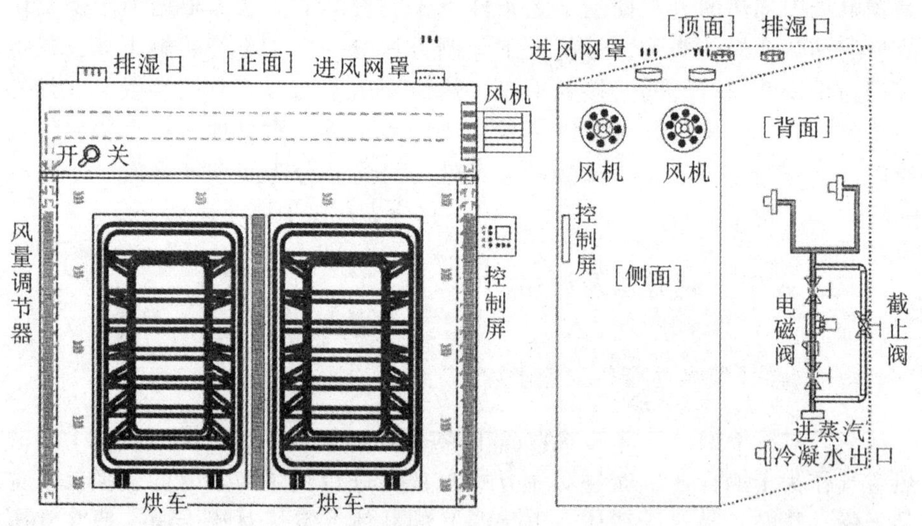

图3－6　柜式干燥设备

该方法的特点是设备及操作简单，只用作小批量生产或产品中试，属于间歇型生产设备，设备容量小、操作费用高。

干制过程中空气温度小于94℃，空气流速在2～4m/s。适合于果蔬产品或价格较高、产量较低的食品；可作为中试及研发设备，也可作为摸索物料干制特性的设备，为确定大规模工业化生产提供依据。

（2）隧道式干燥。隧道式干燥是使用最广泛的干燥方法之一，适用于各种大小及形状的固态食品干燥。它干燥的过程是将待干燥食品放在料盘上，再置于料车上，料车在矩形干燥通道中移动，并与热空气接触，进行湿热交换而获得干燥。它也可以看作是柜式干燥设备的扩大加长，其长度可达10～15m，可容纳5～15辆装满料盘的小车。

此类干燥设备的特点是可连续或半连续操作，容积较大，适于处理量大、干燥时间长的物料。干燥介质多采用热空气，气流速度一般2～3m/s。设备按热空气进入的方向和冷空气离开的方向分为热端和冷端，热端是高温低湿空气进入的一端，冷端是低温高湿空气离开的一端，按物料进入设备及离开设备的方向分为湿端和干端，湿端是湿物料进入的一端，干端是干制品离开的一端。

按空气流动方向及物料行进方向，设备可分为顺流设备及逆流设备。顺流干燥设备热空气气流与物料移动方向一致，热端为湿端，冷端为干端。逆流干燥设备是热空气气流与物料移动方向相反，湿端即冷端，干端即热端。

①逆流式隧道干燥：逆流式隧道干燥设备（图3－7）中湿物料遇到的是低温高湿空气，虽然空气含有高水分，但物料仍能以较慢的速度蒸发大量水分，这样不易出现表面硬化或收缩现象，而中心又能保持湿润状态，因此物料能全面均匀收缩，不易发生干裂，适合于干制水果。但湿物料载量不宜过多，因为在低温高湿的空气中，湿物料水分蒸发相对慢，若物料易腐败或菌污染程度过大，有腐败的可能。载量过大，低温高湿空气接近饱和，物料有增湿的可能。

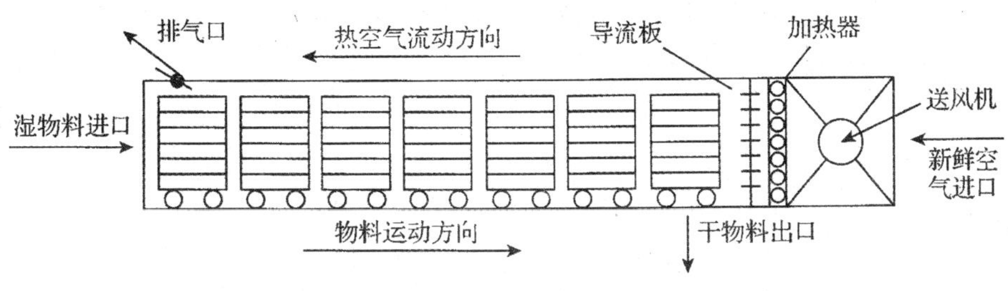

图3－7 逆流式隧道干燥设备

干端处食品物料已接近干燥，水分蒸发已缓慢，虽然遇到的是高温低湿空气，但干燥仍然比较缓慢，因此物料温度容易上升到与高温热空气相近的程度。此时，若干物料的停留时间过长，容易焦化，为了避免焦化，干端处的空气温度不宜过高，一般不宜超过 66 ～ 77℃。由于在干端处空气条件为高温低湿，干制品的平衡水分将相应降低，最终水分可低于 5%。

②顺流式隧道干燥：顺流式隧道干燥设备（图 3－8）的特点与逆流式刚好相反。在湿端，湿物料与干热空气相遇，水分蒸发快，湿球温度下降比较快，可允许使用温度更高的空气，如空气温度为 80 ～ 90℃，进一步加速水分蒸干而不至于焦化。干端处则与低温高湿空气相遇，水分蒸发缓慢，干制品平衡水分相应增加，干制品水分难以降到 10% 以下，因此吸湿性较强的食品不宜选用顺流干燥方式。该方法多用于干制葡萄。顺流式干燥在初期干燥速率较大，易产生表面结壳现象。

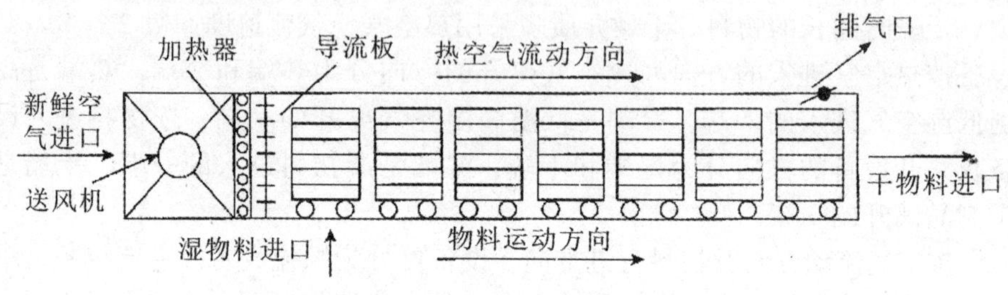

图 3－8　顺流式隧道干燥设备

③双阶段干燥：如图 3－9 所示，加热设备在隧道两侧，充分利用逆流干燥和顺流干燥的优点，保证湿端水分快速蒸发；后期干燥能力强，达到取长补短的目的。干燥比较均匀，生产能力高，品质较好。适用于苹果片、蔬菜（胡萝卜、洋葱、马铃薯等）的干制。现在还有 3、4、5 段等多段式干燥设备，有广泛的适应性。

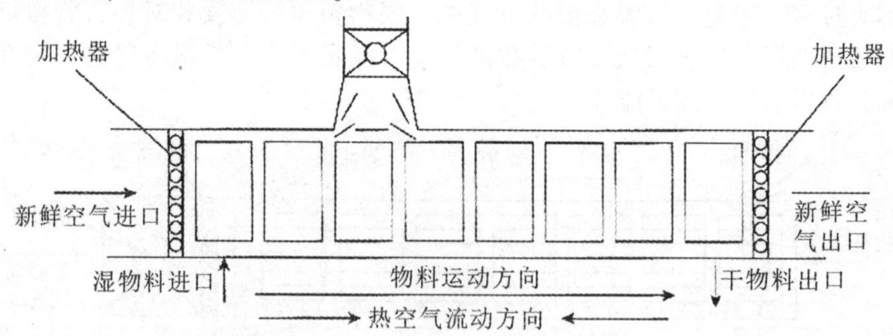

图 3－9　双阶段隧道干燥设备

（3）输送带式干燥：在隧道式干燥的基础上，以输送带替代物料车，将待干燥的物料放在输送带上，热空气自上而下或平行吹过食品，进行湿热交换获得干燥。按输送带的层数多少可分为单层带式（图 3－10）、双带式（图 3－11）、三层带式（图 3－12）等；按空气通过输送带的方向可分为向下通风型、向上通风型和复合通风型。输送带最好为钢丝网带，以便干燥介质流动。带式干燥机加热装置及热风的供应可有不同的形式。

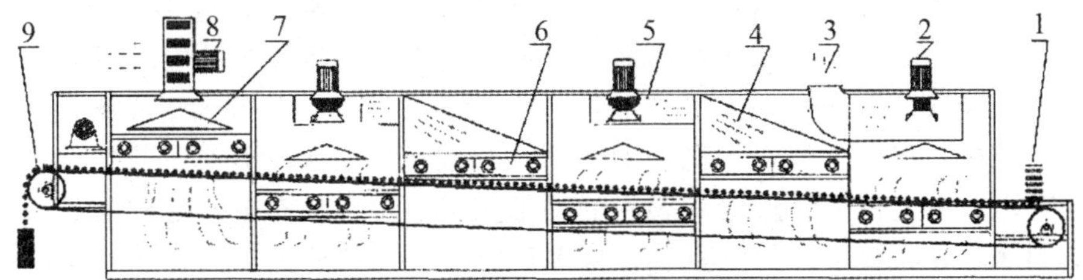

图 3-10　单层带式干燥设备

1—进料口　2—排湿风机　3—排风口　4—导风罩　5—循环风机　6—加热管

7—均风罩　8—鼓风机　9—出料口

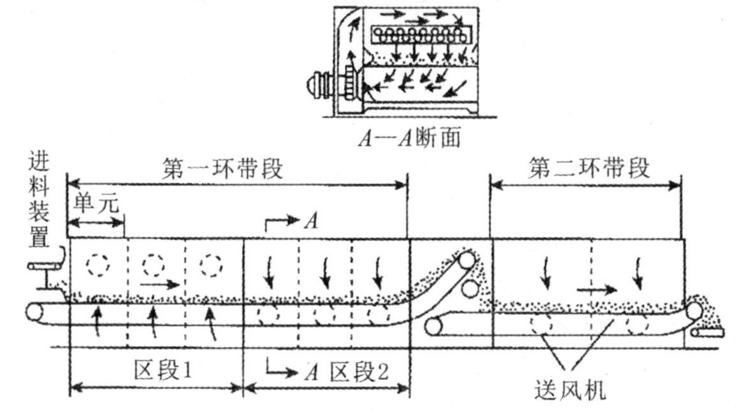

图 3-11　双带式干燥设备

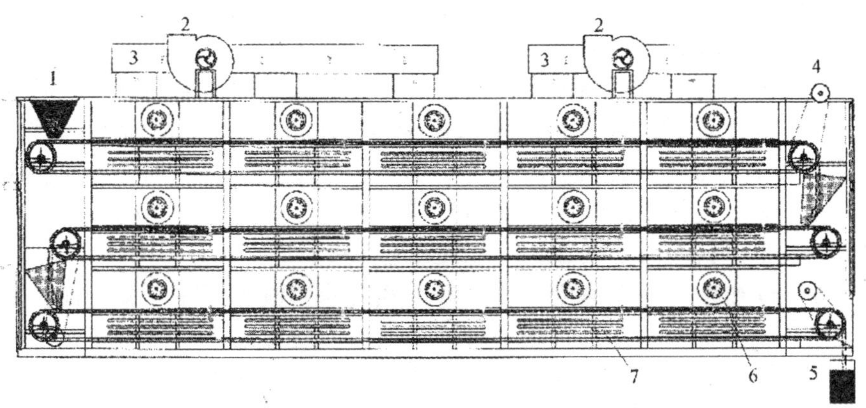

图 3-12　三层带式干燥设备

1—进料口　2—排湿风机　3—排湿风管　4—输送带驱动电机

5—出料口　6—循环风机　7—加热管

图3-10为单层带式干燥机干燥示意图。此单层干燥机的特点是加热器分布于输送带的周围，对周围空气进行加热，热空气与被干燥物料进行湿热交换。干燥过程：热的蒸汽由蒸汽进口进入，在密闭管道中流动，并分配到空气加热器，使空气加热器达到预定温度，蒸汽经过热交换后形成冷凝水，经管道由冷凝水出口排走。洁净的空气由鼓风机鼓入干燥室内，在循环风机的作用下流经不同的加热器，并被加热，温度升高，热空气可由下往上或由上往下穿过铺满物料的网带完成热量与质量的传递过程，带走物料水分，吸收水分的湿空气在排湿口由排湿风机带走。干燥机由6个单元组成，每一单元都有加热器。空气在循环风机及倒导风罩的作用下可完成不同阶段的加热及湿热交换工作。物料从加料口进入，在输送带的带动下不断运动，并从排料口排出。

多层式干燥机的干燥原理与单层相似，只是增加了输送带的数量，输送带移动方向可改变，如图3-11及图3-12所示。此类干燥方法的特点是物料有翻动；物流方向可以是顺流，也可以是逆流；可实现操作连续化、自动化，并具有生产能力大、占地少的特点，带式干燥设备生产效率高，干燥速度快，特别适合于干燥单品种、整季节生长的块片状食品。

（4）泡沫式干燥。泡沫干燥法始创于1960年，主要用于处理液态食品（如果汁脱水）。它是先将液态或浆液态的食品制成均匀稳定的泡沫状结构，然后将它们铺开在某种支持物上形成一薄层，厚度不超过1.5mm，再采用常压空气对流干燥的方法干燥。

泡沫干燥法的特点是接触面大、干燥初期水分蒸发快、可选用温度较低的干燥工艺条件、干制品质量好、干制品复水性好，适用对象有水果粉、易发泡的食品。

这种干燥方法的效果取决于泡沫结构及干燥工艺。泡沫结构与原料的种类、料液浓度、料液黏度、发泡剂的种类及浓度、发泡温度及时间等因素有关。黏度较大者在发泡时不加或少量加入乳化剂，如硬脂酸甘油酯、可溶性大豆蛋白等；而黏度较小者应加入适量增稠剂，如瓜尔豆胶、羧甲基纤维素等。最佳发泡温度及时间因料液种类、发泡稳定剂的种类和浓度而异。发泡后料液浓度在0.4～0.6g/mL为宜。

在干燥初期，干燥速度主要受温度和流速影响；而在干燥后期，干燥速度主要受空气相对湿度影响。所以，泡沫干燥宜采用两段式干燥法，第一段用顺流式，第二段用逆流式。

（5）仓储式干燥。仓储干燥设备一般采用金属箱或木箱，其底部装有假底或金属丝网和进气道，使干暖空气能通过堆积在底部的半干制品而溢出，有移动和固定的仓储设备，适用于干制那些已经用其他干燥方法去除大部分水分而尚有部分残余水分需要继续清除的未干透的制品。典型的仓储干燥能将切割蔬菜半干制品水分含量从10%～15%降低到3%～6%。能比较经济地去掉少量食品中紧密结合的水分，而不使产品受到热伤害。

（6）盘式连续干燥器。盘式连续干燥器是一种传导型连续干燥设备，具有较高效率，结合了柜式干燥机体积小和隧道式干燥机物料流通的优点。结构和工作原理比较独特，它的优点包括热效率高、耗能低、配置简单、操作方便、操作环境好等。盘式连续干燥器可用于许多行业的干燥作业，比如化工、医药、食品、饲料、农药等。可有常压、密闭、真空三大类型。干燥面积4～180m^2。

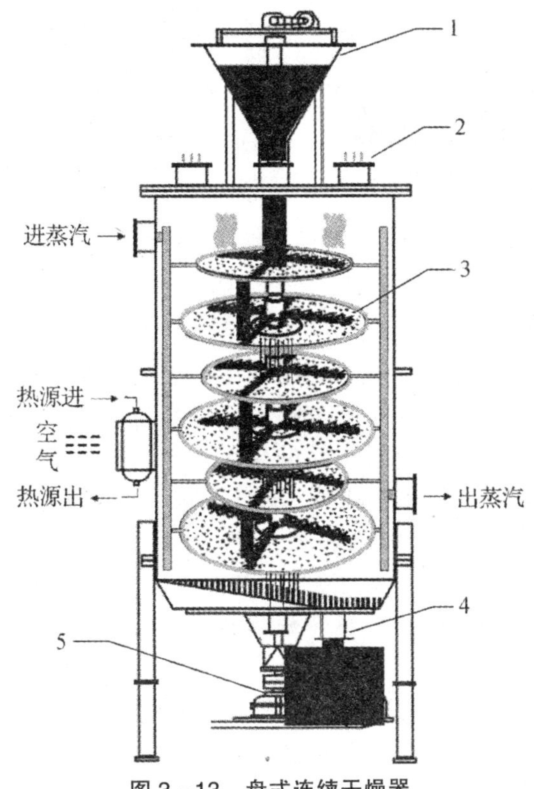

图3-13　盘式连续干燥器

1—加料机　2—排湿口　3—耙叶　4—出料口　5—旋转电机

2. 悬浮接触式干燥法

这类干燥设备的共同特点是将固态或液态颗粒食品悬浮在干燥的空气流中进行干燥。常见的悬浮接触式干燥法有4种类型，即气流干燥、旋转闪蒸干燥、流化床干燥及喷雾干燥。

（1）气流干燥。物料使用气流输送，在热空气中干燥粉状或颗粒食品。气流干燥机的组成如图3－14所示。通过振动给料器，将颗粒和粉状的食品通入干燥管下端，下方的热空气会将其向上吹起。在向上的过程中，颗粒和粉状食品之间充分接触，通过强烈的湿热交换，迅速干燥食品。

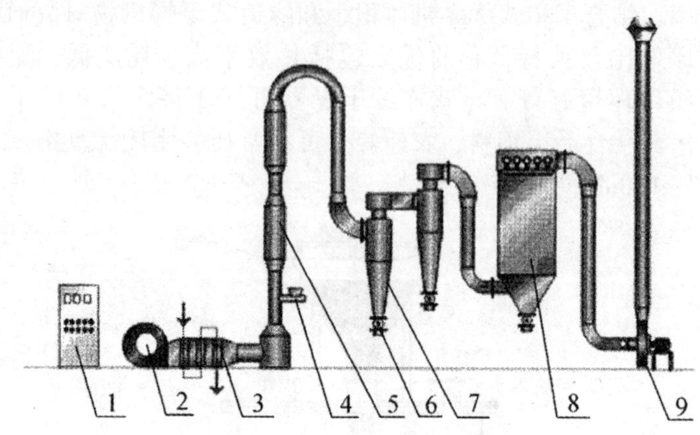

图3－14　气流干燥机组成

1—电控柜　2—鼓风机　3—加热器　4—螺旋加料机　5—干燥主管
6—关风器　7—旋风除尘器　8—除尘器　9—引风机

由于气流干燥具有较高的气流速度，在气相中粒子可以良好地分散开来，物料处于悬浮状态，粒子的全部表面积都是有效的干燥面积，能最大限度地与热空气接触，因此，干燥的传热、传质过程强度较大，蒸发能力50～2000kg H_2O/h。干燥时间短，0.5～5s，气固两相的接触时间极短，而且在表面气化阶段，物料温度一般不超过60～65℃，在干燥末期物料温度的上升阶段，气体温度已大大降低，产品温度不会超过70～90℃，对于热敏性或低熔点物料不会造成过热分解而影响质量。因此，气流干燥具有干燥强度大、干燥时间短、效率高、结构简单、造价低的特点，可以同时对干燥、粉碎、筛分、输送等单元过程联合操作，不但流程简化，而且操作易于自动控制。气流干燥散热面积小，热效高，适用于规模化生产，但物料（晶体）有磨损，动力消耗大，适合于在潮湿状态下仍能在气体中自由流动的颗粒食品或粉状食品，如面粉、淀粉、葡萄糖、鱼粉等食品物料的干燥，要求物料水分低于35%～40%。

可选择多种热源配套，热源可选择蒸汽加热、导热油加热或配套使用燃煤、燃油、燃气热风炉等热源设备。

（2）旋转闪蒸干燥。旋转闪蒸干燥设备中使用了多种加料装置，可以连续稳定地加料，在加料过程中没有架桥现象发生；在底部高温区，常有物料黏壁及变质现象发生，将特殊的冷却装置安装在干燥机底部，可避免此类现象的发生；为了有效延长传动部分的使用寿命，可在设备中使用特殊的气压密封装置和轴承冷却装置；为了有效地降低设备阻力，可在设备中采用特殊的分风装置，同时还将干燥机的处理风量提高了；为了调整物料的细度和终水分，可在干燥室中安装分级环及旋流片。该设备传质传热性强，生产强度高，干燥时间短，物料停留时间短。该设备广泛应用于对大豆蛋白、胶凝淀粉、小麦淀粉等食品物料的干燥。

如图 3-15 所示，热空气切线进入干燥器底部，通过搅拌器的带动，会有强有力的旋转风场在底部形成。通过螺旋加料器，物料进入干燥器内部，物料在高速旋转搅拌桨的强烈作用下被迅速粉碎，充分接触热空气，迅速干燥。

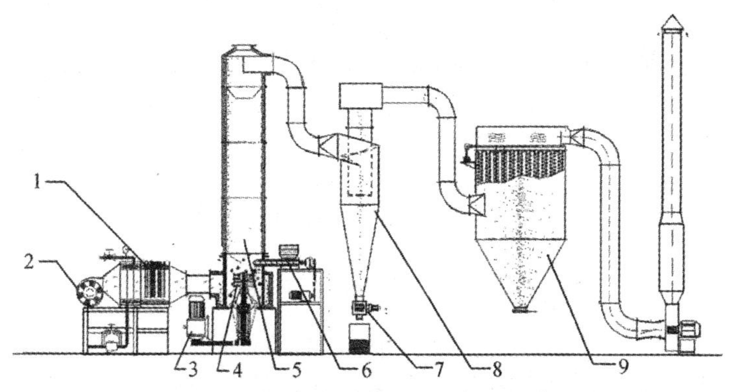

图 3-15　旋转闪蒸干燥机工作示意

1—热源　2—鼓风机　3—变速电机　4—旋转搅拌桨　5—主塔
6—螺旋进料器　7—关风器　8—旋风分离器　9—脉冲布袋除尘器

随着热气的上升，脱水后的干物料也会上升，大颗粒会被分级环截留下来，小颗粒会从环中心排出干燥器，被旋风分离和除尘器回收，离心力会将没有干透或大块物料甩向器壁，然后下落，最终被粉碎干燥。

（3）流化床干燥。流化床干燥是将颗粒状食品置于干燥床上，使热空气以足够大的速度自下而上吹过干燥床，使食品在流化状态下获得干燥。与气流干燥设备最大的不同是流化床干燥物料由多孔板承托。采用适宜的气体流速，可使待干燥颗粒物料悬浮做随机运动，颗粒和流体之间的摩擦力刚好与其净重力平衡，此时形成的床层称为流化床。流化床干燥时，物料在热气流中上下翻动，彼此碰撞和充分混合，表面更新机会增多，有效地强化了气固两相间的传热和传质。流化床干燥设备结构简单，操作维修方便；干燥时的气速低，阻力小，气固容易分离，干燥速率高。最大的特点是使颗粒食品在干燥床上呈流化状态或缓慢沸腾状态（与液态相似）。

如图 3 - 16 和图 3 - 17 所示，在床体的前端，湿物料与从床体底部进入的热空气充分混合，物料中的水分被除去，在后端可以从床底打入冷空气使物料降温，无论是冷空气还是热空气，都是从床体底部以较高的压力进入，将物料悬浮，在空气浮力、物料重力的共同作用下，物料向前方运动，物料在床体上呈沸腾状态。

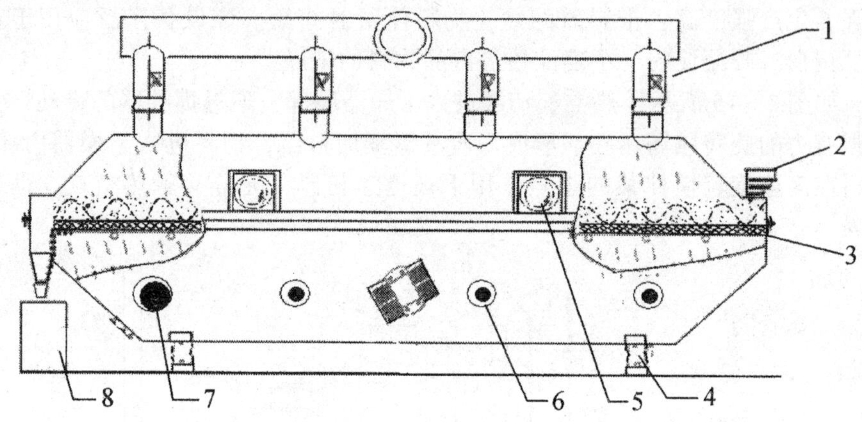

图 3 - 16　振动流化床结构示意

1—排气口　2—进料口　3—多孔板　4—震簧　5—观察窗
6—热风进口　7—冷风进口　8—出料口

流化床干燥适用于粉态食品、固体饮料的造粒后二段干燥。

流化床设备有单层流化床干燥器、多层流化床干燥器、卧式多室流化床干燥器、喷动流化床干燥器、振动流化床干燥器。

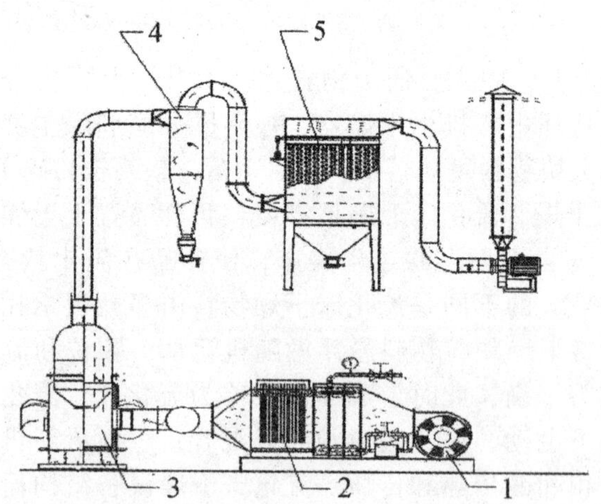

图 3 - 17　振动流化床干燥机系统组成

1—送风机　2—热源　3—流化床　4—旋风分离器　5—脉冲布袋除尘器

（4）喷雾干燥。就是将液态或浆质态的食品喷成雾状液滴，悬浮在热空气气流中进行脱水干燥的过程。浓缩的液态物料在高压或离心力的作用下，经过雾化器在干燥室内喷出，形成雾状。此刻的浓浆液变成了无数微细的液滴（直径为 10 ～ 200μm），大大增加了液态物料的表面积。微细液滴一经与鼓入的热风接触，其水分便在 0.01 ～ 0.04s 的瞬间内蒸发完毕，雾滴被干燥成细小的球形颗粒，单个或数个粘连飘落到干燥室底部，而水蒸气被热风带走，从干燥室的排风口抽出。整个干燥过程仅需 15 ～ 30s。喷雾干燥的特点：蒸发面积大，干燥过程液滴的温度低，过程简单、操作方便、适用于连续化生产，耗能大、热效低。

喷雾干燥设备较多，但都由干燥室、雾化器、高压泵、空气过滤器、空气加热器、排风机、捕粉装置及气流调节装置组成，如图 3－18 所示。

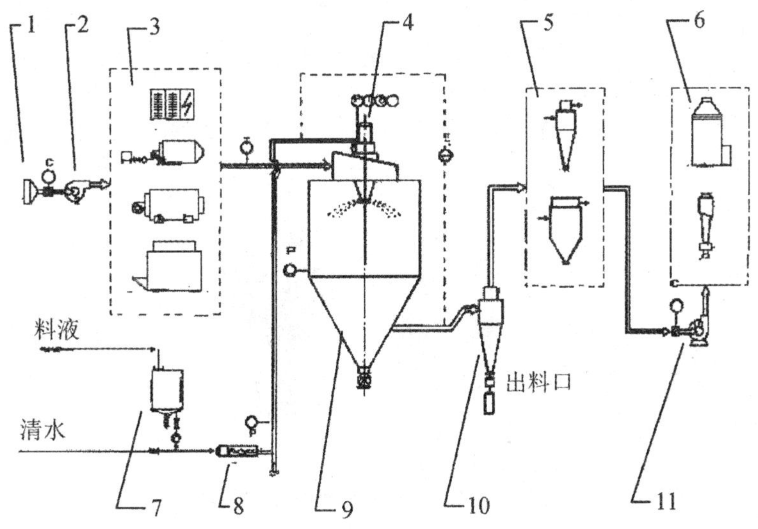

图 3－18　喷雾干燥系统示意

1—过滤器　2—送风机　3—加热器（电、蒸汽、燃油、煤）　4—雾化器
5—二级除尘器（旋风分离器、布袋除尘器）　6—湿式除尘器（水沫除尘器、文秋里）
7—料槽　8—供料泵　9—干燥塔　10—一级除尘器（旋风分离器）　11—引风机

①雾化器：常用的雾化系统有两种类型，即压力喷雾和离心喷雾。压力喷雾（图 3－19）：液体在高压下（700 ～ 1000kPa）送入喷雾头内以旋转运动方式经喷嘴孔向外喷成雾状，一般这种液滴颗粒大小 100 ～ 300μm，其生产能力和液滴大小通过食品流体的压力来控制。离心喷雾（图 3－20）：液体被泵入高速旋转的离心盘中（5000 ～ 20000r/min），在离心力的作用下经圆盘周围的孔眼外逸并被分散成雾状液滴，大小 10 ～ 500μm。

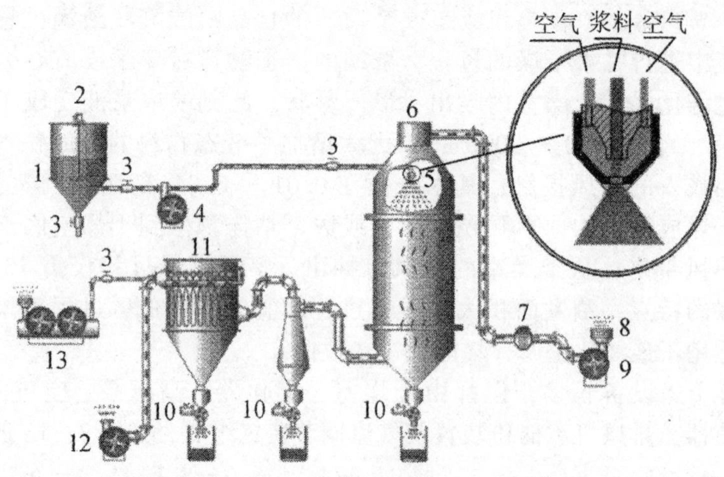

图 3-19 压力喷雾干燥工作示意

1—母液罐 2—搅拌电机 3—阀门 4—压力泵 5—进喷嘴 6—干燥塔 7—加热器 8—空气过滤器 9—鼓风机 10—关风机 11—脉冲布袋除尘器 12—引风机 13—空气压缩机

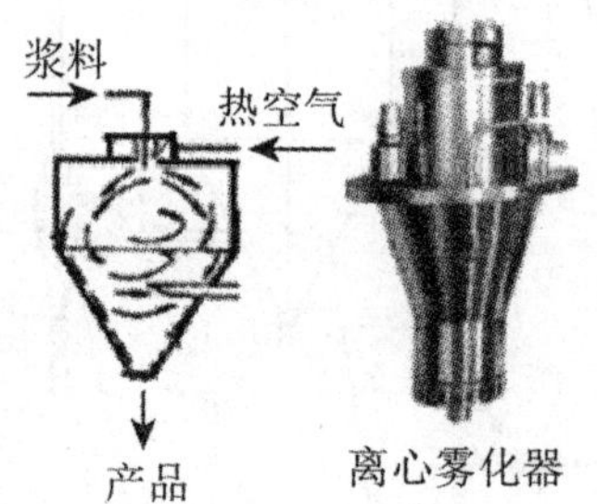

图 3-20 离心喷雾干燥工作示意

②空气加热系统：有蒸汽加热和电加热，空气温度可达到 150 ~ 300℃。

③干燥室：液滴和热空气接触的地方，可水平也可垂直，可立式或卧式，室长几米到几十米，液滴在雾化器出口处速度达 50m/s，滞留时间 5 ~ 100s。根据空气和液滴运动方向，可分为顺流和逆流。热空气温度可达到 200℃以上，产品湿球温度可在 80℃以下。

④旋风分离器：将空气和粉末分离，大粒子粉末由于重力而降到干燥室底部，细粉末靠旋风分离器来完成。

如图 3-21 所示，喷雾干燥过程分为两个主要阶段，即恒速干燥阶段和降速干燥阶段。

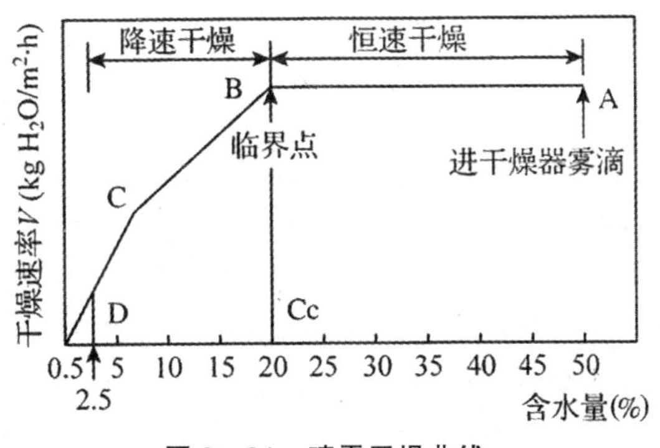

图 3－21　喷雾干燥曲线

恒速干燥阶段：当预热阶段干燥介质传给微粒的热量与用于微粒表面的水分汽化所需的热量达到平衡时，干燥速度便迅速地增大至某一个最大值，即进入下一个阶段。这个阶段液滴内部水分的扩散速度大于或等于乳滴表面的水分蒸发速度。当干燥速度达到最大值后，即进入恒速干燥阶段。在此阶段中，水分的蒸发速度由蒸汽穿过周围空气膜的扩散速度所决定，而乳滴温度可以近似地等于周围热空气的湿球平均温度（一般为 50～60℃），如图 3－22 所示。这个阶段乳滴内部水分的扩散速度大于或等于乳滴表面的水分蒸发速度。恒速干燥阶段的时间是极为短暂的，一般仅需要几分之一秒或几十分之一秒。当液滴中水分扩散速度不能使液滴表面水分保持饱和状态时，干燥即进入降速干燥阶段。

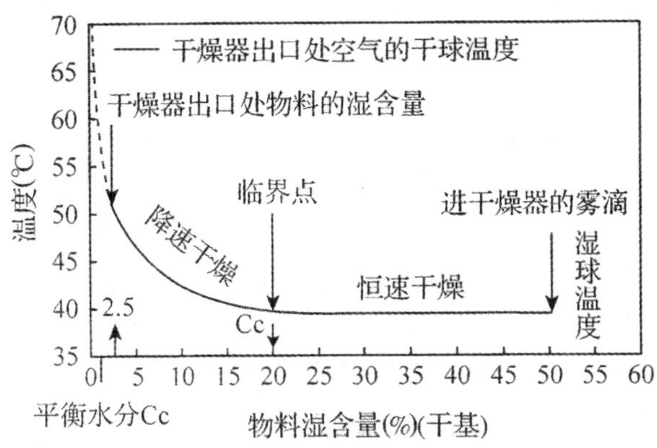

图 3－22　喷雾干燥温度曲线

降速干燥阶段：当水分蒸发速度大于液滴内部水分的扩散速度时，水分蒸发速度减缓，物料颗粒的温度将逐步地超过周围热空气的湿球温度，并逐渐地接近于周围热空气的温度，颗粒的水分含量也接近或等于该热空气温度下的平衡水分，即喷雾干燥的极限水分，这时便完成了干燥过程。

此阶段的干燥时间较恒速干燥阶段长，一般为 15 ～ 30s。

（二）滚筒干燥

滚筒干燥是将黏稠的待干食品涂抹或喷洒在加热的金属滚筒表面进行干燥的方法。物料在金属圆筒表面呈薄膜状，受热蒸发，热由里向外传导。滚筒干燥可以在常压下进行，也可以在真空下进行。有单滚筒与双滚筒设备，如图 3－23 所示。高温、高压的蒸汽通过管道和调节阀，经旋转接头进入滚筒内部，滚筒表面温度升高，被干燥的料液在底部加料机的作用下不断进入料斗，并保持一定的液位，旋转的滚筒下表面在料斗内粘上料液，在滚筒旋转过程中得到加热干燥，干燥的物料被刮板刮下来进入收料槽。

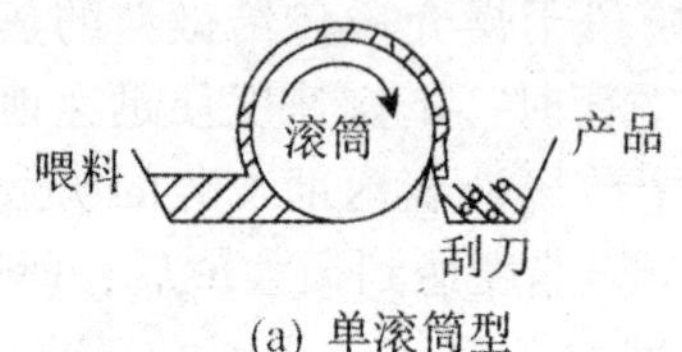

(a) 单滚筒型

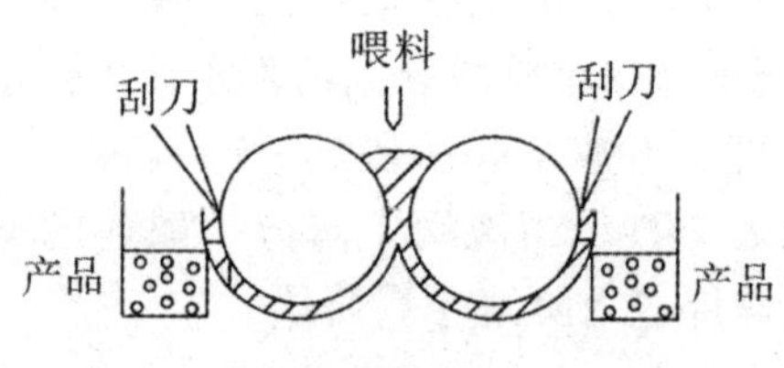

(b) 双滚筒型

图 3－23　滚筒干燥示意图

滚筒干燥系统由滚筒、料槽、传动装置、加热装置、卸料装置组成（如图 3－24 所示）。滚筒干燥可实现快速干燥，采用高压蒸汽，可使物料固形物从 3%～ 30%增加到 90%～ 98%，表面温度可达 100 ～ 145℃，接触时间 2s 至几分钟，干燥费用低，带有煮熟风味。滚筒干燥可用于液态、浆状或泥浆状食品物料（如脱脂乳、乳清、番茄汁、肉浆、马铃薯泥、婴儿食品、酵母等）的干燥，尤其适用于某些黏稠食品以及一些受热后对品质影响不大的食品，如麦片、米粉。

（三）真空冷冻干燥

食品在冷冻状态下，食品中的水变成冰，在高真空度下，冰直接从固态变成水蒸气（升华）而脱水，故又称为升华干燥。

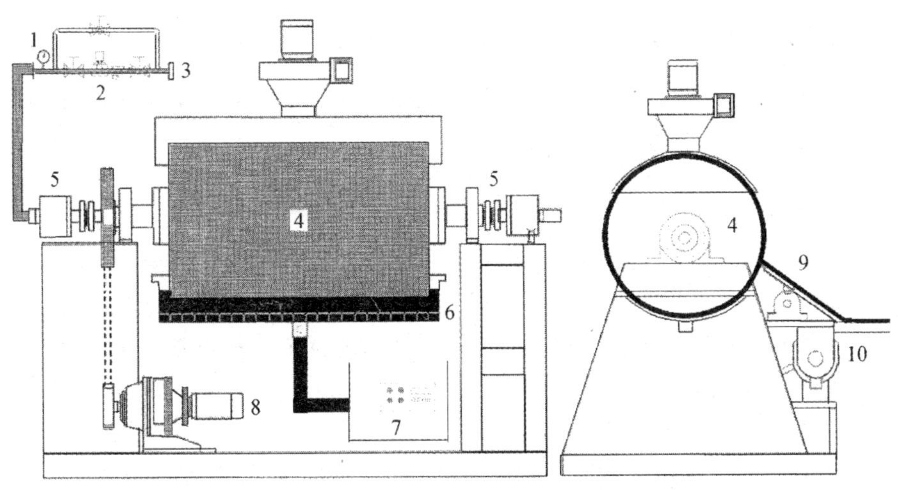

图 3-24 滚筒刮板干燥机

1—气压表 2—蒸汽调节系统 3—蒸汽进口 4—滚筒 5—旋转接头 6—搅拌器 7—底部加料器 8—减速电机 9—刮板 10—收料

1. 原理

要使物料中的水变成冰，同时由冰直接升华为水蒸气，必须使物料的温度保持在三相点以下，如图 3-25 所示。通过改变温度（0℃以下）和压力（0.61kPa 以下），破坏冰、气所处的动态平衡，冰在保持不融化的状态下，直接升华为水蒸气，从而除去水分。

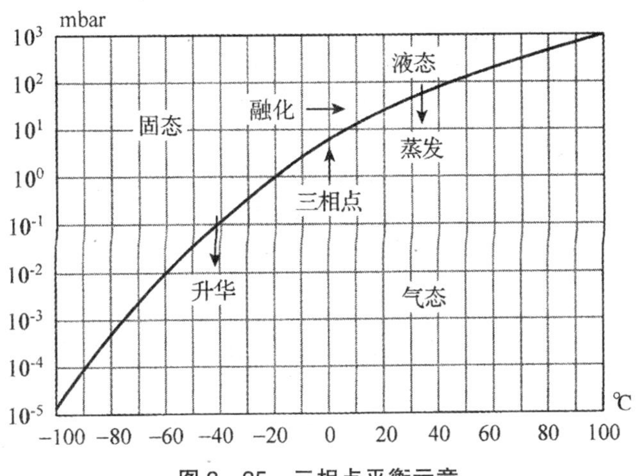

图 3-25 三相点平衡示意

2. 冷冻干燥的条件

真空室内的绝对压力至少小于 0.5×10^3Pa，真空一般达到（0.26～0.01）$\times10^3$Pa。冷冻温度小于-4℃。

3. 冻结方法

（1）自冻法。就是利用物料表面水分蒸发时从它本身吸收汽化潜热，促使物料温度下降，直至达到冻结点时物料水分自行冻结，如能将真空干燥室迅速抽成高真空状态即压力迅速下降，物料水分就会因水分瞬间大量蒸发而迅速降温冻结。

但这种方法因为有液→气的过程会使食品的形状变形、发泡、沸腾等。该法适用于一些有一定体形的食品，如芋头、碎肉块、鸡蛋等。

（2）预冻法。用一般的冻结方法如高速冷空气循环法、低温盐水浸渍法、液氮或氟利昂等制冷剂使物料预先冻结，一般食品在-4℃以下开始形成冰晶体，此法适宜液态食品干燥。

4. 冷冻干燥设备基本结构

如图 3-26 所示，主要设备由干燥箱、真空系统、供热系统、冷凝水收集装置组成。低温冷凝器的作用是将升华产生的水蒸气凝缩成水。加热系统的作用是供给干燥室内物料结冰后升华所需的热量，并提供热量给低温冷凝器将霜除去。

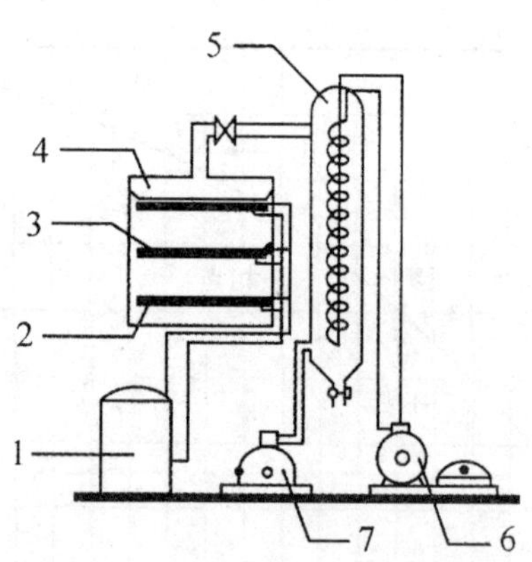

图 3-26 真空干燥装置示意

1—热水罐 2—加热板 3—干燥板 4—干燥室 5—凝结器 6—冷冻机 7—真空泵

设备类型有间歇式冷冻干燥设备、隧道式连续式冷冻干燥设备。从结构上可分为钟罩型冻干机和原位型冻干机。

5. 冷冻干燥的过程

（1）冻结过程。食品在干燥前，用-40～-30℃的温度进行急速冷冻，使食品具有合适的形状和结构，以方便升华过程的进行。冻结速度的快慢，对升华干燥效果有一定的影响。

冻结过程影响干制品的多孔性，冻结速度越快，物料内形成的冰晶体越微小，冰晶升华后留下的孔隙越小，干制品具有较好的多孔性；冻结过程影响物料的弹性和持水性，-30℃/15min冻结的芦笋和在-15℃中冻结的芦笋相比，前者具有较好的弹性和持水性；缓慢冻结时会形成颗粒较大的冰晶体，会破坏干制品的质地并引起细胞膜和蛋白质（如鱼肉）变性。

（2）干燥过程。冻结后的物料在13.33～133.3Pa的干燥室内进行升华干燥。冰晶升华时需吸收升华热，由干燥室内的加热装置提供。加热方式有板式加热、红外线加热及微波加热。干燥过程包括初级干燥阶段和二级干燥阶段。

（四）热泵干燥（冷热风干燥）

热泵干燥技术的基本工作原理属于逆卡诺循环，采用电能驱动，将湿空气冷却到露点温度以下，析出水分后，放出潜热，再利用这部分热量加热去湿后的干空气，从而达到除湿加热的目的。

热泵干燥机由压缩机、换热器（内机）、节流器、吸热器（外机）和压缩机等装置构成了一个循环系统，如图3-27所示。冷媒在压缩机的作用下在系统内循环流动，并在压缩机内完成气态的升压、升温过程，进入内机时释放出热量加热烘干房内空气，同时自己被冷却并转化为流液态，当它运行到外机后，液态迅速吸热蒸发再次转化为气态，同时温度下降至-30～-20℃，这时吸热器周边的空气就会源源不断地将热量传递给冷媒。冷媒不断地循环将空气中的热量搬运到烘干房内加热房内空气温度，配合相应的设备就可实现物料的干燥。热泵干燥过程中不但回收了废气中的显热，而且回收了废气中的潜热。热能损耗仅限于系统的热阻和热漏，节约能耗显著。热泵干燥技术应用在蔬菜脱水中节能高达90%。另外，热泵除湿干燥的温度低，接近自然干燥，被干物料的品质好。近几年已逐渐被广泛应用于食品及农副产品的干燥。

（五）干燥方法的比较

干燥食品的方法很多，但干燥方法的选择主要取决于干燥食品的性质及其产品的附加值，各种干燥设备的适用范围见下页表3-1。

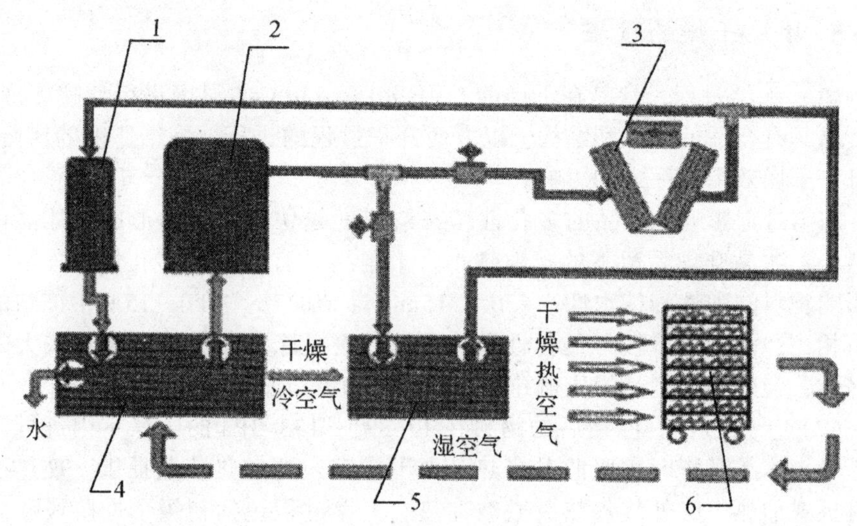

图 3－27　热泵干燥原理示意

1—贮液器　2—制冷压缩机　3—室外调节冷凝器　4—蒸发器　5—冷凝器　6—料车

表 3－1　各种干燥设备的适用范围

干燥设备类型		被干燥的食品的状态
空气对流干燥	窑式（烘房式）	块片状
	箱式（托盘）	块片状、浆料、液态
	隧道式	块片状
	连续运输带式	浆料、液状
	气流式	粉状、颗粒状
	流化床式	小块片状、颗粒状
	喷雾式	液态、浆状转筒干燥
转筒干燥	常压式	浆状、液状
	真空式	浆状、液状
真空干燥	真空架式	块片状、浆状、液态
	真空带式真空冷冻	浆状、液态
	微波干燥	块片状、粉状、颗粒状

三、食品干制的工艺

（一）热风干燥生产食品的工艺

蔬菜脱水干制应用比较多的方法是热风干燥脱水和冷冻真空干燥脱水，冷冻真空脱水法是当前一种先进的蔬菜脱水干制法，产品既可保留新鲜蔬菜原有的色、香、味、形，又具有理想的快速复水性。

以脱水蔬菜为例，进一步介绍热风干燥工艺。

1. 工艺流程

脱水蔬菜的生产工艺流程如图 3－28 所示。

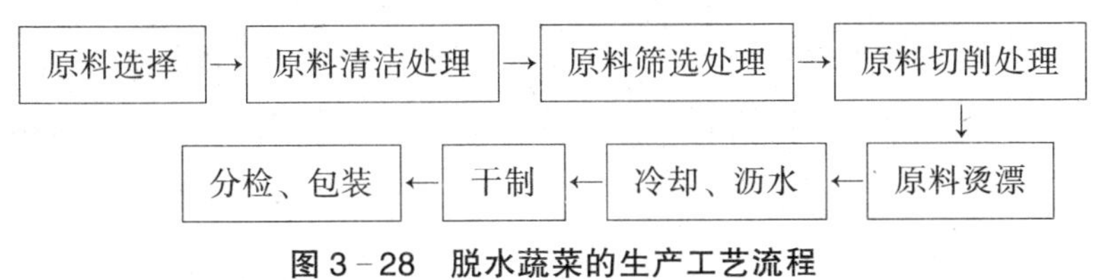

图 3－28　脱水蔬菜的生产工艺流程

2. 干燥过程

如图 3－29 所示，蔬菜脱水干燥机由加料器、干燥床、热交换器及排湿风机等主要部件组成。干燥机工作时，冷空气通过热交换器进行加热，采用科学合理的循环方式，使热空气穿流通过床面上的被干燥物料进行均匀的热质交换，机体各单元内热气流在循环风机的作用下进行热风循环，最后排出低温高湿度的空气，平稳高效地完成整个干燥过程。

3. 关键工艺环节

（1）原料挑选。选择具有丰富肉质的蔬菜品种，适宜做蔬菜干制品的品种主要包括黄花菜、马铃薯、胡萝卜、洋葱、食用菌、刀豆、青豌豆及竹笋。脱水前应严格选优去劣，剔除有病虫、腐烂、干瘪部分。以八成成熟度为宜，过熟或不熟的也应挑出，除瓜类去籽瓤外，其他类型蔬菜可用清水冲洗干净，然后放在阴凉处晾干，但不宜在阳光下暴晒。

（2）切削、烫漂。根据产品要求将洗干净的原料分别切成片、丝、条等形状。预煮时，因原料不同而异，一般烫漂时间为 2 ～ 4min，叶菜类最好不烫漂处理。

有些品种的蔬菜需要进行硫处理，如黄花菜、竹笋、甘蓝、马铃薯等。

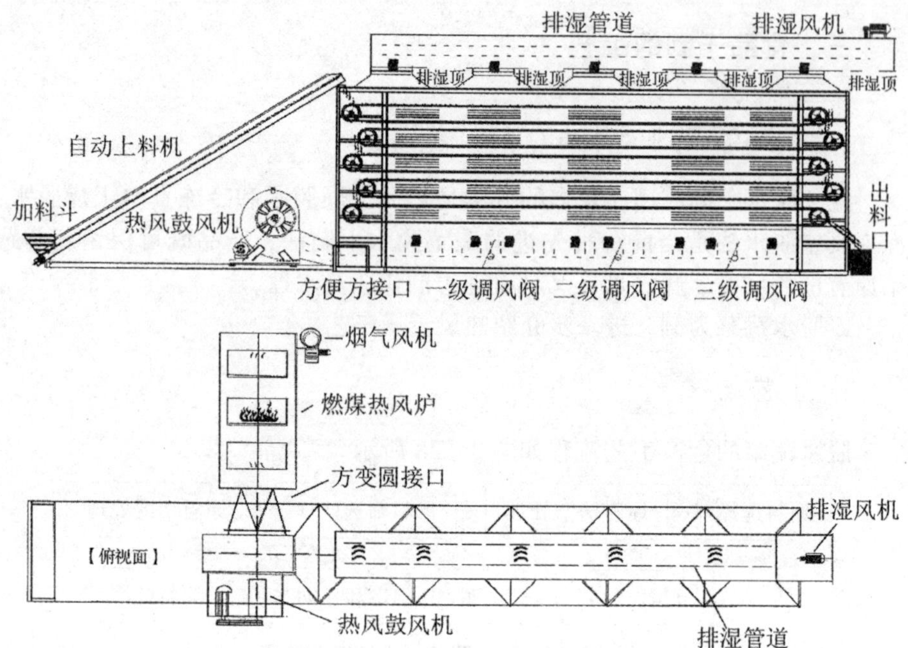

图 3－29　热风干燥设备（脱水蔬菜带式干燥机）工艺流程及热量交换示意

硫处理一般采用硫熏处理，将装有蔬菜的果盘送入硫熏室，燃烧硫黄粉进行熏蒸，二氧化硫的浓度一般为 1.5%～2.0%。1t 切分的原料需要硫黄粉 2～4kg，要求硫黄粉纯净，品质优良，易于燃烧，砷含量不得超过 0.015%，含油质的硫黄粉不能使用，硫黄粉燃烧要完全，残余量不超过 2%。此外，也可采用亚硫酸或亚硫酸盐类进行浸硫处理。

（3）冷却、沥水。预煮处理后的蔬菜应立即进行冷却（一般采用冷水冲淋），使其迅速降至常温。冷却后，为缩短烘干时间，可用离心机甩水，也可用简易手工方法压沥，待水沥尽后，就可摊开稍加晾晒，以备装盘烘烤。

（4）烘干。应根据不同品种确定不同的温度、时间、色泽及烘干时的含水率。烘干一般在烘房内进行。烘房大致有 3 种：第一种是简易烘房，采用逆流鼓风干燥；第二种是用二层双隧道、顺逆流相结合的烘房；第三种是厢式不锈钢热风烘干机，烘干温度范围为 65 ～ 85℃，分不同温度干燥，逐步降温。采用第一、第二种烘房时，将蔬菜均匀地摊放在盘内，然后放到预先设好的烘架上，保持室温 50℃左右，同时要不断翻动，使其加快干燥，一般烘干时间为 5h 左右。

（5）分检、包装。脱水蔬菜经检验达到质量标准要求，即可分装在塑料袋内，并进行密封、装箱。

（二）喷雾干燥生产食品的工艺

以奶粉生产为例，进一步介绍喷雾干燥生产食品的工艺。

1. 乳粉的一般生产工艺

乳粉生产的基本工艺如图3－30所示。

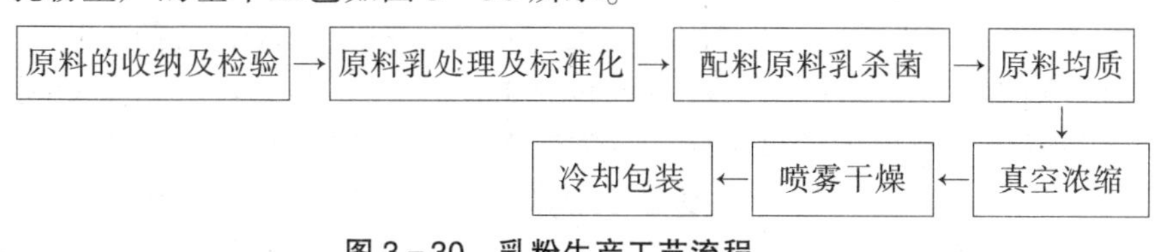

图3－30　乳粉生产工艺流程

2. 关键工艺环节

（1）原料乳的验收及预处理。原料质量决定产品最终质量。只有优质的原料乳才能生产出优质的乳粉，原料乳必须符合国家标准规定的各项要求，严格地进行感官检验、理化检验和微生物检验。

（2）标准化。标准化主要针对乳脂肪和蔗糖，通过乳脂肪标准化使成品中的乳脂肪含量达到25%～30%；国家标准规定全脂甜乳粉的蔗糖含糖量为20%以下。生产厂家一般控制在19.5%～19.9%。加糖方法有：净乳之前加糖；将杀菌过滤的糖浆加入浓乳中；包装前加蔗糖细粉于干粉中；预处理前加一部分，包装前再加一部分。

（3）配料。乳粉生产过程中，除了少数几个品种（如全脂乳粉、脱脂乳粉）外，都要经过配料工序，其配料比例按产品要求执行。

（4）杀菌。不同的产品，可根据产品特性选择合适的杀菌方法。目前最常见的杀菌方法是高温短时灭菌法。生产全脂乳粉时，杀菌温度和保持时间对乳粉的品质，特别是溶解度和保藏性有很大影响。一般认为，高温杀菌可以防止或推迟乳脂肪的氧化，但高温长时加热会严重影响乳粉的溶解度，最好是采用高温短时杀菌方法。

（5）均质。均质时的压力一般控制在14～21MPa，温度控制在60℃为宜。二级均质时，第一级均质压力为14～21MPa，第二级均质压力为3.5MPa左右。

（6）真空浓缩。牛乳经杀菌后立即泵入真空蒸发器进行减压（真空）浓缩，除去乳中大部分水分（65%），然后进入干燥塔中进行喷雾干燥，以便提高产品质量和降低成本。真空浓缩条件一般为真空度8～21kPa，温度50～60℃。单效蒸发时间为40min，多效是连续进行的。

（7）喷雾干燥。浓缩乳中仍然含有较多的水分，必须经喷雾干燥后才能得到乳粉。目前，国内外广泛采用压力式喷雾干燥和离心式喷雾干燥。

压力喷雾干燥法：鲜奶经过真空浓缩后，打入浓奶缸，将浓奶置于100～150kg/cm^{2}压力下，经喷嘴雾化，然后与经过空气过滤器过滤和加热器加热的热风混合进入干燥室干燥，干燥室热空气温度可达到150～200℃，但干燥后乳粉的温度不会高于50～60℃。

离心喷雾干燥法：是利用高速旋转的离心盘，借离心力的作用，将浓缩乳从圆盘切线方向甩出，液滴具有100m/s以上的线速度，由于受到周围空气的剪切、撕裂作用而雾化，与热空气发生热交换，被干燥成乳粉。

（8）冷却。是在粉箱中室温下过夜，然后过筛（20～30目）后即可包装。在二次干燥设备中，乳粉经二次干燥后进入冷却床被冷却到40℃以下，再经过粉筛送入奶粉仓，待包装。

3. 喷雾干燥生产奶粉的特点

优点：干燥速度快，物料受热时间短；干燥温度低，乳粉质量好；工艺参数可调，容易控制质量；产品不易污染，卫生质量好；产品呈松散状态，不必再粉碎；操作调节方便，机械化、自动化程度高，有利于连续化和自动化生产；操作人员少，劳动强度低；具有较高的生产效率。

缺点：干燥箱（塔）体庞大，投资大；耗能、耗电多；粉尘粘壁现象严重。

（三）气流干燥生产食品的工艺

以糯米粉为例介绍气流干燥应用于食品干燥的工艺。

糯米浸泡后，水磨打成浆，经过筛、压滤除去大多数水分，经烘干或晾干的产品，可以制作汤团、元宵之类食品和家庭小吃。

1. 生产工艺流程

气流干燥生产糯米粉的工艺流程如图3－31所示。

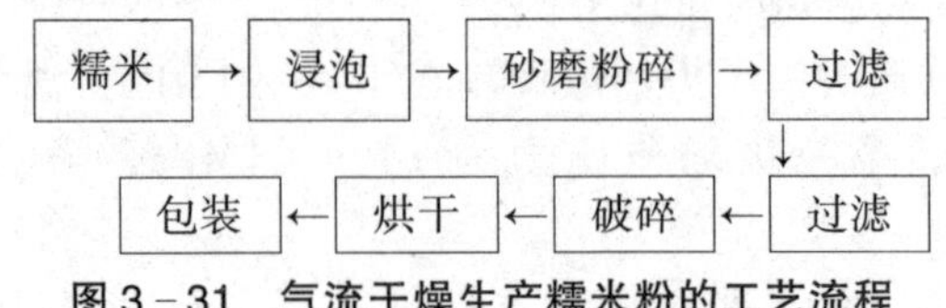

图3－31　气流干燥生产糯米粉的工艺流程

2. 关键工艺环节

（1）原料选择。选用优质糯米为原料。米质量的好坏是决定糯米粉品质的主要因素，因此一定要选用特等粳糯米。

（2）洗米及浸泡。用清水把粳糯米洗净后浸泡，浸泡时间 3 ～ 6h，浸好的米粒含水量约为 35%。其目的是使糯米更容易被磨成米浆颗粒均匀细腻的状态。

先通过升运机将糯米提升到浸泡桶内，用清水或自来水浸泡。浸泡包括反冲，水从下而上，将糯米中的杂质、糠片等悬浮物排出，同时浸泡可以使糯米颗粒膨胀，促使颗粒松散、柔软，以便下道工序的粉碎。一般情况下，浸泡 3 ～ 6h 即可，如果气温偏暖、偏寒，可以适当调节时间。如夏天因浸泡时间过长，产生发酵，可采取定时换水的措施，以防变质。在生产过程中，浸泡时间达到要求的标志是糯米可以被手捻成粉末。因为支链淀粉本身很容易溶于水，在热水中也很容易被溶解，不可以用热水浸泡，以免产生不必要的损耗。与此同时，淀粉在温度高于 58℃ 的水中会开始糊化。

（3）磨浆与脱水。把浸好的糯米送到下道工序进行磨浆，糯米入磨时需要进行水分调节，即入磨时适当地不断加细流水一起磨浆。经试验，磨浆的粗细度直接影响糯米粉的洁白度。一般说，浆磨得越细，糯米粉越洁白。同时，水量多少也要掌握得当，因为水能起润滑剂作用，水少了会成干磨，水多了不能使其成为乳悬液，而起不到助碾的作用，这对糯米粉生产质量也是至关重要的。将磨好的糯米粉浆装袋压榨脱水，真空脱水或离心脱水均可，脱水后的湿糯米粉含水量应控制在 50% 以下。

磨浆可以选用金刚砂磨，金刚砂磨要比传统的石磨优越，具有产量高、细度细的特点，一次性研磨出浆基本达到要求，利于工业化连续生产。粉碎时要不断地添加清水，保证浆液固形物在 20% 左右。浆液要求通过 60 目筛子，筛上物可以重复进磨粉碎。原料糯米在进磨时，谨防金属异物夹带进磨，以免磨片起槽被损坏，缩短使用寿命，且影响细度。

（4）过滤。糯米淀粉颗粒比一般淀粉颗粒要细，经过加水粉碎，粒度极小，因此不易沉淀。一般选用装料容量大的板框压滤机。

（5）烘干。糯米浆液通过压滤脱水，形成滤饼，然后通过烘干，保存起来。一般家庭手工作业是将脱水后的湿糯米粉用手工分成小块摊在竹帘上靠阳光晒干，成品是块状的。工厂化生产多采用气流干燥器，水磨糯米粉滤饼在进入气流干燥器前，首先要切成 ≤5cm 的小块。采用螺旋输送器进行加料，最好是采用双螺旋，这样可以避免堵塞。湿粉沿着螺旋上升，进入气流干燥器的风机进风管，在干燥筒中与热空气相遇，瞬间干燥，最后从旋风分离器落下。

在干燥过程中糯米粉颗粒悬浮于热气流中，湿粉与热空气充分接触，立即产生热传递和水分蒸发，其干燥时间只需1s左右，热效率也较高，一般可达40%以上。它要求物料含水分在40%左右。如果水分过高，物料容易黏附在管壁上，引起焦化。

此时，水磨糯米粉的水分已符合要求，但还要经过一道80目的筛子，筛过的粉即为水磨糯米粉成品，包装好后即可入库。

（四）微波干燥法生产食品的工艺

微波干燥技术必须与其他干燥技术联合应用，微波只是提供加热的能量源，在许多食品干制中具有一定优势。

采用热风与微波相结合干燥面条，干制时间可由原来的8h缩短至1.5h，节能25%，细菌含量为普通法的1/15，制品呈多孔性，复水性较好。

微波真空干燥速溶橘子粉，将固形物含量为63%的橘子浓浆涂布于宽1.2m的传送带，物料涂层厚3～7mm，传送带进入真空室（10.67～13.33Pa），输入微波能（2450MHz、48kW）加热40min，成品含水量20%，制品厚度增80～100mm。将油炸与微波干燥技术结合一起可生产炸薯片，油炸薯片至含水量为8%，经微波干燥至水分为1.5%以下。

第五节　包装和贮藏

一、包装前干制品的处理

干制后的产品一般不立即进行包装，根据产品特性和要求，往往需要经过一些处理过程。

（一）筛选分级

为了使产品合乎规定标准，便于包装，贯彻优质优价原则，对干制后的产品要进行筛选分级。干制品常用振动筛等分选设备进行筛选分级，剔除块片和颗粒大小不符合标准的产品，以提高产品商品价值。筛下的碎料另有他用，碎屑物多被列为损耗。大小合格的产品还需要进一步在3～7m/min的输送带上进行人工挑选，剔除杂质杂色、残缺或不良品，并经磁铁吸出金属杂质。

（二）均湿处理

均湿处理还常称为回软和发汗。有时晒干或烘干的干制品由于翻动或厚薄不均会造成制品中水分含量不均匀（内部也不均匀），这时需要将它们放在密闭室内或容器内短暂贮藏，使水分在干制品内部重新扩散和分布，从而达到均匀一致的目的，称为均湿处理。水果干制品需要均湿处理，蔬菜不需要这种处理。

（三）灭虫处理

干制品，尤其是果蔬干制品常有虫卵混杂其间，在适宜的条件下会生长发育，造成食品污染。果蔬干制品和包装材料在包装前都应经过灭虫处理。常采用低温杀虫、热力杀虫和烟熏剂杀害虫的方法。

（1）低温杀虫，采用-10℃以下温度处理干制品。

（2）热力杀虫，适宜高温处理（对干燥过度的果干，可用蒸汽处理2～4min）。根菜和果干等制品可在75～80℃中热处理10～15min后立即包装。

（3）烟熏剂杀害虫，是控制干制品中昆虫和虫卵的常用方法。甲基溴作为有效的烟熏剂，可使害虫中毒死亡，但为履行《关于消耗臭氧层物质的蒙特利尔议定书》，我国已经禁止使用。

氧化乙烯和氧化丙烯，即环氧化合物，是目前常用的烟熏剂，不过这些烟熏剂禁止使用于高水分食品，因为在水分含量过高的情况下有可能会产生有毒物质。零售或大型（18kg左右）包装的葡萄干中还常用甲酸甲酯或乙酸甲酯预防虫害，每500g包装加4～5液滴，18kg包装加6mL。切制果干块一般不需杀虫药剂处理，因它们大多数经过硫熏处理，以致它们的二氧化硫含量足以预防虫害发生。

（四）速化复水处理

为了加速低水分产品复水的速度，出现了不少有效的处理方法，这些方法常称为速化复水处理。

1. 刺孔法

刺孔法是1968年由普西内利（Puccinelli）提出的一种破坏细胞的速化复水处理方法。干制到水分含量为12%～30%的果块，经速度不同和转向相反的转辊轧制后，再将部分细胞结构破碎的半干制品进一步干制到水分为2%～10%。这不仅可加速复水的速度，还可加速干制的速度。块片中部分未破坏的细胞复水后将恢复原状，而部分已被破坏的细胞则有变成软糊的趋势。通常刺孔都在反方向转动的双转辊间进行，其中一根转辊上装有刺孔用针，在另一转辊上则相应地配上穴服，供刺孔时容纳针头之用。

2. 刺孔压片法

同时采用压片和刺孔的技术提高复水性，复水速度以刺孔压片的制品最为迅速。

（五）压块

食品干制后质量减少较多，而体积缩小程度小，造成干制品体积膨松，不利于包装运输，因此在包装前，需经压缩处理，称为压块。干制品若在产品不受损伤的情况下压缩成块，大大缩小了体积，有效地节省包装材料、装运和贮藏容积及搬运费用。

另外，产品紧密后还可降低包装袋内氧气含量，有利于防止氧化变质。压块后干制品的最低密度为 880 ～ 960kg/m。干制品复水后应能恢复原来的形状和大小，其中复水后能通过四目筛眼的碎屑应低于 5%，否则复水后就会形成糊状，而且色、香、味也不能和未压缩的复水干制品一样。

蔬菜干制品一般可在水压机中用块模压块。规模化生产中有专用的连续式压块机。蛋粉可用螺旋压榨机装填。流动性好的汤粉则可用制药厂常用的轧片机轧片。块模表面宜镀铬或镀镍，并应抛光。使用新模时表面还应涂上食用油脂作为滑润剂，减小压块时的摩擦，保证压块全面均匀地受到压力。压块时应注意破碎和碎屑的形成，还要考虑压块的大小、形状、密度和内聚力以及压块制品的耐藏性、复水性和食用品质等问题。蔬菜干制水分低，质脆易碎，须直接用蒸汽加热 20 ～ 30s，促使软化以便压块并减少破碎率。拉曼（Rahman）等 1970 年提出了一种新压块工艺，可有效地缩短樱桃干制品的容积，对复水性及复水后的外观、风味等无影响。水分为 2%的冷冻干燥樱桃先在 93℃下用干热介质加热处理 10min，使水果呈热塑性，再在 0.7 ～ 1.0MPa 压力下加压处理 5s 左右，即可压成圆块或棒状体。压成的樱桃干圆块厚度 2.54cm，容积缩减比为 1∶8。一般冷冻干制品的容积比压缩果干块大 13 倍。

二、干制品的包装

干制食品的处理和包装是在低温、干燥、清洁和通风良好的环境中进行的，最好能进行空气调节并将相对湿度维持在 30%以下。包装部门和工厂其他部门相距应尽可能远些。门、窗应装有窗纱，以防止害虫侵入。产品不同对包装材料的要求也不同。

（一）干制品包装的要求

干制品包装要达到以下要求：①能防止干制品吸湿回潮以免结块和长霉，包装材料在90%相对湿度中，每年水分增加量不超过2%；②能防止外界空气、灰尘、虫、鼠和微生物以及气味等入侵；③不透外界光线；④贮藏、搬运和销售过程中具有耐久牢固的特点，能维护容器原有特性，包装容器在30～100cm高处落下120～200次而不会破损，在高温、高湿或浸水和雨淋的情况也不会破烂；⑤包装的大小、形状和外观应有利于商品的销售；⑥和食品相接触的包装材料，应符合食品卫生要求，并且不会导致食品变性、变质；⑦包装费用应做到低廉或合理。

（二）干制品的包装容器

1. 纸箱和纸盒

纸箱和纸盒是干制品常用的包装容器。大多数干制品用纸箱或纸盒包装时还衬有防潮包装材料如涂蜡纸、羊皮纸以及具有热封性的高密度聚乙烯塑料袋，以后者较为理想。纸盒还常用能紧密贴盒的彩印纸、蜡纸、纤维膜或铝箔作为外包装。使用纸盒的缺点是贮藏、搬运时易受害虫侵扰和不防潮（即透湿）。选用氯化橡胶薄膜作为内衬层时虽能防潮但不能防虫。例如，刚孵化的蛾类能通过肉眼不能觉察的孔眼侵入包袋内。某些干燥比（水分含量和固形物比）较高的干制品因售价较高，选用防虫包装材料还比较合算。使用纸箱作为容器，它的容量为4～5kg到22～25kg，纸盒的容量一般为4～5kg及以下。如果所包装干制品专供零售，其容量可以更小一些。

2. 塑料袋

多年来，供零售用的干制品常用玻璃纸包装，现在开始用涂料玻璃纸袋、塑料薄膜袋和复合薄膜袋包装。简单的塑料袋（如聚乙烯袋和聚丙烯袋）包装使用最为普遍，也常采用玻璃纸/聚乙烯/铝箔/聚乙烯组合的复合薄膜，也可采用纸/聚乙烯/铝箔/聚乙烯组合的复合薄膜材料。用薄膜材料做包装所占的体积要比铁罐小，它可供真空或充惰性气体包装使用。复合薄膜中的铝箔具有不透光、不透湿和不透氧气的特点。运输时薄膜袋应用薄板箱包装以防破损。

3. 金属罐

金属罐是包装干制品较为理想的容器。它具有密封、防潮、防虫以及牢固耐久的特点，并能避免在真空状态下发生破裂。罐头装满后，干制品对罐壁起支撑作用，故能在高真空状态下进行密封。真空状态有利于防止氧化变质和消灭害虫或阻止害虫成长。金属罐假封后还能用常压蒸汽加热6～8min，将罐内大部分空气排除后再行密封，冷却后虽不能达到完全真空状态，也能形成高真空状态。此法还具有杀灭虫卵的作用。干制果蔬粉务必用能完全密封的铁罐或玻璃罐包装，这种容器不但能防虫而且能防止干制品吸潮以致结块。这类干粉极易氧化，宜真空包装。

干制品也可采用像饼干箱那样用摩擦盖密封的铁罐或铁箱进行包装。它一般能防虫，但仅能适当地防潮，用于包装蔬菜干颇为合适。

果蔬干制品容器最好能用像花生米、琥珀桃仁、咖啡罐那样的拉环式易开罐。大型包装可用容量高达20L的方形箱，装满后在顶部用小圆盖密封，这对干制品有极好的保护作用。蛋粉、奶粉、肉干也常用金属箱包装。

4. 玻璃罐

玻璃罐也是防虫和防湿的容器，有的可真空包装。玻璃罐的优点是能看到内容物，而且大多数玻璃罐能再次密封。缺点是重量大和易碎。现在国外已开始采用坚固轻质的塑料罐包装以供零售用，市场上常用玻璃罐包装乳粉、麦乳精及代乳粉等干制品。

有些干制品（如豆类）对包装的要求并不很高，在空气干燥的地区更是如此，故可用一般的包装材料，但必须能防止生虫。有些干制品的包装，特别是冷冻干燥制品常需充满惰性气体以改善它的耐藏性。充满惰性气体后包装内的含氧量一般为1%～2%。镀锡罐采用充氮包装极为适宜。铁罐充气包装在工业生产中已成为常用的包装方法。最常用的是罐头假封后在真空室内抽空、充气，最后完全密封的方法。如在干制品包装内放入干冰同样可达到充入惰性气体的目的。1g干冰能产生0.5L左右的二氧化碳。先按每升容积放入6g干冰的量将干冰放入容器，再装入干制品，加盖后将它的底部浸入水中6～12min，促使干冰汽化成二氧化碳。部分二氧化碳从盖的四周外逸并将罐内空气驱出罐外。容器内干冰全部汽化后再行密封（必须注意干冰未完全汽化前，不能密封，否则容器就会爆裂）。

许多干制品特别是粉末状干制品包装时还常附装干燥剂、吸氧剂等。干燥剂一般包装在透湿的纸质包装容器内以免污染干制品，同时能吸收密封容器内的水蒸气，逐渐降低干制品中的水分。生石灰是常用的干燥剂，它在相对湿度较低（1%～5%）的条件下仍具有较高的吸湿力。不过它吸湿时会膨胀，因而容器应留有余地以免爆裂，同时还应该注意它吸湿时会发热。生石灰的用量为干制品的10%～20%。高吸湿力的硅胶能吸收相当于它重量40%的水分，并且即使它在饱和状态下仍呈干燥状并能自由地移动，因此是一种很有潜力的干燥剂。吸氧剂（又称脱氧剂）是能除去密封体系中的游离氧气或溶存氧气的物质，添加吸氧剂的目的是防止干制品在贮藏过程中氧化败坏、发霉。一般在食品包装密封过程中，同时封入吸氧剂。常见的吸氧剂有铁粉、葡萄糖酸氧化酶、次亚硫酸铜、氢氧化钙等。脱氧剂开封后要立即使用，铁系脱氧剂必须在开封后5d内使用完，而且包装要完全密封。包装要求使用气体阻隔性材料、包装材料与脱氧剂无反应。

为了确保干制水果粉特别是含糖量高的无花果、枣和苹果粉的流动性，磨粉时常加入抗结剂和低水分制品拌和在一起。干制品中最常用的抗结剂为硬脂酸钙。用量为果粉量的0.25%～0.50%，硅胶和水化铝酸硅钠也可用作干果粉的抗结剂。

三、干制品的贮藏

良好的贮藏环境是保证干制品耐藏性的重要因素。影响干制品贮藏效果的因素很多，如原料的选择与处理、干制品的含水量、包装、贮藏条件及贮藏技术等。

（一）原料预处理

相比未经漂烫处理的原料，经过漂烫处理的原料能更好地保持其色、香、味，并可减轻在贮藏中的吸湿性。经过熏硫处理的制品也更易于保色和避免微生物或害虫的侵染。

（二）干制品的含水量

干制品的含水量对保藏效果的影响很大。一般在不损害干制品质量的条件下，含水量越低保藏效果越好。蔬菜干制品因多数为复水后食用，因此除个别产品外，多数产品应尽量降低其水分含量。当水分含量低于6%时，则可以大大减轻贮藏期的变色和维生素损失。反之，当含水量大于8%时，则大多数种类的保存期将因此缩短。果品干制品因组织厚韧，可溶性固形物含量高，多数产品干制后用以直接食用，所以干燥后含水量较高，通常要在10%～15%以上，也有高达25%左右的产品。

（三）包装处理

合理包装的干制品受环境因素的影响较小，未经特殊包装或密封包装的干制品在不良环境因素的条件下就容易发生变质现象。干制品在包装前的回软处理、防虫处理、压块处理以及采用良好的包装材料和方法都可以大大提高干制品的保藏效果。

（四）贮藏条件

良好的贮藏条件是保证干制品耐藏性的重要因素。

（1）环境相对湿度，是影响干制品贮藏性的决定因素。干制品的水分随所接触的空气温度和相对湿度的变化而异。贮藏温度为12.8℃和相对湿度为80%～85%时，果干极易长霉；相对湿度低于50%～60%时就不易长霉。水分含量增高时，硫处理干制品中的SO_2含量就会降低，以致酶会活化。如SO_2的含量降低到400～500mg/kg时，抗坏血酸含量就会迅速下降。

（2）贮藏温度。高温贮藏会加速高水分乳粉中蛋白质和乳糖的反应，以致产品的颜色、香味和溶解度发生不良变化。温度每增加10℃，蔬菜干制品中褐变的速度加速3～7倍。贮藏温度为0℃时，褐变就受到遏制，而且在该温度时所能保持的SO_2、抗坏血酸和胡萝卜素含量也比4～5℃时多。

（3）光照。光线也会促使果干变色并失去香味。有人曾发现在透光贮藏过程中，和空气接触的乳粉就会因脂肪氧化而加速风味的恶化，而且它的食用价值下降的程度与物料从光线中所得的总能量有一定的关系。

上述各种情况充分表明，干制品必须贮藏在光线较暗、干燥和低温的地方。贮藏温度越低，能保持干制品品质的保存期也越长，以0～2℃为最好，但不宜超过10～14℃。空气越干燥越好，它的相对湿度最好在65%以下。干制品如用不透光包装材料包装时，光线不再成为重要因素，因而就没有必要贮存在较暗的地方。贮藏干制品的库房要求干燥、通风良好、清洁卫生。此外，干制品贮藏时，防止虫鼠，也是保证干制品品质的重要措施。堆码时，应注意留有空隙和走道，以便于通风和管理操作。要根据干制品的特性，注意维持库内一定的温度、湿度，检查产品质量。

第四章　冷冻食品加工工艺研究

低温能有效降低食品的腐烂变质，延长食品的保存期限，最大限度保持食品的食用品质和营养品质，因此，利用降低温度加工和保藏食品，是一种传统有效的食品加工技术。根据降低温度的程度不同，将温度在0～8℃的加工保藏称为冷却或冷藏，而温度在-1℃以下的加工保藏称为冻结或冻藏。

第一节　食品低温保藏的原理

一、低温对微生物的影响

任何微生物都有其适宜生长活动的温度范围，具有最适、最高和最低生长温度，微生物的生长温度介绍见表4-1。

表4-1　微生物的生长温度

类群	最低生长温度（℃）	最适生长温度（℃）	最高生长温度（℃）	举例
嗜冷微生物	-10～5	10～20	20～40	水和冷库的微生物
嗜温微生物	10～15	25～40	40～50	腐败菌、病原菌
嗜热微生物	40～45	55～75	60～80	温泉、堆肥中微生物

温度对微生物的生长、繁殖影响很大，温度越低，它们的生长与繁殖速率也越低，不同温度下微生物的繁殖时间见表4-2，不同的时间其繁殖速度不同；温度对微生物繁殖数量的影响如图4-1所示。

表4-2　不同温度下微生物的繁殖时间

温度（℃）	繁殖时间（h）	温度（℃）	繁殖时间（h）
33	0.5	5	6
22	1	5	10
12	2	0	20
10	3	-3	60

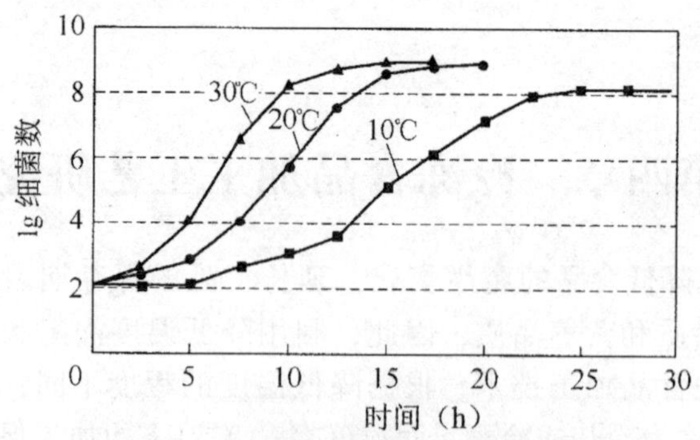

图 4 - 1　温度对微生物繁殖数量的影响

通过对表 4-1，表 4-2 中数据的了解以及图 4 - 1 中所示的微生物繁殖数量的示意图即可发现，大多数腐败菌最适宜的繁殖温度为 25 ～ 37℃，低于 25℃，繁殖速度就逐渐减缓。

二、低温对酶活性的影响

我们都知道酶是有生命机体组织内的一种特殊蛋白质，负有生物催化剂的使命。酶的活性和温度有密切的关系。大多数酶的适宜作用温度在 30 ～ 40℃，动物体内的酶需稍高的温度，植物体内的酶需稍低的温度。如图 4 - 2所示为温度对酶活性的影响示意图，在最适温度点，温度升高或降低，酶的活性均下降。

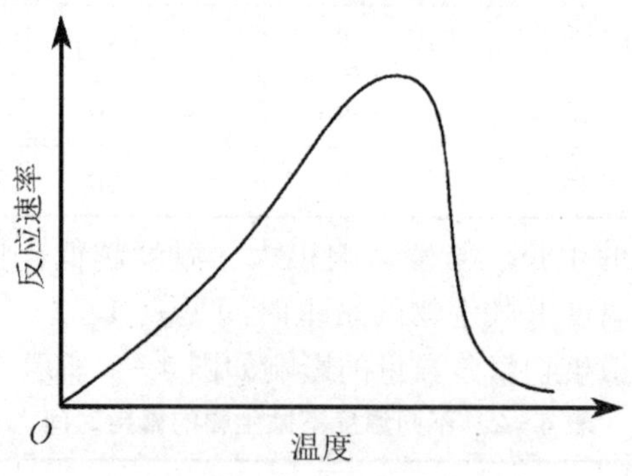

图 4 - 2　温度对酶活性的影响

我们这部分内容主要针对低温对酶活性的影响进行分析。在特定的条件下酶的活性与温度的关系常用温度系数 Q_{10} 来衡量，如下是常用的计算公式：

$$Q_{10} = K_2/K_1$$

式中，Q_{10} 为温度每增加 10℃时，酶活性变化前后酶的反应速率比值；K_1 为温度 t℃时，酶的反应速率；K_2 为温度增加到（t+10）℃时，酶的反应速率。

大多数酶促反应的 Q_{10} 值在 2 ～ 3 范围内。这就是说在最适温度点以下，温度每下降 10℃，酶活性就会削弱 1/3 ～ 1/2 倍。果蔬的呼吸是在酶的作用下进行的，呼吸速率的高低反映了酶的活性。

部分水果与蔬菜呼吸速率的 Q_{10} 值见表 4－3 和表 4－4。通过仔细地分析我们就可以从表中看出，多数果蔬的 Q_{10} 为 2 ～ 3，而在 0 ～ 10℃范围内，温度对呼吸速率影响较大。

表 4－3　部分水果呼吸速率的温度系数 Q_{10}

种类	Q_{10}				
	0 ～ 10℃	11 ～ 21℃	16.6 ～ 26.6℃	22.2 ～ 32.2℃	33.3 ～ 43.3℃
草莓	3.45	2.10	2.20		
桃子	4.10	3.15	2.25		
柠檬	3.95	1.70	1.95	2.00	
橘子	3.30	1.80	1.55	1.60	
葡萄	3.35	2.00	1.45	1.695	2.50

表 4－4　部分呼吸速率的温度系数 Q_{10}

种类	Q_{10}	
	0.5 ～ 10.0℃	10.0 ～ 24.0℃
芦笋	3.7	2.5
豌豆	3.9	2.0
豆角	5.1	2.5
菠菜	3.2	2.6
辣椒	2.8	2.3
胡萝卜	3.3	1.9
莴苣	1.6	2.0

续表

种类	Q_{10}	
	0.5～10.0℃	10.0～24.0℃
番茄	2.0	2.3
黄瓜	4.2	1.9
马铃薯	2.1	2.2

三、低温对其他变质因素的影响

引起食品变质的因素除了上述我们所说的微生物及酶促反应外，还有其他一些因素的影响。微生物生长的适应条件见表4－5。

表4－5　微生物生长的适应性

菌种和食品	在下属各温度中出现可见生长现象的时间（d）				
	－5℃	－2℃	0℃	2℃	5℃
灰绿葡萄孢（*Botrytis Pers*）					
新鲜蛇莓	—	25	17	17	7
来自蔬菜储藏库（6℃）的胡萝卜	—	18	10	10	6
来自蔬菜储藏库（6℃）的卷心菜	42	17	11	11	6
－5℃温度中培养8代后适应菌	7	—	—	—	—
腊叶芽之美（*Clados porun herloarum L.*）					
冻蛇莓和醋栗	—	20	20	35	—
冻梨	19	6	6	6	—
羊肉	18	18	18	16	—
－5℃温度中培养3代后适应菌	12	—	—	—	—

第二节　食品的冷却保藏

一、食品冷藏工艺

食品冷藏的工艺效果主要决定于储藏温度、空气湿度和空气流速等。一些食品的适宜冷藏工艺条件见表4－6。

表4－6　部分食品的适宜冷藏工艺条件

品名	最适条件		储藏期（d）	冻结温度（℃）
	温度（℃）	湿度（%）		
橘子	3.3～8.9	85～90	21～56	－1.3
葡萄柚	14.4～15.6	85～90	28～42	－2.0
柠檬	14.4～15.6	85～90	7～42	－1.1
酸橙	8.9～10.0	85～90	42～56	－1.4
苹果	－2.3～4.4	90	90～240	－1.6
西洋梨	－1.1～0.6	90～95	60～210	－1.5
桃子	－0.6～0	90	14～28	－1.6
杏	－0.6～0	90	7～14	－0.9
李子	－0.6～0	90～95	14～28	－1.0
油桃	－0.6～0	90	14～28	－0.8
樱桃	－1.1～0.6	90～95	14～21	－0.9
葡萄（欧洲系）	－1.1～0.6	90～95	90～180	－1.8
葡萄（美国系）	－0.6～0	85	14～56	－2.2
柿子	－1.1	90	90～120	－1.3
杨梅	0	90～95	5～7	－2.2
西瓜	7.2～10.0	85～90	21～28	－0.9

续表

品名	最适条件		储藏期（d）	冻结温度（℃）
	温度（℃）	湿度（%）		
香蕉（完熟）	15～20	90～95	2～4	-0.9
木瓜	13.3～14.4	85	7～21	-0.8
菠萝	7.2	85～90	14～28	-0.9
番茄（绿熟）	7.2～12.8	85～90	7～21	-1.1
番茄（完熟）	12.8～21.1	85～90	4～7	-0.6
黄瓜	7.2～10.0	85～90	10～14	-0.5
茄子	7.2～10.0	90～95	7	-0.5
青椒	7.2～10.0	90	2～3	-0.8
青豌豆	7.2～10.0	90～95	7～21	-0.7
扁豆	0	90～95	7～10	-0.6
菜花	0	90～95	14～28	0.6
白菜	0	90～95	60	-0.8
莴苣	0	90～95	14～21	—
菠菜	0	95	10～14	-0.2
芹菜	0	90～95	60～90	-0.3
胡萝卜	0	90～95	120～150	-0.5
土豆（春收）	12.8	62	60～90	—
土豆（秋收）	10.0～12.8	70～75	150～400	-0.8
蘑菇	10.0	90	3～4	-0.6
牛肉	3.3～4.4	90	21	-0.6
猪肉	-1.1～0	85～90	3～7	0.9

续表

品名	最适条件		储藏期（d）	冻结温度（℃）
	温度（℃）	湿度（%）		
羊肉	0 ~ 1.1	85 ~ 90	5 ~ 12	-2.2
家禽	-2.2 ~ 1.1	85 ~ 90	10	-2.2
腌肉	-2.2	80 ~ 85	180	-1.7
肠制品（鲜）	-0.5 ~ 0	85 ~ 90	7	-2.8
肠制品（烟熏）	1.6 ~ 4.4	70 ~ 75	6 ~ 8	-3.3
鲜鱼	0 ~ 1.1	90 ~ 95	5 ~ 20	-3.9
蛋类	0.5 ~ 4.4	85 ~ 90	270	-1.0
全蛋粉	-1.7 ~ 0.5	尽可能低	180	-0.56
蛋黄粉	1.7	尽可能低	180	—
奶油	7.2	85 ~ 90	270	

三、冷藏食品的回热

经过冷藏的食物刚刚拿出来后不应该立即食用，应该对其进行回热过程后再食用，简单地说就是在保证空气中的水分不会在冷藏食品表面上冷凝的前提下，逐渐提高冷藏食品的温度，使其最终与外界空气温度一致。

回热过程中的技术关键是必须使与冷藏食品的冷表面接触的空气的露点温度始终低于冷藏食品的表面温度，否则食品表面就会有冷凝水出现。对此我们可以用图 4－3 来很好地说明这个问题。

而事实上，我们日常生活总所冷藏的食品的表面很多时候未必是干表面。在回热过程中，食品在吸收暖空气所提供的热量的同时也向空气中蒸发了水分，这样空气不仅温度下降，而且湿含量也增加了，如图 4－4 所示。通过图中所显示的变化趋势我们能够看到，在 H－d 图（湿焓图）上空气状态沿 1″－2′变化。

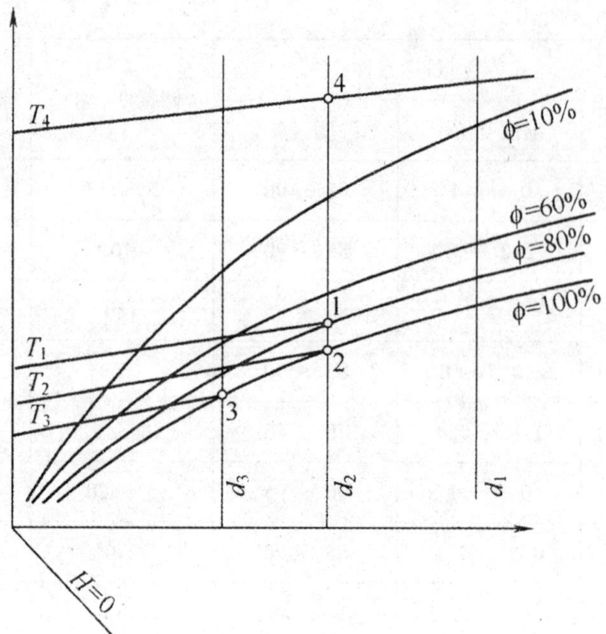

图4－3　食品干表面温度对空气状态变化的影响

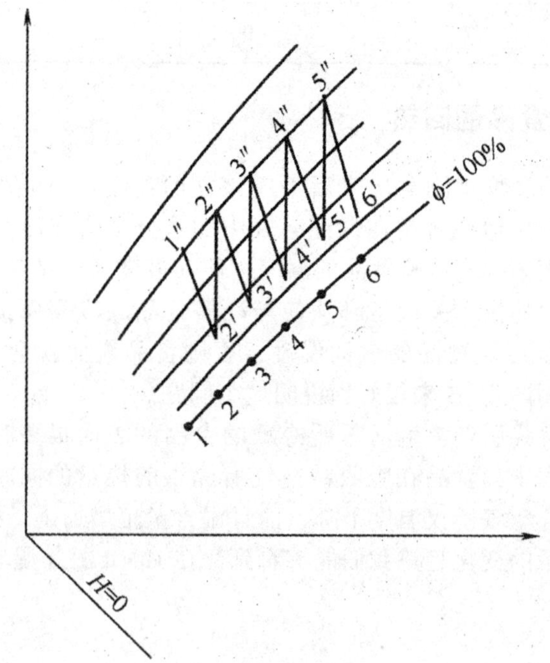

图4－4　冷藏食品回热时空气状态在H－d图上的变化

为了避免回热过程中食品表面出现水分的冷凝，在实际操作中我们不能让温度一直下降到与空气饱和相对湿度线相交。当暖空气状态降至2′时，就需重新加热，提高其温度，降低相对湿度，直到空气状态达到点2″为止。这样循环往复，直到使食品的温度上升到比外界空气的露点温度稍高为止。

第三节 食品冻结保藏

一、冻结食品的前期准备

储藏冻藏食品的冷库常称之为低温冷库或冻库。冻藏是易腐食品长期储藏的重要保藏方法。

无论我们日常生活中见到的任何冻制食品，它们最后的品质及其耐藏性决定因素主要有以下四个方面：①被冻结食品原料的成分和性质；②被冻结食品原料的严格选用、处理和加工；③对食品进行冻结所使用的方法；④食品的储藏情况。

我们在选择冻结食品的过程中尽量选用新鲜优质原材料，对于水果、蔬菜来说，应选用适宜于冻制的品种，并在成熟度最高时采收。此外，为了避免酶和微生物活动而引起不良变化，采收后应尽快冻制。

此外，我们还要对冻结食品进行物料的前处理。蔬菜原料冻制前首先应进行清洗、除杂，以清除表面上的尘土、昆虫、汁液等杂质，减少微生物的污染。由于低温并不能破坏酶，为了提高冻制蔬菜的耐藏性，还需要将其在100℃的热水或蒸汽中进行预煮。预煮时间随蔬菜的种类和性质而异，常以过氧化酶活性被破坏的程度作为确定所需时间的依据。同时预煮也杀灭了大量的微生物，但仍有不少嗜热细菌残留下来，为了阻止这些残存细菌的腐败活动，预煮后应立即将原料冷却到10℃以下。

几种食品的冻结点见表4－7，我们可以在实际的运用中参考此表中的数据。

表4－7 几种常用食品冻结点

品种	冻结点（℃）	含水量（%）	品种	冻结点（℃）	含水量（%）
牛肉	－1.7～－0.6	71.6	干酪	－8	55
猪肉	－2.5	60	葡萄	－2.2	81.5
鱼肉	－2～－0.6	70～85	苹果	－2	87.9

续表

品种	冻结点（℃）	含水量（%）	品种	冻结点（℃）	含水量（%）
蛋白	-0.45	89	青豆	-1.1	73.4
蛋黄	-0.65	49.5	橘子	-2.2	88.1
牛奶	-0.5	88.6	香蕉	-3.4	75.5
黄油	-1.8～-1	15			

二、冻结食品的包装

冻制食品包装能保持食品的卫生，还能防湿、防气、防脱水，使保藏期延长。用于冻制食品的包装材料需具备耐低温、耐高温、耐酸碱、耐油、气密性好、能印刷等性能。

1. 冻结食品包装的特点

（1）耐水性。速冻食品的包装材料需防止水分渗透以减少干耗。但不透水的包装材料由于环境温度的改变，容易在材料上凝结雾珠，使透明度降低，故使用时需考虑环境温度。

（2）耐温性。首先冻结食品包装最需要具备的就是能耐低温，因为这些食物是要进行冻结的，需要给食物的是最低的温度，而能够实现这一点的就是纸，通常情况下纸能够实现在-40℃以下仍能保持其柔软性。当然不只有纸才能够做到这一点，铝箔和塑料也同样可以发挥这样的作用。一般来说，铝箔和塑料在-30℃时还能保持其柔软性，但塑料于超低温时会脆化。另外还需具有一定的耐高温性，一般以能耐100℃沸水30min为合格。

（3）耐光性。放在超市冻藏陈列柜中的速冻包装食品经常受荧光灯照射，因此选用的包装材料及印刷颜料必须耐光，否则包装材料的色彩恶化会使商品价值下降。

（4）透气性。要采用透气性低的材料，以保持速冻食品的特殊香气及防止干耗。也可在包装袋中加入抗氧化剂或紫外线吸收剂，以防止包装材料老化出现气孔，使透气性增加带来氧化。

2. 冻制食品的保藏条件

任何食品在进行冻制之前都需要对食品冻制所需的温度进行一定的了解，通常情况下有下面几点要求：

（1）一般来说，速冻食品的温度小于等于-18℃。

（2）食品的冻藏温度一般维持在小于等于-（18±1）℃。

（3）当食品所在的环境中空气的流速为自然循环时，一般保持在 0.05～0.15m/s。

（4）相对湿度大于等于 95%。

另外除了上述我们所说的食品温度的限制以外，对于日常生活中经常食用的食品的冻藏期限也是有一定的要求的，食品的冻藏期限见表 4－8。

表 4－8　食品冻藏期限表

食品种类	冻藏期（月）		
	－18℃	－25℃	－30℃
糖水桃、杏或樱桃（酸或甜）	12	18	24
柑橘类或其他浓缩汁	24	>24	>24
芦笋	15	>24	>24
西兰花	15	24	>24
芽甘蓝	15	24	>24
胡萝卜	18	>24	>24
菜花	15	24	>24
玉米棒	12	18	24
豌豆	18	>24	>24
油炸土豆	24	>24	>24
菠菜	18	>24	>24
牛肉白条	12	18	24
适烤的小牛肉、带骨小牛肉	9	10 ～ 12	12
适烤的牛肉、牛排（包装）	12	18	24
牛肉末（包装、未加盐）	10	>12	>12
小牛肉白条	9	12	24
小羊肉白条	9	12	24
适烤的小羊肉，带骨小羊肉	10	12	24

续表

食品种类	冻藏期（月）		
	-18℃	-25℃	-30℃
猪肉白条	6	12	15
适烤的猪肉，带骨猪肉	6	12	15
咸肠	2～4	6	12
猪油	9	12	12
去内脏的禽类、鸡和火鸡（包装）	12	24	24
可食用的内脏	6	9	12
小虾	6	12	12
小虾（真空包装）	12	15	18
鲜奶油	6	12	18
冰激凌	6	12	18

第四节　食品冻结干燥保藏技术

冻结干燥是利用冰晶升华的原理，将已冻结的食品物料置于高真空度的条件下，使其中的水分从固态直接升华为气态，从而使食品干燥。冻结干燥技术早期用于医药领域，目前，已成功运用于食品工业。

一、冻结干燥食品的优缺点

1. 优点

从整体上来看，冻结干燥食品具有以下几方面的优点。

（1）观察所进行冻结干燥的食品外表，我们可以发现其表面没有硬化，组织总是呈现出一种多孔的海绵状，复水性能较好，稍加浸泡之后就可复原成原来的状态，食用起来比较方便。

（2）经过冻结干燥后的食品能保持食品原来的组织结构、营养成分和风味物质基本不变，在这里我们需要特别注意的是，经过冻结干燥后的食品其生理活性成分保留率最高。

（3）经过冻结干燥后的食品质量轻，耐保藏，对环境温度没有特别的要求，在避光和抽真空充氮包装时，常温条件下可保持2年左右，其保存、销售等经常性费用远远低于非冻干食品。

（4）经过冻结干燥后的食品从其外观上来看不干裂、不收缩，并且很多时候能够维持食品原有的外形和色泽。

2. 缺点

任何事物都不可能是十全十美的，冻结干燥技术在进行的过程中同样也存在着一些缺憾。

（1）冻结干燥的时间一般较长，要不停地供热，还要不停地抽真空，致使设备的操作费用较高。

（2）冻干食品的生产需要一整套高真空设备和低温制冷设备，设备的投资费用较大。

二、冻结干燥技术的操作要点

关于冻结干燥技术的操作要点，我们主要针对果蔬的冻结干燥技术进行分析。

1. 原料的选择

应选取品质较优的水果、蔬菜原料进行冻结干燥，需要注意的是，水果要达到食用成熟度，蔬菜以鲜嫩为佳。

2. 加工前处理

原料预处理和常规的果蔬干燥及果蔬速冻食品生产过程的预处理大致相同，如需进行挑选、清洗、去皮、切分、烫漂、冷却等处理。清洗干净的水果、蔬菜根据食用的需要，可切成片、条、丝、块等形状，切片后物料的表面积增大，有利于干燥时水分的蒸发。水果一般不进行烫漂，而对于蔬菜原料，烫漂工艺是必需的，因为高温烫漂使酶被破坏，防止加工和保藏时色变的发生，同时减少了原料中的含水量，降低干燥成本。另外，有些食品如胡萝卜粉、番茄粉、花椒粉、姜粉、大蒜粉等，可将原料经过粉碎、冻结，或先冻结后粉碎，然后冻结干燥。

预冻结是把经前期处理后的原料进行冻结处理，它是冻干的重要工序。由于果蔬在冻结过程中会发生一系列复杂的生物化学及物理化学变化，因此预冻结的好坏将直接影响到冻干果蔬质量。冻结过程中重点考虑的是被

冻结物料的冻结速率对其质量和干燥时间的影响。❶

烫漂的蔬菜或粉碎的蔬菜可采用自冻法将物料温度冻结到-30℃以下。对于水果我们通常会采用预冻法进行冻结，这样可保持水果的组织形态。

3. 升华干燥

在进行冻结干燥过程中这个环节是冻干食品生产过程中的核心工艺。要控制好工艺条件。

（1）装载量。干燥时冻干机的湿重装载量也就是我们说的单位面积干燥板上被干燥的质量，这个因素是决定干燥时间的重要因素。

（2）干燥温度。干燥温度必须控制在以不引起被干燥物料中冰晶融解、已干燥部分不会因过热而引起热变性的范围内。因此，在单一加热方式中，干燥板的温度在升华旺盛的干燥初期应控制在 70 ～ 80℃，干燥中期在 60℃，干燥后期在 40 ～ 50℃。

（3）干燥终点的判断。当干燥进行到一定的阶段我们怎么判断干燥处理可以终止呢？以下几点表现可以拿来参考：①干燥室真空计冷阱温度基本上恢复到设备空载时的指标并保持一段时间；②物料温度与加热板温度基本趋于一致并保持一段时间；③对有大蝶阀的冻干机，可关闭大蝶阀，真空机基本不下降或下降很少；④泵组（或冷阱）真空计与干燥室真空计趋于一致，并保持一段时间。

以上这 3 个判定依据，在使用的过程中既可单独使用，也可以组合后使用，还可以综合起来使用。

4. 后处理

这个环节包括卸料、对半成品的分拣、压缩等工序。

首先是卸料，破坏干燥室内的真空，然后立即移出物料，在相对湿度 50%以下、温度 22 ～ 25℃、尘埃少的密闭环境中卸料，并在相同的环境中进行半成品的分拣及包装。

冻干后的物料一般都具有庞大的表面积，吸湿性非常强，为了运输、保藏和携带方便，往往要进行压缩处理。不同的产品要求压缩前的水分含量各不相同。生产上常用增湿法来调节和控制食品压缩前的水分含量，一般有自然吸湿法和喷水吸湿法两种。

---

❶通常情况下速冻产生的冰晶较小，慢冻产生的冰晶较大；大的冰晶有利于升华，小的冰晶不利于升华；小的冰晶对细胞的影响较小，冰晶越小，干燥后越能反映出产品原来的组织结构和性能。但冻结速率高，所需的能耗也高。应综合考虑，选择一个最优的冻结速率，在保证冻干食品质量的同时，使所需的冻结能耗最低。

5. 包装、保存

冻干食品要在低温、隔氧、干燥、避光的环境下保存。正是因为这样，冻干食品包装前，最好压缩处理，然后采用真空包装和充氮包装。

通常情况下，我们在为冻干食品进行包装的选择时要注意，常用的包装材料为PE袋及复合铝铂袋，PE袋常作大包装用，复合铝铂袋常作小包装用。

对于外包装的选择也是同样需要注意的，通常我们都选用牛皮瓦楞纸板箱。不论采用何种包装材料，均需采用抽真空充氮，并添加除氧剂及干燥剂。

已经做好冻干程序的食品在存放时更是需要注意，因为一旦不按照规定来存放就会使食品的质量发生改变。一般我们选择保存在阴凉、干燥处，如有条件，最好放置在低温低湿的环境中。常温下保质期通常为2年，采用铁罐包装时可适当延长。

第五节 食品保藏中的冷藏库与冷藏链

食品冷藏库是用人工制冷的方法对易腐食品进行加工和保藏，以保持食品食用价值的设备，是冷藏链的一个重要环节。

一、食品冷藏库的分类

冷藏库的类型多种多样，根据不同的划分标准可以划分出不同的门类，以下是几种划分标准。

（一）温度

根据温度的不同我们可以将冷库的类型划分为高温冷藏库（-2℃以上）和低温冷藏库（-15℃以下）两种。对于室内装配式冷藏库，按照我国ZBX 99003—1986专业标准进行分类，冷库类型的划分见表4-10。

表4-10 装备式冷库分类

冷库种类	L级冷库	D级冷库	J级冷库
冷库代号	L	D	J
库内温度（℃）	-5～5	-18～-10	-23

（二）使用性质

下面是根据不同的使用性质对冷库进行的划分。

（1）分配性冷库。一般建在大中城市和工矿企业的消费区、海岸（转运港口），设有少量的冻结加工能力，它主要保存经过生产性冷库转运来且未经过冻结加工的食品，调节淡旺季生产，保证市场供应。

（2）生产性冷库。凡设有屠宰加工生产的冷藏库均称为生产性冷库，或生产性兼分配性冷库，或生产性兼中转性冷库。生产性冷库主要建在距货源较近（鲜活货源运转距离一般小于100km）或货源较集中地区，作为肉、禽、蛋、鱼、果蔬加工厂的冷藏车间使用，是生产企业加工工艺中的一个重要组成部分，应用最为广泛。

（3）零售性冷库。一般是建在较大的副食商店、菜场、工矿企业内，仅用于为消费者直接服务的一种冷库。特点是库容量小，保存时间短，品种多，堆货率比较低，库温随使用要求不同而不同。在库体结构上，大多采用装配式组合冷库，随着生活水平的提高，其占有量将越来越多。

（4）综合性冷库。这类性质的冷库兼有生产性、分配性两种冷库的特点，既有较大的冷藏容量以容纳大量货物进行较长期的保存，满足市场的供应和调拨，又设有相当大的冷却冻结设备，满足收购进来的货物的冷却和冻结加工。

（三）冷库层数与位置

按冷藏库层数和所处位置分类，可以划分为以下几种类型。

（1）单层冷库。顾名思义，单层冷库的意思就是只有一层的冷库。

（2）多层冷库。这种类型的冷库从层数上来看基本上在两层以上，这样的我们都称之为多层冷库。

（3）山洞冷库。从字面意义上来理解即可发现，这种类型的冷库肯定是与山洞有关系，简单地说就是利用山洞作冷库。

（4）地下冷库。从“地下”这两个字上来看我们就知道这种类型的冷库一定是修建在地表以下的冷库。

（四）容量

就目前来看，冷藏库容量规模的划分还不是十分统一，我国商业系统冷藏库按容量基本上可划分为四类，见表4-11。

表 4－11　冷库的类别

容量分类	容量（t）	冻结能力（t/d）	
		生产性冷藏库	分配性冷藏库
大型冷藏库	10000 以上	120 ～ 160	60 ～ 80
大中型冷藏库	5000 ～ 10000	80 ～ 120	40 ～ 60
中小型冷藏库	1000 ～ 5000	40 ～ 80	20 ～ 40
小型冷藏库	1000 以下	20 ～ 40	<20

二、食品冷藏链设备

冻结运输设备是指在保持一定低温的条件下运输冻结食品所用的设备，是食品冷藏链的重要组成部分。

从另一个角度来说，冻结运输设备其实就是一个可以随时移动的小型冷藏库。通常我们在生活中经常会用到的冻结运输设备有冷藏火车、冷藏汽车、冷藏船等。

（一）冷藏集装箱

冷藏集装箱出现于 20 世纪 60 ～ 70 年代后期，是能保持一定低温，用来运输冻结加工食品的特殊集装箱。冷藏集装箱具有钢质轻型骨架，内、外贴有钢板或轻金属板，两板之间充填隔热材料。常用的隔热材料有玻璃棉、聚苯乙烯、发泡聚氨酯等。冷藏集装箱的冷却方式很多，多数利用机械制冷机组，少数利用其他方式（冰、干冰、液化气体等）。

冷藏集装箱的优点是：更换运输工具时，不需要重新装卸食品，不会造成食品反复升温；集装箱装卸速度很快，使整个运输时间明显缩短，降低了运输费用。

（二）冷藏火车

1. 机械制冷的冷藏火车

机械制冷的冷藏火车有两种：①冷藏火车的车厢中只装有制冷机组，没有柴油发电机。这种冷藏火车不能单辆与一般货物列车编列运行，只能组成单一机械列运行，由专用车厢中的柴油发电机统一供电，驱动压缩机。若停运时间较长，可由当地电网供电。②每一节车厢都备有自己的制冷设备，而且用自备的柴油发电机驱动制冷压缩机。这种冷藏火车，可以单辆与一般货物车厢编列运行，制冷压缩机由内备的柴油发电机驱动；也可以由 5 ～ 20 辆冷藏火车组成机械列，由专用车厢装备的列车柴油发电机统一发电，向所有的冷藏车厢供电，驱动各辆冷藏火车的制冷压缩机。

机械冷藏火车有以下几个方面的优点。

（1）在运行过程中不需要加冰，可以缩短运输时间，加速货物送达，加速车辆周转。

（2）在内部备有电源，更加方便实现制冷、加温、通风、循环、融霜的自动化。

（3）这种类型的冷藏车使用制冷机进行运作，因此可以在车内获得与冷库相同水平的低温。

2. 干冰制冷的冷藏火车

假如在运输的过程中遇到某些食品不能与冰、水直接接触的情况时，就可以用干冰来代替水冰。可将干冰悬挂在车厢顶部或直接将干冰放在食品上。运输新鲜水果、蔬菜时，为了防止水果、蔬菜发生冻害，不要将干冰直接放在水果、蔬菜上，二者要保持一定的间隙。

用干冰冷藏运输新鲜食品时，空气中的水蒸气会在干冰容器表面上结霜。干冰升华完了之后，容器表面的霜会融化成水滴落到食品上。为此，要在食品表面覆盖一层防水材料。

3. 用冰制冷的冷藏火车

这种冷藏火车的冷源是冰。这种冷藏火车分为带冰槽与不带冰槽两种。不带冰槽的冷藏火车主要用来运输不怕与冰、水接触的冻结水产品。带冰槽的冷藏火车主要用来运输不宜与冰、水直接接触的冻结食品。冰制冷的冷藏火车若车厢内要求维持 0℃以下的低温，可用冰盐混合物代替纯冰，车厢内温度最低可达-8℃。

（三）冷藏船

冷藏船是水上冷藏运输的主要交通工具，冷藏船主要用于渔业，尤其是远洋渔业。船上都装有制冷设备，船舱隔热保温。冻鱼保藏舱的温度保持在-18℃以下，冰鲜鱼冷藏船的温度为 2℃左右。现在国际上的冷藏船分为三种：冻结母船、冻结运输船和冻结渔船。冻结母船是万吨以上的大型船，它有冷却、冻结装置，可进行冷藏运输。冻结运输船包括集装箱船，它的隔热保温要求很严格，温度波动不超过±0.5℃。冻结渔船一般是指配备低温装置的远洋捕鱼船或船队中较大型的船。冷藏船包括带冷藏货舱的普通货船与只有冷藏货舱的专业冷藏船，此外还有专门运输冷藏集装箱的船。

第六节 典型冻结食品生产工艺

一、我国速冻食品生产管理规定

（一）速冻食品分类

冷冻食品是指温度维持在-12℃以下所贮藏的食品。速冻食品（quick frozen food，QFF）是冷冻食品的一种，必须采用快速冷冻方法来冷冻食品，规定其贮藏温度必须保持在-18℃以下，并需要配有符合要求的包装和标签。根据《速冻食品生产许可证审查细则（2006版）》实施食品生产许可证管理的速冻食品包括速冻面米食品和速冻其他食品。

速冻面米食品是指以面粉、大米、杂粮等粮食为主要原料，也可配以肉、禽、蛋、水产品、蔬菜、果料、糖、油、调味品等为馅（辅）料，经加工成型（或熟制）后，采用速冻工艺加工包装并在冻结条件下贮存、运输及销售的各种面、米制品。根据加工方式，速冻面米食品可分为生制品（即产品冻结前未经加热成熟的产品）和熟制品（即产品冻结前经加热成熟的产品，包括发酵类产品及非发酵类产品）。

速冻其他食品是指除速冻面米食品外，以农产品（包括水果、蔬菜）、畜禽产品、水产品等为主要原料，经相应的加工处理后，采用速冻工艺加工包装并在冻结条件下贮存、运输及销售的食品。速冻其他食品按原料不同可分为速冻肉制品、速冻果蔬制品及速冻其他制品。

（二）速冻食品关键控制环节

①原辅料质量；②前处理工序；③速冻工序；④产品包装及冻藏链。

（三）容易出现的质量安全问题

①原辅材料质量不符合要求；②冻结过程采用缓冻代替速冻或者加工处理过程中的技术参数控制不当，导致速冻食品变色、变味，营养成分过多损失；③微生物指标超标；④食品添加剂超标；⑤冻藏链不符合要求；⑥速冻食品包装及标签不符合要求。

(四) 必备的生产设备

1. 速冻面米食品

①菜肉等原料清洗设施；②馅料加工设备（绞肉机、切菜机、拌馅机等）；③和面设备（和面机）；④醒发设施（熟制发酵类产品适用，醒发间或醒发箱）；⑤蒸煮设备（熟制品适用，蒸煮箱或蒸煮锅）；⑥速冻装置；⑦自动或半自动包装设备。

2. 速冻其他食品

①原辅料加工设施；②生制设施；③熟制设施；④速冻设备；⑤自动或半自动包装设备，其中速冻设备是关键设备。

(五) 检验项目

速冻面米食品检验项目涉及：标签、净含量偏差、感官、馅料含量占净含量的百分数、水分、蛋白质、脂肪、总砷、铅、酸价、过氧化值、挥发性盐基氮、食品添加剂、黄曲霉毒素 B_1、菌落总数、大肠菌群、霉菌计数、致病菌（沙门氏菌、志贺氏菌、金黄色葡萄球菌）。

其他速冻食品检验项目涉及：标签、净含量（净重）、外观及感官、杂质、砷（以 As 计）、铅（以 Pb 计）、镉（以 Cd 计）、汞（以 Hg 计）、苯并［α］芘、酸价（以脂肪计）、过氧化值（以脂肪计）、挥发性盐基氮、食品添加剂、菌落总数、大肠菌群、霉菌计数、致病菌、企业标准规定的其他检验项目。

二、速冻面米食品

(一) 速冻汤圆

速冻汤圆作为传统中式点心之一，深受人们喜爱。但是，采用传统的生产工艺，汤圆粉团须经热烫和打芡，调粉工艺不易掌握，会出现调粉不均匀、韧性差、有生粉颗粒等缺陷，且制作的汤圆易塌架、表面不光洁、煮时易破皮。

以黑芝麻汤圆为例，通过添加汤圆粉品质改良剂，以及改变工艺条件等方法，使得制作出的汤圆表面晶莹透亮，无粉状脱落物，不塌架，黏弹性大，冻融稳定性和成型性好，口感软糯，爽滑劲道，具有理想的货架期和贮藏期。应用这种技术生产的产品用温水即可制作，可有效提高工人劳动效率，同时提高产品的质量和产量。

1. 工艺流程（图 4－5）

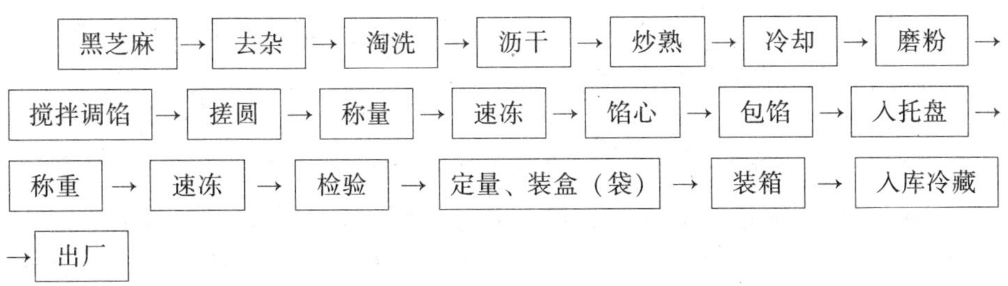

图 4－5　速冻汤圆生产工艺流程

2. 工艺技术要点

（1）原料选择。糯米无霉变、无虫蛀、黏性足，加工成糯米粉，气味正常。猪板油为新鲜或冻结良好的洁白脂肪，去膜、去杂后，用绞肉机绞碎。芝麻应颗粒饱满，香气充足，炒熟后无苦焦味。为方便磨粉，可将芝麻与白砂糖一同碾成粉状。

（2）汤圆馅心料制备。将绞碎的猪板油，粉碎的黑芝麻粉及白糖按比例混合，并加入适量干桂花和干玫瑰花，加水搅拌均匀，把此馅料搓圆后，在-30℃以下的温度下速冻 30min，使其中心温度达到-15℃备用。馅心质量控制在每 15 个 210 ～ 225g。调馅时一定要注意油脂与水的加入量，馅要达到成型时柔软不稀，易成型，水煮食用时又要呈流动性较好的流体；馅的水分含量不能太高，否则不易搓圆，做成的汤圆易变形。

（3）汤圆和粉。工业化生产汤圆，为了减少速冻汤圆表面开裂或干裂，蒸煮混汤等现象，通常在调粉时加入面皮改良剂，即取干水磨糯米粉倒入搅拌机，按比例加入预混好的速冻汤圆改良剂（变性淀粉、魔芋精粉、瓜尔豆胶、蒸馏单甘酯、复合磷酸盐），开机搅拌，经充分混合均匀后，再按干水磨糯米粉总质量的 85%～ 90%加入 30℃左右温水搅拌调粉，和面时间一般为 5 ～ 7min，和面至面团柔软后，醒面 15 ～ 20min 即可使用。与常规用热水烫面工艺相比，具有搓成汤圆后，不裂缝、不软塌、不变形、操作简单、工艺参数不受季节气候的影响等优点，且调粉时加水量比常规工艺高出 5%～ 8%。

在生产速冻汤圆的面皮时，添加少量无色无味的植物油，与其中的乳化剂单甘酯作用后，保水效果比较好，可避免速冻汤圆长期贮存后，表面失水而开裂的现象。

（4）搓圆成型。和好并用醒面的汤圆面团用搓圆成型机或手工，将水粉料和冻好的馅心搓成表面光滑的汤圆，不得露馅、偏心等，再把汤圆放入铺有塑料薄膜、消过毒的盘中速冻。

（5）速冻、包装、冷藏。速冻采用强风循环，在-35 ～-30℃以下的温度下速冻30 ～45min，使汤圆中心温度达到-18℃时为止，并剔除速冻后个别扁平、塌陷及馅心外露、隐露的不规则产品，包装后迅速放入（-18±1）℃的温度下冷藏。成品汤圆入冷库前要称重检验，每15个净重量为（450±5）g。

要控制好冻结速度，因为速度越快，形成的冰晶就越小、越均匀，且不至于刺伤细胞造成机械损伤。冻结速度慢，粉团淀粉间水分会生成大的冰晶体，使粉团产生裂纹、开裂。研究表明，冻结采用0.5h达到中心温度-18℃以下，粉团基本不产生裂纹。

3. 常见的质量问题

（1）调粉不均匀，韧性差，有生粉颗粒等缺陷。

（2）汤圆易塌陷、表面不光洁、煮时易破皮。

（3）表面开裂。原因可能是调制面团时，熟芡与生粉的比例不当；或者冻结速度较慢，表面先结冰，等到内部结冰后，体积膨胀致使产品表面开裂；或者是在贮存过程中产品表面逐渐失水形成裂纹；或者是在贮存、运输过程中，表面升温融化，在外力作用下形成开裂。

（4）卫生问题。速冻汤圆微生物指标（SB/T 10423—2007）要求，细菌总数小于等于1500000cfu/g，致病菌不得检出。

（二）速冻水饺

速冻水饺是以鸡肉、猪肉、羊肉或牛肉为主要原料，添加新鲜蔬菜、香辛料，经手工或饺子机成型，速冻后包装的产品。

以三鲜水饺为例，原料配方如下：精粉50kg，猪肉50kg，海参10kg，大虾10kg，玉兰片10kg，葱花5kg，姜末0.5kg，味精0.5kg，面酱0.5kg，骨汤25kg，食盐1kg，花生油5kg，香油1kg。

1. 工艺流程（图4-6）

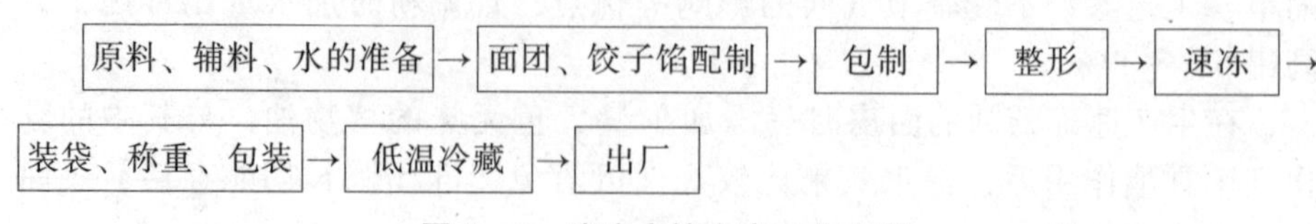

图4-6 速冻水饺生产工艺流程

2. 关键工艺技术要点

（1）原料验收。原料冻肉色泽、组织、滋气味正常，无杂质，有检疫合格证。面粉、白砂糖、味精、食盐、食用油、食品添加剂等辅料必须有三证。蔬菜应色泽鲜艳，组织、气味正常，无杂质，无腐烂变质。

（2）和面、制皮。将面粉倒入和面机中，加入适量水，搅拌和成面团，取出饧 10 ～ 30min，制成规格不同的面片。

（3）解冻绞肉。冻肉解冻后将肉投入绞肉机绞碎，肉颗粒为 2mm 的小颗粒，备用。

（4）配料。按产品配方称取肉和蔬菜等原辅材料，饺馅配料要考究，计量要准确，搅拌要均匀。

（5）成型。用水饺成型机或手工成型。❶

（6）速冻。将成型后的水饺产品投入双螺旋速冻机中（-40 ～-30℃，30min）速冻，要求半小时内使产品中心温度达-18℃。

（7）内包装。按产品规格要求：装袋、称重、封口。要求净重准确、封口牢固、平整、美观，生产日期、保质期打印要准确、明晰。

（8）成品入库。将包装完整的产品及时送至成品冻库。要求冻库温度在-18℃以下。

3. 影响速冻水饺制面工艺的因素

调制面团的关键在于控制面团中的面筋生成率，面粉蛋白质的质量是影响形成面筋的主要因素，影响面粉蛋白质生成面筋的因素主要如下。

（1）水质。pH 较低、较高均会使蛋白质和淀粉部分分解，金属盐类含量高的水使面粉吸水量降低，面团中的水分分布不均匀，而且与面粉中的蛋白质结合使蛋白质部分变性，降低面筋的弹性和延伸性，水的硬度过低会使面团过于柔软和发黏。

（2）添加剂。

①食盐：主要起强化面筋作用，使面筋吸水快而均匀，增加面团的弹性。蛋白质含量低的可少加，含量高的可多加，冬季减少添加量，夏季增加添加量。过量的食盐会使制成的面皮发脆。

②复合磷酸盐：与水中溶存的金属盐类结合形成螯合物，防止面团变色与变质，增加面筋与淀粉的吸水性，使面筋弹性增强，面团光滑有韧性。

---

❶水饺在包制时要求严密，形状整齐，不得有露馅、缺角、瘪肚、烂头、变形，带皱褶、带小辫子、带花边饺子，连在一起不成单个、饺子两端大小不一等异常现象。

③变性淀粉：改善面团的结构、增加持水性，使面皮表面光滑，增加抗裂性，产品耐煮、不浑汤，口感爽滑、有咬劲。

（3）水温。一般使用冷水和面，水温控制在30℃以下。夏季用冰水和面，还要适当增加食盐的添加量，利用盐的渗透性，使面团组织紧密，增加产品的抗裂性，降低高温天气下成品的冻裂概率。

（4）加水量。过硬加水、过软加面，不仅浪费时间和人力，还会影响面团的质量，造成产品质量不稳定，要根据气候条件、面粉质量，正确掌握加水量，手工饺子面粉和水的比例一般为2：1，一次加入。

（5）静置醒面。面团和好后，盖一块湿布防止风干发生外壳结皮，静置一段时间，使面团中未吸足水分的粉粒充分吸水，更好地形成面筋网络，提高面团弹性及韧性，使产品更光滑爽口。

（三）速冻甜玉米粒

甜玉米含糖量高，含有丰富的维生素等营养成分，鲜食味道鲜美，深受消费者喜爱。但鲜玉米保鲜难度大，其含水量高，呼吸代谢旺盛，收获后可溶性糖迅速向淀粉转化，使其营养及口感品质下降，因而加工时间很短。甜玉米消费除鲜食外，主要是甜玉米罐头和速冻甜玉米粒。速冻甜玉米粒加工可选用超甜玉米和加强甜玉米品种。

1. 工艺流程（图4－7）

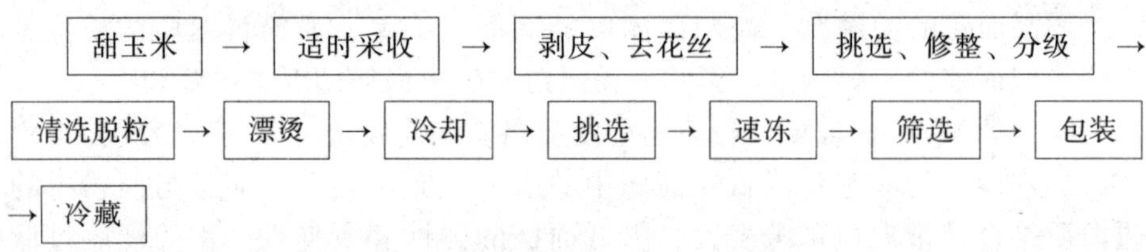

图4－7　速冻甜玉米粒生产工艺流程

2. 关键工序技术要点

（1）剥皮、去花丝。甜玉米进厂后要在阴凉处散开放置，并立即剥皮加工，从采收到加工的时间不能超过6h，如果在该时间内不能及时加工完毕，则必须放进0℃左右的保鲜冷库内作短期贮存。

（2）漂烫。脱粒后的玉米粒应立即进行漂烫，可用沸水或蒸汽进行。沸水漂烫一般多用夹层锅，蒸汽漂烫可用蒸车进行。加热温度为95～100℃，漂烫时间为5min左右。

（3）冷却。漂烫后的玉米粒应立即进行冷却，否则会影响产品质量。

一般采用分段冷却的方法，首先用凉水喷淋法，将 90℃左右的玉米粒的温度降到 25 ～ 30℃，然后在 0 ～ 5℃的水中浸泡冷却，使玉米粒中心的温度降低到 5℃以下。

（4）速冻。玉米粒速冻使用流化床式速冻隧道。玉米粒平铺在传送网带上，传动带下的多台风机以 6 ～ 8m/s 的速度向上吹冷风，使玉米粒呈悬浮状态。机器的蒸发温度为 - 40 ～ - 34℃，冷空气温度为 - 30 ～ - 26℃，玉米粒的厚度为 30 ～ 38mm，冻结 3 ～ 5min 使玉米粒中心温度达到 - 18℃即可。速冻完的玉米粒应互不粘连，表面无霜。

（5）包装。速冻玉米粒应在 - 6℃的条件下进行包装。一般用聚乙烯塑料袋包装，根据需要包装成每袋 250g 或 500g。包装后封口，并同时在封口上打印生产日期，装箱后立即送往冷藏库冷藏。

（6）冷藏。冷藏库温要求在 - 18℃以下，相对湿度 95%～ 98%。冷藏库内的温度波动范围不能超过±2℃，码放时垛与垛要留有足够的空隙，以利空气流通和库温均匀稳定。

三、速冻肉食品

（一）畜类食品的冻结工艺

1. 胴体肉的冻结工艺

冻结胴体肉一般要用空气冻结。冻结胴体肉、1/2 胴体肉和 1/4 胴体肉，可用二次冻结或一次冻结。二次冻结是先把 37 ～ 40℃的热鲜肉放在冷却间内冷却，整个冷却时间不要超过 24h，胴体中心温度降到 0 ～ 4℃。冷却后的胴体肉要立即送入冻结间进行冻结，冻结间温度一般为 - 25 ～ - 23℃，空气相对湿度以 90%左右为宜，空气流速为 2 ～ 3m/s。将冷却的胴体肉由 0 ～ 4℃冻结到中心温度为 - 15℃所需时间为 20 ～ 24h。在英国、美国、德国和日本等国多采用二次冻结。

一次冻结是将热鲜肉直接送到冻结间内冻结（肉出冻结间的平均终温与冻结间温度一致）。目前，我国肉类主要采用一次冻结工艺。经屠宰加工整理后的猪胴体必须先放入晾肉间进行分级暂存，待累积到相当于一间冷冻间的容量时，集中迅速推进冷冻间。晾肉间的容量至少应有两间冷冻间的容量。胴体肉完成冻结后，即送入温度为（- 18±1）℃、湿度为 95%～ 98%、风速在 0. 25m/s 以下的冻藏间进行长期冻藏。

一次冻结相比二次冻结，具有以下优势：①缩短冷加工周期大约 40%，只需 24h；②降低冷风；③节约能耗 30%，每吨肉耗电量约 63kW · h；④减少了大量的搬运，因而节约了劳动力。为了达到较好的嫩度和减少汁液流失，一次冻结的牛肉在-18℃的温度下至少要冻藏4个月，猪肉3个月。一次冻结法的缺点：未经预冷而直接冻结的肉是在其没有完成死后僵直而被冷冻的，所以在解冻时就发生解冻僵直，使肌肉发生收缩变形，流出大量的汁液，因此对肉质产生不良影响。因此，一次冻结法只适用于肌肉被腱固定着、不会产生收缩的带骨胴体肉（如猪肉），而不适用可能发生收缩的肉类（如牛、羊肉）。对冷收缩敏感的肉类（牛、羊肉）采用不完全冷却的方法，即把肉冷却到10～15℃的适宜温度，而不是冷却到最终温度3～7℃，直到僵直后再进行冻结。

2. 分割肉的冻结工艺

所谓分割肉，是指将屠宰后经过兽医卫生检验合格的胴体，根据销售规格的要求，按部位进行切割修整，经包装的块肉。根据国内外市场需要，猪、牛、羊胴体均可冷加工成不同规格的带骨分割肉和去皮脂分割肉等。

分割肉的加工应在专用车间内进行，车间的设施和卫生场地要有一定要求。分割车间温度，国外一般采用10～15℃，国内多采用15～20℃，分割剔骨时间应在肉僵直后，分割剔骨的最佳温度为6～8℃。冻结分割肉，首先把分割肉在模子内包装成模块，模块可以放在冻结间（隧道）或平板冻结器内冻结。模块冻结时包装不能黏在肉上或模具上，冻结好后振动模子就可以使模块从模子中取出来。

模块冻结时可根据模块大小选择冻结设备。例如，25kg的大块剔骨肉可以在吹风冻结器内冻结，空气温度为-35～-30℃时，冻结时间为18～20h。冻结时间随空气温度、流速、肉块厚度不同而有所不同。

小包装分割肉（0.2～1.0kg）在平板冻结器内冻结。冻结时间取决于平板温度、包装厚度及包装材料的性质。例如，用玻璃纸包装的分割肉，从初温-1℃冻结到终温-18℃，平板温度为-34℃，厚度为2.5cm、3.0cm、5.0cm、7.5cm、9.0cm时，冻结时间分别为30min、45min、84min、150min、190min。

冻结好的肉块装入瓦楞纸板箱内，送入冻藏间，骑缝码垛冻藏。冻藏温度为-18℃，冻藏期1年左右。

（二）禽类食品的冻结工艺

禽类包括鸡、鸭、鹅及野禽。家禽肉的冷加工工艺流程如图3-28所示。

为了保证禽肉的质量，对送往冷加工的禽肉有以下要求：①禽体表面必须洁净，无残留羽毛、血迹或污物；②放血彻底，体内不得有残留的瘀血；③拉肠时不得弄破肠、胆，若破断时，应及时用水冲洗，以免污染，体腔内不允许有粪便和胆汁；④嗉囊去除完整，颈部不得有积食和瘀血；⑤出口禽肉不得进行二次冻结。否则，肉颜色深暗，外观不良，肉品质量降低。

无论是有包装的冻禽还是无包装的冻禽，在冻藏间都要堆垛冻藏。堆垛时必须注意坚固、稳定和整齐，不同等级、不同种类的禽不要混堆在一起。冻藏间的温度应保持在-18℃左右，相对湿度在95%～100%，空气流速以自然循环为宜。在这种条件下，鸡可保藏6～10个月，鸭、鹅可保藏6～8个月。

第五章　罐藏食品加工工艺研究

经过商业杀菌的产品俗称“罐头”，用罐头这种形式来保藏的食品就是罐藏食品。食品的罐藏是把食品置于罐、瓶或复合薄膜袋中，密封后加热杀菌，借助容器防止外界微生物的入侵，达到在自然温度下长期存放的一种保藏方法。在罐头生产企业，将罐藏容器称为空罐，装填了内容物的罐头称为实罐，因此，加工容器的车间即为空罐车间，加工食品的车间即为实罐车间。与干藏和冻藏不同，罐藏方法并不是人们直接受到自然现象的启示而加以利用和发明的，而是人们在长期的社会实践中通过不断探索而发明创造的。据一些古书记载，早在千年以前，就有利用密封和加热法保存食物的例子，但限于当时的条件，还只是零星的局部经验，并未很快地推广开来，也未形成规模生产。

第一节　罐藏食品的原理

食品罐头的基本保藏原理在于通过杀菌消灭了有害微生物的营养体，达到商业无菌的目的，同时应用真空技术，使可能残存的微生物芽孢在无氧的状态下无法生长活动，从而使罐头内的食品保持相当长的货架寿命。真空的作用还表现在可以防止因氧化作用而引起的各种化学变化。在腌渍蔬菜罐头或干果罐头加工中也存在着低水分活度和食盐的保藏作用。

食品腐败的主要原因是由于微生物的生长繁殖和食品内所含有酶的活动而导致的，而微生物的生长繁殖及酶的活动要求一定的环境条件。罐头食品之所以能长期保藏主要是借助罐藏条件（排气、密封、杀菌）杀灭罐内能引起败坏、产毒、致病的微生物，同时破坏原料组织中自身的酶活性，并保持密封状态使罐头不再受外界微生物的污染来实现的，从而使食品达到能在室温下长期保藏的目的。

一、罐藏与食品微生物的关系

微生物的生长繁殖是导致食品败坏的主要原因。每一种微生物都有其适宜的生长条件要求，包括温度、水分、pH 值、氧气等。食品中常见的微生物主要有霉菌、酵母菌和细菌。霉菌和酵母菌广泛分布于大自然中，耐低温能力强，但不耐高温，一般在加热杀菌后的罐头食品中不能生存，加之霉菌是需氧性微生物，因此，这两种菌在罐头生产中是比较容易控制和杀死的。由此看来，导致罐头败坏的微生物主要是细菌，因而，热力杀菌的条件都是以杀死某类细菌为依据而确定的，而细菌对环境条件的适应性是各不相同的。下面就讨论细菌对环境条件的要求。

（一）细菌对营养物质的要求

细菌的生长繁殖必须要有营养物质提供，而食品原料中含有细菌生长活动所需要的营养物质，是微生物生长发育的良好培养基。罐藏食品中营养基质丰富，非常适宜细菌的生长，因此，控制食品原料和成品中微生物污染，是罐头食品生产的关键。保证原料的新鲜清洁和工厂车间的清洁卫生，就可减少有害微生物引起的危害。

（二）细菌对水分的要求

细菌细胞含水量很高，一般在75%～85%。各种细菌需要从环境中吸收较多的水分才能维持其生命活动；同时，细菌对营养物质的吸收，也是通过水溶液的渗透和扩散作用实现的。而罐藏原料及其罐头制品中含有大量的水分，可以被细菌利用，但随着盐水或糖液浓度的增高，水分活度降低，细菌能够利用的自由水减少，这有利于抑制细菌的活动。因此，水分活度低的制品（如含糖量高的糖浆罐头、果酱罐头）中微生物数量相对少些，其杀菌温度也相应低些，杀菌时间也可缩短些。

（三）细菌对氧气的要求

细菌对氧的需要有很大的差异，依据细菌对氧要求的不同，可将它们分为嗜氧菌、厌氧菌和兼性厌氧菌3类。在罐藏食品中，嗜氧菌因罐头的排气密封使之得不到充足的氧气而使其生长繁殖受到限制；而厌氧菌则仍能活动，如果在加热杀菌时没有被杀死，则会造成罐头食品的败坏。因此，罐头食品的腐败主要是由厌氧菌的生长繁殖引起的。

（四）细菌对酸的适应性

不同的微生物具有适宜生长的不同的pH值范围，产品的pH值对细菌的作用主要是影响其分布和耐热性。不同pH值的食品中微生物种类不同，耐热性也不一样。pH值越低，即酸的强度越高，则在一定温度下降低细菌及其芽孢的抗热力效果越显著，杀菌效果就越明显。根据食品酸性的强弱，可将食品分为酸性食品（pH值为4.5或以下）和低酸性食品（pH值为4.5

以上)，也可将食品分为低酸性食品（pH 值为 4.5 ～ 6.8）、酸性食品（pH 值为 4.5 ～ 3.7）和高酸性食品（pH 值为 3.7 ～ 2.3）。在实际应用中，一般以 pH 值为 4.5 作为划分的界限。pH 值为 4.5 以下的酸性食品（水果罐头、番茄制品、酸泡菜和酸渍食品等），杀菌温度通常只需在 80 ～ 100℃，就可以充分杀菌；而 pH 值为 4.5 以上的低酸性食品（如大多数蔬菜罐头和肉、禽、水产等），杀菌温度通常要在 100℃以上，才能充分杀菌。这个界限的确定是根据肉毒梭状芽孢杆菌在不同 pH 值下的适应情况而定的。

（五）细菌的耐热性

每类细菌都有其最适宜的生长温度，温度超过或低于此最适范围，就会抑制它们的生长活动，甚至导致其死亡。根据细菌对温度的适应范围不同，可将细菌分为嗜冷菌、嗜温菌和嗜热菌。嗜温菌的生长最适温度为 25 ～ 37.7℃，是引起食品原料和罐头制品败坏的主要细菌，如肉毒梭状芽孢杆菌和梭状芽孢杆菌，对食品安全影响较大，还有很多不产毒素的腐败细菌也适应这种温度。但嗜温菌不耐热，在罐头杀菌条件下容易杀灭掉，而导致罐头杀菌不彻底，残留的多数是耐热的嗜热菌，其生长最适温度为 50 ～ 55℃，有的可在 76.7℃下缓慢生长。这类细菌的芽孢是最耐热的，有的可能在 112℃下幸存 60min 以上。一般认为，罐头杀菌主要应考虑杀灭肉毒梭状芽孢杆菌和平酸菌（平酸菌是指产酸不产气，引起罐头食品腐败而不胀气的一类细菌）及孢子。肉毒梭状芽孢杆菌主要危害低酸性罐头食品，它能产生毒素，且其孢子的耐热性强。平酸菌分为凝结芽孢杆菌和嗜热脂肪芽孢杆菌两大类。嗜热脂肪芽孢杆菌能引起低酸性食品的腐败，称为酸腐败；凝结芽孢杆菌能引起酸性食品的腐败，称为平酸腐败。凝结芽孢杆菌耐热性比嗜热脂肪芽孢杆菌差些，凝结芽孢杆菌适宜生长温度为 45 ～ 55℃，最高生长温度达 54 ～ 65℃。但凝结芽孢杆菌比嗜热芽孢杆菌耐酸性强，它能在 pH 值为 4 的酸性条件下生长，它是番茄制品中常见的重要腐败菌，而嗜热脂肪芽孢杆菌在 pH 值为 5 或低于 5 时就不能生长。

二、罐藏与酶的关系

酶是有机体内的一种特殊蛋白质，是生物催化剂。食品中存在的酶对食品的质量有较大的影响，新鲜果蔬的耐藏性和抗病性强弱直接与它们代谢过程中各种酶活动有关。同时，酶也会导致食品在加工和贮藏过程中的质量下降，主要反映在食品的感官和营养方面的品质降低。新鲜食品原料中含有各种酶，它们能加速物料中有机物质的分解变化，如不对酶的活性加以控制，原料或制品就会因酶的作用而发生质变。因此，必须加强对酶的控制，使其不对物料及制品发生不良作用而造成品质变坏和营养成分的损失。这些酶主要是氧化酶类和水解酶类，包括过氧化物酶、多酚氧化酶、脂肪氧合酶、抗坏血酸酶等。

酶的活性与温度之间有密切的关系。在较低的温度范围内，随着温度的升高，酶活性也增加。通常，大多数酶在 30 ～ 40℃的范围内显示最大的活性，而高于此范围的温度将使酶失活。酶活性和酶失活速度与温度之间的关系均可用温度系数 Q_{10} 来表示。酶活性的 Q_{10} 一般为 2 ～ 3，而酶失活速度的 Q_{10} 在临界温度范围内可达 100。因此，随着温度的升高，酶催化反应速度和失活速度同时增大，但是由于它们在临界温度范围内的 Q_{10} 不同，后者较大，因此，在某一温度下，失活的速度将超过催化的速度，此时的温度即酶活性的最适温度。温度对酶的稳定性和对酶催化反应速度的影响分别如图 5－1 和图 5－2 所示，从图 5－1 和图 5－2 中可以清楚地看出，当温度超过 40℃后，酶将迅速失活。另外，温度超过最适温度后，酶催化反应速度将急剧降低。

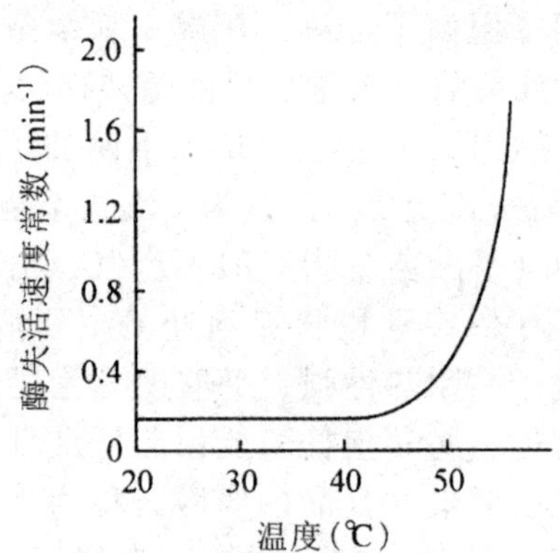

图 5－1　温度对酶稳定性的影响

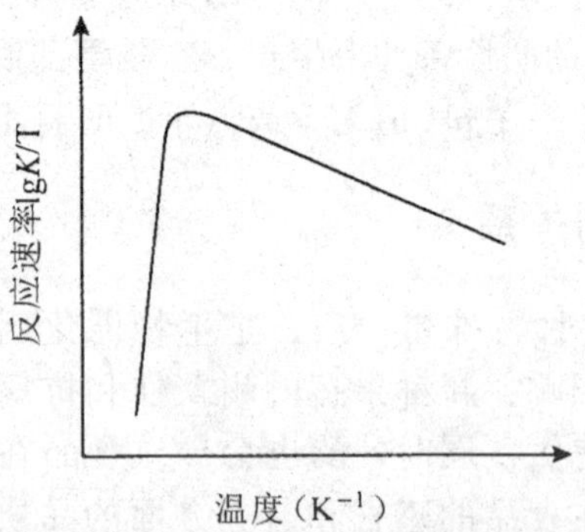

图 5－2　温度对酶催化反应速度的影响

酶的热变性与细菌的热力致死时间曲线相似，我们也可以做出酶的热失活时间曲线，用 D 值、F 值及 Z 值来表示酶的耐热性。其中，D 值表示在某一恒定的温度下，酶失去其原有活性的 90% 时所需要的时间；Z 值表示使酶的热失活时间曲线越过一个对数循环所需改变的温度；F 值是指在某个特定温度和不变环境条件下，使某种酶的活性完全丧失所需要的时间。

过氧化物酶的热失活时间曲线如图 5－3 所示。从图 5－3 中可以看出，过氧化物酶的 Z 值大于细菌芽孢的 Z 值，这表明升高温度对酶活性的损害比对细菌芽孢的损害要小。经过加热处理后，微生物虽被杀死，但某些酶的活力却依然存在。在生产实践中发现，有些酶会导致罐藏的酸性或高酸性食品的变质。某些酶经热力杀菌后还能再度活化，过氧化物酶就是一例，这一问题是在超高温热力杀菌（121 ～ 150℃瞬时处理）时被发现的。因此，在罐头的加工处理中，要完全破坏酶的活性，防止或减少由酶引起的败坏，还应综合考虑采用其他不同的措施。例如，酸渍食品中过氧化酶能忍受 85℃以下的热处理，加醋可以加强热对酶的破坏力，但热力钝化时高浓度糖液对桃、梨中的酶有保护作用；又如，酶在干热条件下难以钝化，在湿热条件下易钝化等。所以，不论是烫漂处理，还是高温杀菌工序，都必须使组织内部的酶活性达到完全破坏。只有这样，才能确保罐头产品有一个安全稳定的保质期。

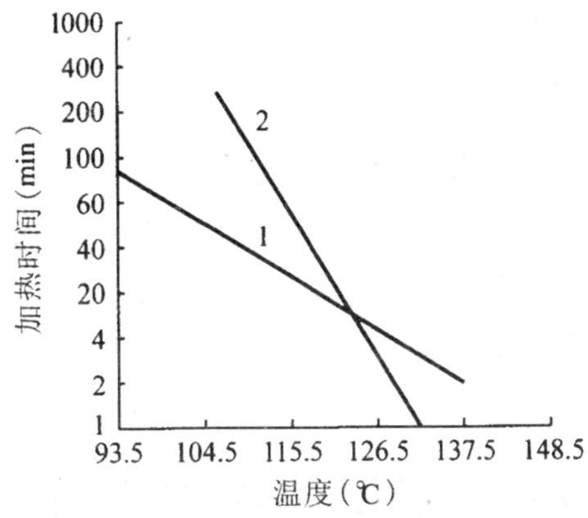

图 5－3　过氧化物酶的热失活时间曲线

1—过氧化物酶　2—细菌芽孢

三、罐藏与食品氧化的关系

当食品与空气接触时，其表面很容易发生氧化，而使食品的色、香、味及营养成分发生变化或破坏，如苹果、蘑菇及马铃薯等果蔬的果肉组织与氧气接触时特别容易产生酶促褐变；脂肪在氧化时会发生败坏，产生不良气味；豆类食品氧化变质后会产生苦味；在有氧存在的情况下，维生素 C

也不稳定。这些反应，都需要氧气的存在。而氧气广泛存在于食品组织中，也溶解于水和汁液中。但罐头经过排气后，排除了罐内的空气，使罐头形成了一定的真空，减少了罐内的氧气含量。罐内的食品在这样的真空条件下保藏，就能减轻或防止氧化作用，使食品中的色、香、味及营养物质得以较好地保存。

第二节　罐藏食品包装容器

一、罐头食品容器基本要求

为了使罐藏食品能够在容器里保存较长的时间，并且保持一定的色、香、味和原有的营养价值，同时又适应工业化生产，这样就对罐藏容器提出了一些要求：①对人体无毒害；②具有良好的密封性能；③具有良好的耐腐蚀性能、耐高温高压性能；④适合于工业化的生产。

此外，要求罐藏容器体积小、重量轻、便于运输，并要求开启容易，便于食用。当前国内外普遍使用的罐藏容器有马口铁罐、玻璃罐以及铝合金罐和塑料复合薄膜袋（蒸煮袋）等。

二、金属罐类型与特点

金属罐主要包括以镀锡薄钢板（俗称马口铁）为材料的镀锡板罐以及以铝合金薄板为材料的铝罐。它们可制成各种形状与尺寸，以符合各种各样的市场要求。马口铁罐是由两面镀锡的低碳薄钢板制成的。镀锡板断面如图 5－4 所示。

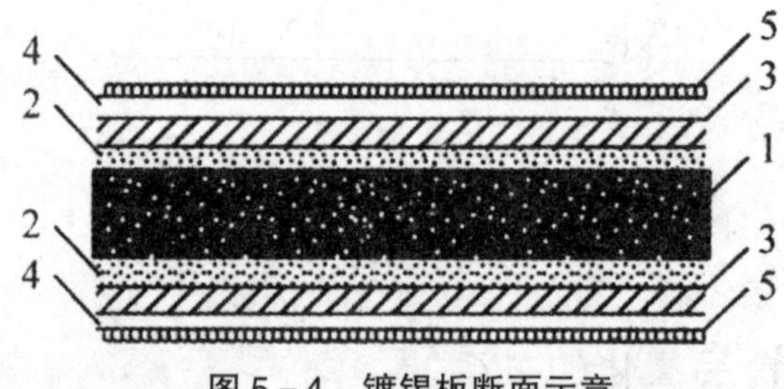

图 5－4　镀锡板断面示意

1—钢基　2—锡铁合金层　3—锡层　4—氧化膜　5—油膜

金属罐由罐身、罐盖、罐底 3 部分焊接密封而成，称为三片罐，也有采用冲压而成的罐身与罐底相连的冲底罐，称为二片罐。马口铁罐镀锡的均匀与否直接影响到铁皮耐腐蚀性的强弱。镀锡可采用热浸法和电镀法，热浸法生产的马口铁称为热浸铁，镀锡层较厚，为（1.5～2.3）$\times 10^{-3}$mm（22.4～44.8g/m^2），耗锡量较多；用电镀法生产的称为电镀铁，镀锡层较薄，为（0.4～1.5）$\times 10^{-3}$mm（5.6～22.4g/m^2），且比较均匀一致，不但能节约用锡量，而且有良好的耐腐蚀性，故生产上得到大量使用，是罐头生产中最为广泛使用的一种容器。容器的机械强度受钢板厚度的影响，但很薄的波形镀锡板其强度却可与较厚的平板相媲美。而锡层的厚度影响容器的耐腐蚀性。由于锡的资源短缺，锡价较高，故生产者常以减少锡层厚度的方法来降低成本，但这会增加内容物与软钢薄板之间的相互作用，发生腐蚀的危险。为此，在制成的镀锡罐内壁往往涂以涂料。根据使用范围，一般含酸量较多的果蔬罐头容器内壁采用抗酸涂料，如油树脂涂料，此涂料色泽金黄，抗酸性好，韧性及附着力良好。许多水产食品（特别是贝类）在加热杀菌过程中由于一些含硫蛋白质的降解，会释放出硫化氢，硫化氢会与暴露的铁表面反应，生成黑色的硫化铁，并会释放出氢气。为了防止发生这种情况，可以在罐内壁涂上抗硫涂料，如环氧酚醛树脂，色泽灰黄，抗硫、抗油、抗化学性能好。除了应用涂料外，有些水产品罐头也可衬以硫酸纸或将内容物在装罐前稍加烘干以免黏罐。对于茄汁鱼类罐头，可将鱼块装罐前以稀乙酸溶液浸渍，也可减少黏罐现象。在罐头生产中选用何种马口铁为好，要根据食品原料的特性、罐形大小、食品介质的腐蚀性能等情况综合考虑来决定。常见的金属罐罐型如图 5－5 所示。

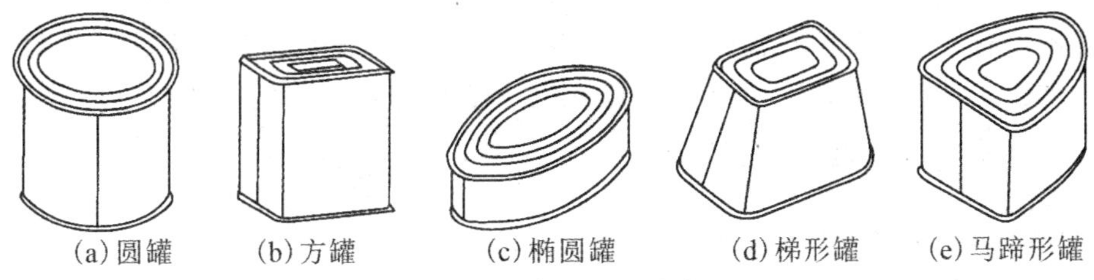

图 5－5　常见的金属罐罐型

铝是一种资源丰富的银白色轻金属，全世界的铝产量仅次于钢铁，在金属罐生产中铝罐用量仅次于马口铁罐。铝质材料之所以大量被用来制造金属罐，是因为它具有许多独特的优点和特性：①铝的密度非常小，为 2.7g/cm^2，仅为钢的 35%。因此，不仅使容器的质量大为减轻，而且原材料的运输也更为方便。②铝的表面能自然生成一层致密的三氧化二铝薄膜，这种透明无色薄膜的存在，能阻止氧化的进行，在潮湿空气中不易生锈，可以保证铝质容器内食品的安全卫生。③铝有着比马口铁更好的拉伸性能，可制成与镀锡金属罐相媲美的形状，其表面银白色的光泽，印刷效果同样好。④铝对光、热的反射性能和传导性能优异，可提高食品罐加热灭菌盒冷冻处理效果，废料可回收再利用，既能节约能耗，又能防止废弃物造成的公害。因此，从1918年挪威首次利用铝罐生产鱼肉罐头以来，铝制易开罐发展速度一直较快。在法国约35%的鱼罐头是用铝罐，目前铝罐被广泛用于饮料食品。铝罐的主要形式是冲底罐（二片罐），罐身和罐底为一体由薄板直接冲压而成，无罐身接缝与罐底卷封。易开罐的盖除了拉开罐盖外，还有不带拉环只用部分划线的按压式易开盖，以及采用复合铝箔粘贴罐孔的剥开式易开盖等。但铝制罐也存在以下缺点：①包装材料铝材焊接困难，铝罐只能采用冲压或者扣骨方法制造。②铝质材料质地较软，与镀锡板相比强度低，在制造与运输中容易因碰撞而发生变形，损耗大。

铝罐一直因只有一条接缝而优于镀锡板罐。20世纪70年代以来，铝罐的制罐技术也被引用到镀锡板罐的生产，因而有了冲拔和薄壁拉伸罐（DWI罐）和多级冲拔罐（DRD罐），其特点也是只有一条接缝，并具有易开、有拉环等优点，只是不如铝罐的延展性好，开启时稍微费劲。

三、玻璃罐类型与特点

玻璃罐是用石英砂、纯碱和石灰石等按一定比例配合后，在1500℃高温下熔融，再缓慢冷却成型而成。在冷却成型时使用不同的模具即可制成各种不同容积、不同形状的玻璃罐。质量良好的玻璃罐应呈透明状，无色或微带青色，罐身应平整光滑，厚薄均匀，罐口圆而平整，底部平坦，罐身不得有严重的气泡、裂纹、石屑及条痕等缺陷。玻璃罐最大优点是透明，质硬，化学性质稳定，不易腐蚀和氧化。19世纪初法国的尼古拉·阿培尔发明罐藏法作为保藏食品的有效方法，当时他使用的就是用软木塞封闭的玻璃瓶。尽管玻璃瓶有不少缺点，如加工费时，机械性能差，易破碎，抗冷热性能差，一般温差在40～60℃即破裂，受机械撞击时易于破碎等，但迄今在食品罐头的生产中，仍占有一席之地，仍旧是果蔬类、鱼膏、鱼糊之类罐头食品的传统性容器。

四、软罐头包装材料类型与特点

软罐头由英文“retort pouch food”意译而来。广义上说，软包装食品分为袋装食品（透明袋、铝箔袋两种）、盘装食品（透明盘、铝箔盘两种）、结扎食品3类。狭义上说，是以聚酯、铝箔、聚烯烃等薄膜复合而成的包装材料制成的耐高温蒸煮袋为包装容器，并经密封、杀菌而制得的能长期保存的袋装食品，简称RP－F。该食品的生产原理和过程与普通的罐头生产大致相同，只是采用软质的包装材料，故称作软罐头。

软罐头的容器主要是蒸煮袋。蒸煮袋是由多层复合材料制成的具有一定尺寸的袋。日本首先使用，欧美诸国也相继将它作为食品容器使用。具有代表性的复合材料一般由聚酯、铝箔、尼龙、聚烯烃等薄膜借助胶黏剂复合而成，一般有 3 ～ 5 层，多者可达 9 层。常用的蒸煮袋外层是厚度为 12μm 且强度良好的聚酯，起加固及耐高温作用。中层为 9μm 的铝箔，具有良好的避光性、防透气、防透水。内层为热封性良好，与食品接触安全的聚烯烃（己烯、丙烯、丁烯等烯烃类的聚合物或不同烯烃的共聚物），通常厚度为 70μm，有良好的热封性能和耐化学性能，能耐 121℃高温，又符合食品卫生要求。也有采用中间无铝箔、尼龙/聚丙烯等的层压薄膜为材料的，但这类蒸煮袋的软罐头，其货架期较短。蒸煮袋可按如下方法分类：按其材料构成及内容物的保存性可分为透明普通型、透明隔绝型、铝箔隔绝型和高温杀菌用袋。按其承受杀菌温度的能力，可以分为能耐 121℃高温的普通蒸煮袋 RP－F、能耐 135℃高温的高温蒸煮袋（HRP－F）及能耐 150℃高温的超高温蒸煮袋（URP－F）；按袋的容量大小可分为 100g 以下的小袋、100 ～ 500g 的一般袋和 1000g 以上的大袋。按袋的外表形态可分为四方封口的平袋和能竖放的直立袋。

软罐容器的优点：能经受 121℃高温杀菌，包装物料不变性、不破裂，密封性能好，与外界空气、水分、光线隔绝，可以长期保存内容物质量；它比金属容器薄，内容物受热面积大，热传导快，与同等容积的硬罐头比较，加热灭菌时达到要求的中心温度所需时间较短，有利于罐头食品质量的提高，它能与金属罐头一样，在常温流通条件下可长期保存。此外，包装物料质量轻，运输装卸费用降低，携带方便，开袋即食，又可原封不动地投入热水中加热；软罐容器的存放所需空间小，质量也轻。由于其形状平坦，在陈列货架上易于识别。软罐食品短时加热即可食用，十分方便。

软罐容器在日本与美国十分普及，但在欧洲多用于较昂贵的制品，其市场占有率仍低于传统的罐头，其原因如下：①填充与密封速度慢。在流水线上每分钟只有 60 袋左右，约为普通罐头速度的 1/20。②需要专门设计的杀菌设备。进行蒸煮袋的高温杀菌时，必须使用蒸汽与压缩空气的混合物，造成足以平衡蒸煮袋内增长压力的过剩压力，从而避免封口的变形与爆裂。故要建立一条软罐头生产线时，就需要配置专门设备，在设备上要做较大的投资。

五、硬塑容器

由多层共挤出塑料（如聚偏氯乙烯与 EVOH）热成型的塑料罐头，它装有带有拉环的金属盖，此盖是双重卷封到塑料罐身的。或者罐口热封有铝箔层压薄膜，与常用的金属罐相比，其优点在于只要撕去铝箔层压薄膜，便可以用微波加热。

塑料罐的充填方法与金属罐一样，并在真空条件下密封以减少加热杀菌时内外压力的不平衡。所用塑料可以耐热到正常杀菌温度121℃，但需要类似于蒸煮袋杀菌的反压压力的杀菌方式。塑料罐可加工成各种形状与尺寸，使产品更具吸引力，并且它不会腐蚀，当内容物开罐后一次吃不完时，可以再盖上放在冰箱中。这类容器与通常的镀锡罐相比，存在以下主要缺点：①密封失败的发生率较高。②与金属罐头相比，为了达到同样尺寸罐头的相同的致死率，所需加热杀菌时间稍长。

第三节　罐藏食品的工艺

一、罐藏原料的处理

食品原料经预处理（包括清洗、清除非食用部分、切割、检剔、修整等）、预煮、调味或直接装罐、加调味液、排气、密封、杀菌、冷却、罐盖打印等工序，最后完成罐头加工。其中预处理及调味加工等随原料和产品类型不同而各有差异，但排气、密封、杀菌、冷却、罐盖打印等为必需工序，是罐头加工的基本生产过程。罐头食品是依靠杀菌来加以长期保藏的，而不是用防腐剂达到抑制腐败微生物来达到保藏食品的目的。

二、食品的装罐

（一）装罐前容器的准备

食品在装罐前，首先要依据食品种类、性质、产品要求及有关规定选择合适的空罐，然后再进行充分的清洗，以除去空罐中的灰尘、微生物、油脂等污物及氯化锌等残留物。清洗可用手工或机械的方法。目前，大中型企业均采用机械方法，通过喷射蒸汽或热水来清洗。MDG型浸洗和喷洗组合洗瓶机示意图如图5－6所示。清洗之后再用漂白粉溶液消毒。消毒后，应将容器沥干并立即装罐，以防止再次污染。

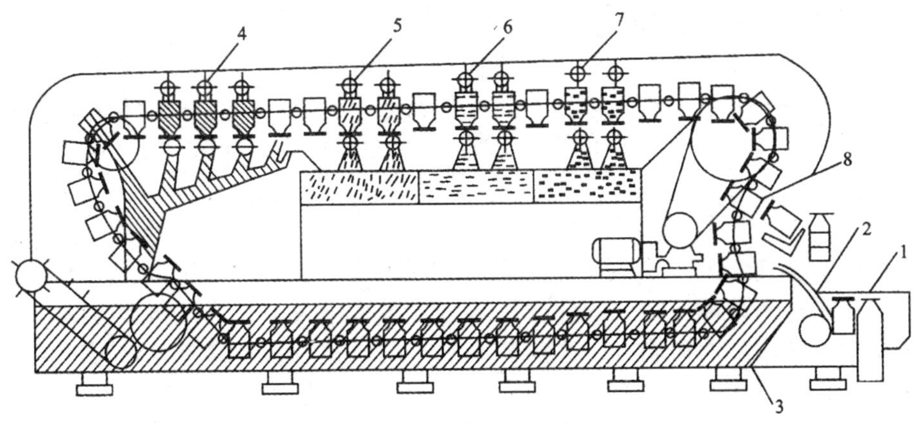

图 5-6 MDG 型浸洗和喷洗组合洗瓶机

1—平板链节输送带（载玻璃瓶用）

2—圆弧形轨道（供玻璃瓶在推瓶杆推动下沿轨提升，送入瓶模）

3—60℃、1%～5%NaOH 溶液浸槽 4—高压碱液内外冲洗 5—高压水内外冲洗

6—高压水二次内外冲洗 7—低压、低温水冲洗 8—玻璃瓶从瓶模中下滑

（二）食品的装罐

1. 装罐的几点基本要求

（1）时间。原料经过清洗、挑选、分级、切分、去皮、去核、打浆、榨汁及烹调预处理后，应迅速装罐，否则会因微生物的繁殖而使半成品中微生物的数量骤增，甚至使半成品变质，影响杀菌效果和产品质量。如果酱、果汁等不及时装罐，保证不了装罐温度，起不到热灌装排气的作用，将影响成品的真空度。

（2）质量。装罐时应力求质量一致，并保证达到罐头食品的净重和固形物含量的要求。每只罐头允许净重公差为±3%。但每批罐的净重平均值不应低于固形物净重。罐头的固形物含量一般为 45%～65%。

（3）顶隙。顶隙是指罐内食品表面层或液面与罐盖间的空隙。留顶隙的目的在于便于调味、利于传热、防止胀罐、提高杀菌效果。顶隙的多少因食品种类、加工工艺等不同而异。

顶隙大小将直接影响到食品的装罐量、卷边的密封性、罐头变形情况及腐蚀情况等。顶隙过小，杀菌时食品膨胀，引起罐内压力增加，将影响卷边的密封性，同时还可能造成铁罐永久变形或凸盖，影响销售。顶隙过大，罐头净重不足，且因顶隙内残留空气较多，将促进铁皮的腐蚀或形成氧化圈，并引起表层食品变色、变质。一般来说，罐内食品表面与容器翻边或顶边应相距 5 ～ 8mm。

（4）卫生。食品装罐时要特别重视清洁卫生。装罐人员一定要注意卫生，禁止戴手表、戒指、耳环等进行装罐操作，要穿戴洁净的工作服和工作帽；工作环境要干净，工作台整洁，严禁食品中混入杂物。

2. 装罐的方法

（1）人工装罐。适用于不便自动装罐的食品，一般情况下，肉禽、水产、水果、蔬菜等块状或固体产品等，大多采用人工装罐，如大型的软质果蔬块、鱼块、肉禽块等，这些产品原料差异较大，装罐时需要人工挑选并合理搭配再装罐。人工装罐简单、具有广泛的适应性，但装量误差较大，劳动生产率低，清洁卫生不易保证。

（2）机械装罐。颗粒状、流体、半流体、糜状产品等均一性食品大多采用机械装罐，如饮料、酒类、午餐肉、果酱、果汁、青豆、甜玉米、番茄酱、汤汁等食物。机械装罐速度快，装量均匀，适宜连续性生产，便于清洗，并维持一定的清洁卫生水平，装量准确。但不能满足式样装罐的需要，适应性差。

3. 加注液体

装罐之后，除了流体食品、糊状胶状食品、干装食品外，都要加注液体，称为注液。注液能增进食品风味，提高食品初温，促进对流传热，改善加热杀菌效果。注液可以排除罐内部分空气，减小杀菌时的罐内压力，减轻罐头食品在贮藏过程中的变化。加注汁液一般视罐头的品种而定，如加注清水、盐水、调味液等。加注汁液大多数工厂采用自动注液机或半自动注液机，也有一些仍采用人工加注汁液。

4. 预封

预封是在食品装罐后用封罐机初步将盖钩卷入到罐身翻边下，进行相互钩连的操作。钩连的松紧程度以能允许罐盖沿罐身自由地旋转而不脱开为准，以便在排气时，罐内空气、水蒸气及其他气体能自由地从罐内逸出。预封的目的是预防因固体食品膨胀而出现汁液外溢；避免排气箱冷凝水落入罐内而污染食品；防止罐内温度降低和外界冷空气窜入，以保持罐头在较高温度下进行封罐，从而提高了罐头的真空度。

三、罐头的密封

罐头的密封是使罐内食品与外界完全隔绝而不受微生物的污染，使罐头食品能够在室温下长期保存。罐头排气后立即封罐，是罐头生产的关键性工序。不同种类、不同型号的罐头使用不同的封罐机，封罐机的类型有很多，有半自动封罐机、自动封罐机、半自动真空封罐机、自动真空封罐机等。

（一）金属罐的密封

金属罐的密封是指罐身的翻边和罐盖的钩边在封口机中进行卷封，使罐身和罐盖相互卷合、压紧而形成紧密重叠的卷边的过程。封罐机的种类、型式很多，封罐速度也各不相同，但是它们封口的主要部件基本相同，二重卷边就是在这些部件的协同作用下完成的。为了形成良好的卷边结构，封口的每一部件都必须符合要求，否则将影响罐头的密封质量。封罐机械有手扳封罐机、半自动封罐机、自动封罐机、真空封罐机及蒸汽喷射封罐机等。

1. 封口机封口的主要部件

就封罐机来说，虽然型式很多，生产能力各异，但它们都有共同的工作部件，如压头、托底板、一对头道滚轮和一对二道滚轮。封口机完成罐头的封口主要靠压头、托盘、头道滚轮和二道滚轮四大部件，在四大部件的协同作用下完成金属罐的封口，如图5-7所示。

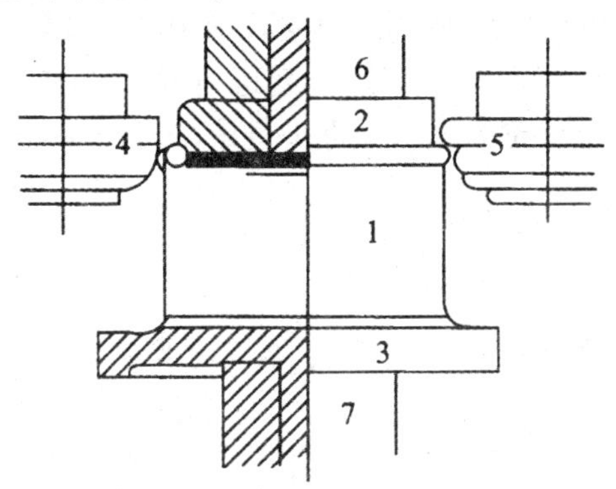

图5-7 封口时罐头与四部件的相对位置

1—罐头 2—压头 3—托盘 4—头道滚轮 5—二道滚轮 6—压头主轴 7—转动轴

（1）压头。压头的主要作用是固定罐身与罐盖的位置，使滚轮卷边压紧，不让罐头在封口时发生移动，以保证卷边质量。压头的尺寸应严格按要求确定，误差不允许超过25.4μm，压头的大小按罐型直径加以选择，压头应标准化，不能随意更改尺寸，以确保罐头内径和罐盖标准。压头太大会造成封口后空罐不容易落下；压头太小则引起罐盖摩擦、打滑等缺陷，容易擦伤盖面造成罐头生锈，或造成封口松紧不一。

压头凸缘的厚度必须与罐头的埋头度相吻合，压头的中心线和凸缘面必须成直角。压头由耐磨的优质钢制造，以经受滚轮压槽的挤压力。

（2）托盘。托盘的作用是搁置罐身并托起罐头使压头嵌入罐盖内，并与压头一起固定、稳住罐头，以利于卷边封口。

（3）滚轮。滚轮是由坚硬耐磨的优质钢材制成，分为头道滚轮和二道滚轮，其外形轮廓和尺寸基本是一致的，仅滚轮槽形部位不同，其作用也不同。滚轮的主要工作部分转压槽的结构曲线示意图如图 5－8 所示。头道滚轮的转压槽沟深，且上部的曲率半径较大，下部的曲率半径较小；二道滚轮的转压槽沟浅，且上部的曲率半径较小，下部的曲率半径较大。

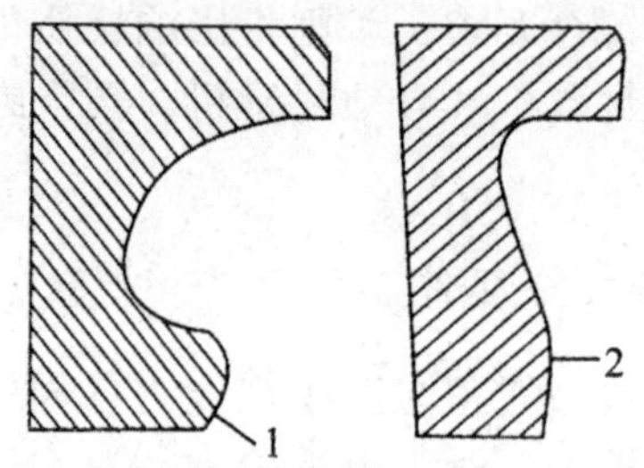

图 5－8　滚轮转压槽结构曲线示意图

1—头道滚轮　2—二道滚轮

头道滚轮的槽型曲线狭而深，其主要作用是使罐盖的盖钩逐步向下弯曲到罐身翻边，进而连同罐身翻边一起进行卷曲，使之相互钩合，使二重卷边基本定型。二道滚轮的作用是把头道滚轮已经卷合好的二重卷边压扁、压紧。

2. 二重卷边的形成过程

二重卷边的形成过程就是滚轮沟槽与罐盖接触造成卷曲推压的过程。当罐身和罐盖同时进入封罐机内封口作业位置后，在压头和托盘的配合作用下，共同将罐身及罐盖夹住，罐盖被固定在罐身筒的翻边上，封口压头套入罐盖的肩胛底内径，然后先是一对头道滚轮作径向推进，逐渐将盖钩滚压至身钩下面，同时盖钩和身钩逐步弯曲，两者逐步相互钩合，形成双重的钩边，使二重卷边基本定型。头道滚轮离去并缩进后不再接触罐盖，紧接着由一对二道滚轮进行第二次卷边作业。二道滚轮的沟槽部分进入并与罐盖的边缘接触，随着二道滚轮的推压作用，盖钩和身钩进一步弯曲、钩合，最后紧密钩合，完全定型，形成二重卷边。封罐各阶段的状态如图 5－9所示。

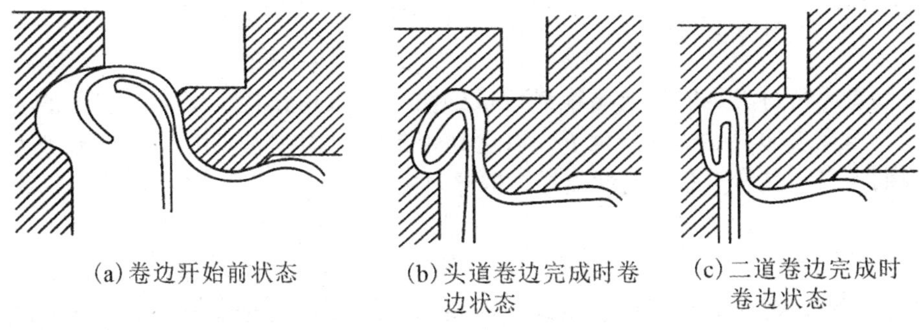

(a) 卷边开始前状态　(b) 头道卷边完成时卷边状态　(c) 二道卷边完成时卷边状态

图5-9 封罐各阶段的状态

3. 二重卷边的质量检查

(1) 卷边外观检测。卷边外观检测包括目检和计量检测两大项。卷边的外观要求卷边上部平服，下缘光滑，卷边的整个轮廓曲线卷曲适度，卷边宽度一致，无卷边不完全（滑封）、假封（假卷）、大塌边、锐边、快口、牙齿、铁舌、卷边碎裂、双线、挂灰、跳封等因压头或滚轮故障引起的其他缺陷，用肉眼可观察到。同时，需要对罐高、卷边厚度、卷边宽度、埋头度、垂唇度等进行检测。

(2) 卷边内部检测。

①卷边内部目检。用肉眼在投影仪的显像屏上或借助于放大镜观察卷边内部空隙情况，包括顶部空隙、上部空隙和下部空隙，观察罐身钩、盖钩的咬合状况及盖钩的皱纹情况。

②卷边内部计量检测。测定罐身钩、盖钩、叠接长度及叠接率。

(3) 耐压试验。用空罐耐压试验器检测空罐有无泄漏。装有内容物的罐头需先在罐头的任何部位开一小孔，除去内容物，将罐洗净，干燥，并将小孔焊上后再进行试验。卷边的耐压要求，一般中小型圆罐采用表压为98kPa的加压试验，或真空度为68kPa的减压试验，要求2min内不漏气。直径为153mm的大圆罐加压试验压强为表压70kPa。大圆罐的加压试验所用压力不宜过高，因内压较高时埋头部分容易挠曲产生凸角。

(二) 玻璃罐的密封

玻璃罐的罐口边缘与罐盖的形式有多种，因而其封口方法也有多种。目前采用的密封方法有卷边密封法、旋转式密封法及揿压式密封法等。无论哪一种密封方法都要具有可靠的密封性能，且要求封口结构简单，开启方便。

1. 卷边密封法

卷边密封法是依靠玻璃罐封口机的滚轮的滚压作用，将马口铁盖的边缘卷压在玻璃罐的罐颈凸缘下，以达到密封的目的。它多用于500mL玻璃罐的密封。其特点是密封性能好，但开启困难。

2. 旋转式密封法

旋转式密封法有三旋、四旋、六旋和全螺旋式密封法等，主要依靠罐盖的螺旋或盖爪扣紧在罐口凸出螺纹线上，罐盖与罐口间填有密封填圈。装罐后，用旋盖机把罐盖旋紧，罐头便得到良好的密封。该法的特点是开启容易，且可重复使用，广泛用于果酱、果冻、番茄酱等罐头的密封。

3. 揿压式密封法

揿压式密封法是依靠预先嵌在罐盖边缘上的密封胶圈，由揿压机压在罐口凸缘线的下缘而得到密封。其特点是开启方便。此外还有抓式密封法，是靠抓式封罐机将罐盖边缘压成“爪子”，紧贴在罐口凸缘的下缘而得到密封。

（三）软罐头的密封

软罐头的密封要求复合塑料薄膜边缘上的内层薄膜熔合在一起，达到密封的目的。软罐头的密封一般采用真空包装机进行热熔密封。依靠内层的聚丙烯材料在加热时熔合成一体而达到密封的目的。封口效果取决于蒸煮袋的材料性能，热熔合时的温度、时间及压力，封边处是否有附着物等因素。热熔封口方法常用电加热密封法和脉冲密封法。

1. 电加热密封法

电加热密封法采用金属制成的热封棒密封袋口，该热封棒表面用聚四氟乙烯布作保护层。通电后热封棒发热到一定温度，使袋内层薄膜熔融，然后加压黏合。为了提高密封强度，热熔密封后再冷压一次。

2. 脉冲密封法

脉冲密封法是通过高频电流使加热棒发热而达到密封目的。脉冲密封法的特点是即使接合面上有少量的水或油附着，热封后仍能密切接合，操作方便，适用性广，其接合强度大，密封强度也胜于其他密封法。这一密封法是目前用得最普遍的方法。

第四节　食品杀菌的新技术

过去食品的杀菌技术主要分为超高温瞬时杀菌、高温杀菌、低温杀菌和非热杀菌技术4种。随着科学技术的进步，传统的食品杀菌技术得到了全新的发展，同时也遇到了一些瓶颈，如热力杀菌法需要对物料进行加热，容易破坏食品的风味和形态；辐射法虽然快捷，但是容易对食品造成损伤，并且残留也多；化学方法需加入化学物质，容易产生安全问题等。近年来，国内外研制开发了一系列可替代传统食品杀菌技术的杀菌新技术，如微波杀菌、欧姆杀菌、脉冲电场杀菌、磁场杀菌等。

一、微波杀菌

传统的热力杀菌是通过传导、对流等传热方法将热量传递给食品，使之温度升高，达到预定杀菌温度并保持一定的杀菌时间，从而达到杀菌目的。热量是由表层逐步往中心传递，由于食品的传热性能较差，食品的中心达到杀菌温度所需时间较长。另外，由于加热装置本身的热容量引起能量损失而能耗高，同时高温也会影响食品品质。微波是指频率在300M～300GHz的电磁波。目前国际上规定工业微波频率为915MHz和2450MHz，常用的微波频率为2450MHz，介于普通无线电波与红外辐射之间。微波技术是一种理想的杀菌途径，相对热力杀菌来说，微波杀菌具有加热时间短、升温速度快、杀菌均匀、食品营养成分和风味物质破坏及损失少等特点。与化学杀菌方法相比，微波杀菌无化学物质残留，使食品的安全性提高。因此，食品的微波杀菌保鲜技术已被食品厂家广泛采用。

（一）食品微波杀菌机理

在相同条件下，微波杀菌致死温度比传统加热杀菌低，它不仅具有因生物体吸收微波能量而转换的热效应，而且还存在一种非热效应。

1. 热效应

热效应是指生物体吸收电磁波的能量后，体温升高，从而发生各种生物功能变化。微波作用于食品，食品表面和中心同时吸收微波能，温度升高。食品中的微生物在微波场作用下，温度也升高，温度的快速升高，使其蛋白质结构发生变化，从而失去生物活性，使菌体死亡或因严重干扰而无法繁殖。

2. 非热效应

非热效应是在电磁波的作用下，生物体内不产生明显的升温，却可以产生强烈的生物响应，使生物体内发生各种生理、生化和功能的变化。微波的作用会使微生物在其生命化学过程中所产生的大量电子、离子和其他带电粒子的生物性排列组合状态和运动规律发生变化。同时，电场也会使细胞膜附近的电荷分布改变，导致膜功能障碍，使细胞的正常代谢功能受到干扰破坏，使微生物细胞的生长受到抑制，甚至停止生长或死亡。微波还能使微生物细胞赖以生存的水分活度降低，破坏微生物的生存环境。

（二）食品微波杀菌的应用

1. 果蔬制品的应用

在果蔬杀菌保鲜方面，多种果蔬制品已成功采用微波杀菌，如西红柿、金针菇、紫菜、酱菜、榨菜等都有报道。有研究者用热和微波两种方法处理新鲜竹笋，发现微波杀菌后抗氧化性增强、营养损失少、叶绿素损失少、绿色鲜艳。用微波处理盐渍芦笋，芦笋内温度分布均匀，同时相对于水浴加热至少能缩短一半以上的时间，并且相对于热处理芦笋来说品质明显提高。应用微波杀菌处理荔枝罐头对提高罐头的质量和档次效果显著。此外，用微波处理酸化后的蘑菇、苦菜等营养成分损失均较热处理少得多。

2. 粮油食品中的应用

微波杀菌技术在粮油制品中主要应用于面包、蛋糕、豆制品等。李启成等采用微波杀菌技术对成熟后的腐乳进行处理使酶失去活性，同时达到杀菌的功效。研究表明，腐乳通过50℃热处理120s后，再经微波处理70～90s时蛋白酶完全失活，而腐乳的风味却没变，并延长了保存时间。

3. 畜禽制品中的应用

目前高温杀菌还是食品杀菌的主要手段之一，其特点是保质期长，易储藏和运输，但对食品的风味和营养成分破坏较大。有研究者对比研究了高温高压与微波对软包装卤制猪尾的杀菌效果，结果表明微波杀菌不但没有破坏猪尾的风味及组织，并且优于高温高压的杀菌效果。还有研究者用微波杀菌技术对牛肉片中的微生物进行处理，并观察能否保持鲜牛肉所具备的特征，结果表明用微波杀菌并将温度控制在50℃左右能取得良好的实验结果。目前常用的乳品杀菌方式有低温长时间杀菌和高温短时间杀菌，但这两种方式都不能保证乳品的原风味，且不能达到完全杀菌的目的。若用微波对鲜乳品进行杀菌，鲜奶在80℃处理数秒钟后，杂菌和大肠杆菌完全达到国家卫生标准要求。且经微波处理后不仅营养成分保持不变，而且牛奶中的脂肪球直径变小，具有均质作用，增加了奶的香味，提高了产品的稳定性，有利于人体对营养成分的吸收。微波杀菌在其他食品中的应用研究也有很多报道。

二、欧姆杀菌

欧姆杀菌是利用连续流动的导电液体的电阻热效应来进行加热，以达到杀菌目的，是对酸性和低酸性的黏性食品及颗粒食品进行连续杀菌的一种新技术。欧姆杀菌技术由于具有物料升温快、加热均匀、无污染、易操作、热能利用率高、加工食品质量好等优点，近年来逐渐引起国内外学者的关注。

（一）欧姆技术的原理

欧姆加热就是利用物料本身的电阻特性直接把电能转化为热能的一种加热方式，它克服了传统加热方式（对流加热、热传导、热辐射等）中物料内部的传热速度取决于传热方向上的温度梯度等不足，实现了物料的均匀快速加热。❶ 当物料的两端施加电场时，物料中有电流通过，在电路中把物料作为一段导体，由于物料的电阻特性，利用它本身在导电时所产生的热量达到加热的目的（图5－10）。电阻加热受电压的控制，电压不会因为温度的增高而减小，相反，加热效率随温度升高而增加，因为温度升高，导电率增加，电流加大，加热效率必然提高。

电阻加热杀菌要求交流电的频率在50～60Hz，因为此时它的电化学性质稳定，交流电的转换率最高，并且操作安全，电阻加热的适用品种根据食品物料的导电率来决定。大多数能用泵输送的、含有溶解离子盐类且含水量在30%以上的食品都可用电阻加热来杀菌，且效果很好，而一些像脂肪、糖、油等非离子化的食品则不适于用该技术。❷

欧姆杀菌可将液状食品中的大肠杆菌、酵母菌、芽孢杆菌杀灭。对于一些难以杀死的微生物，可通过高压欧姆杀菌，即将欧姆加热装置置于一

---

❶欧姆杀菌的机理据初步探讨有两方面：一方面由于通电加热致使温度升高而灭菌，另一方面是因为在通电的两电极间的菌体细胞由于受到所加电场的作用导致菌体细胞膜的破坏而灭菌。

❷英国APV食品加工中心的试验表明，电阻加热已成功地用于各种包含大颗粒的食品和片状食品的杀菌，如马铃薯、胡萝卜、蘑菇、牛肉、鸡肉、苹果、菠萝、桃等。

定压力的惰性气体中，来提高杀菌效果。

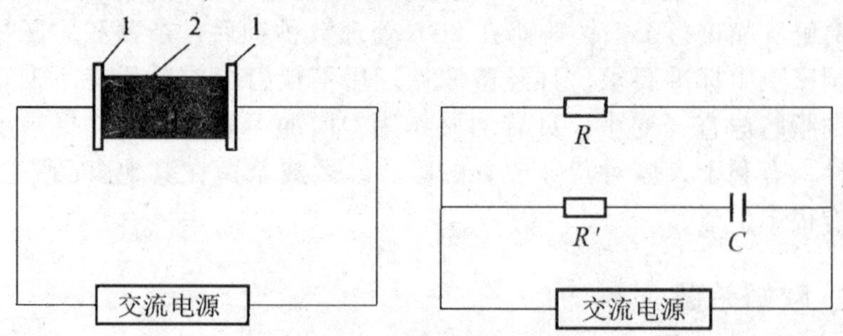

图 5－10　欧姆加热原理示意图

1—电极　2—物料　R—电阻　C—电容　R'—相当于介电损耗的电阻

（二）欧姆杀菌的特点

1. 加热速度快、容易控制

电阻加热与微波加热相比，更具有优越性。因为它是在连续流动的液体中加热，所以不需要高温热交换，各种营养成分损失很少，而且能量转化率也高于微波加热，达 90% 以上；还因为它是对物料进行整体加热，所以热渗透性也远远高于微波加热，是带颗粒食品实现瞬时无菌加工的首选工艺。

2. 能量利用率高

传统加热方式要通过加热介质对物料进行加热，所以在加热的过程中有大量热量损失，而通电加热方式通过自身的电导特性直接把电能转化为热能，能量利用率提高，节约能源。此外，通电加热可以对大体积和不规则物料进行均匀加热，而不损坏物料的品质。

（三）欧姆杀菌在食品工业中的应用

欧姆杀菌是一项新的食品加工技术，可用于食品中的杀菌、解冻和漂烫。根据欧姆技术的原理和特点，适合于带有一定黏度产品的加热和杀菌处理。目前，主要用于液体及固体混合物的杀菌，以及低酸性方便肉制品、鱼糜制品等的加工。

三、脉冲电场杀菌

崇尚新鲜安全而又高营养食品的潮流使得研究者们不断探寻新型的食

品非热灭菌技术，其中脉冲电场杀菌因其处理时间短、杀菌后温升小、副产物少、无污染、无辐射、耗能低等优点，最具有工业化前景。

脉冲电场杀菌技术是指将待灭菌液态物料采用泵送等方式流经设置有高强脉冲电场的处理器，微生物在极短时间内受强电场力的作用后，细胞结构破坏，菌体死亡。❶

(一) 脉冲电场杀菌的原理

微生物活细胞和外环境之间进行着活跃的物质交换，细胞膜的完整性对保证细胞生命活动的正常进行有着极其重要的作用。脉冲电场的杀菌作用与其对微生物细胞膜的影响密切相关。当微生物被置于脉冲电场中时，细胞膜会被破坏，从而导致细胞内容物外渗，引起细胞死亡。国内外曾经研究过的脉冲电场处理对象微生物有很多，如枯草芽孢杆菌、德氏乳杆菌、单核细胞增生李斯特菌、荧光假单胞菌、啤酒酵母、金黄色葡萄球菌、嗜热链球菌、都柏林沙门氏菌、埃希氏大肠杆菌、霉菌、酵母菌和孢子等。脉冲电场的抑菌效果一般不错，且对食品感官质量不造成影响，货架期一般都可以得到延长。脉冲电场的杀菌机理目前还不完全清楚，有两种模型的认可度较高。

1. 细胞膜的电穿孔

电穿孔现象是指细胞暴露在脉冲电场下出现细胞膜脂质双层和蛋白质出现暂时失稳并在细胞膜上形成小孔的现象。细胞暴露在电场中时，细胞质膜变得对小分子呈通透性，由于细胞内的渗透压高于细胞外，通透性的增加导致细胞吸水膨胀，并最终导致细胞膜的破损。

2. 细胞膜的电崩溃

微生物细胞膜由镶嵌蛋白质的磷脂双分子层构成，它有一定的电荷，具有一定的通透性，也有一定的强度。膜的内外表面间具有一定的电势差，当细胞膜上外加一个电场时，这个电场将使膜内外的电势差增大。由于细胞膜两表面堆积的正负电荷相互吸引，引起膜的挤压，当电场强度增大到一个临界值时，细胞膜的通透性剧增，膜上出现许多小孔，使膜的强度降低；进一步的作用使细胞膜产生不可修复的大穿孔，使细胞组织破裂、崩

---

❶脉冲电场杀菌技术是近年来研究较多的一种非热杀菌技术，起源于 1962 年德国 Doevenns - pack 的专利。此专利主要描述了脉冲电场的种类和脉冲电场加工方法。在 20 世纪 60 年代，Sale 和 Hamilton 发表了一系列研究论文，他们的研究成果为今天的研究提供了有价值的参考。

溃，导致微生物失活。

（二）影响脉冲电场杀菌的因素

影响脉冲电场杀菌的因素有很多，基本上可分为脉冲电场加工因素、产品因素和微生物特征因素。

1. 脉冲电场加工因素

（1）电场强度。电场强度是影响杀菌效果最重要的因素之一，当超过微生物的临界跨膜电压时，微生物死亡率随着场强的增加而升高。根据有关研究者对接种到豌豆汤中的大肠杆菌和枯草芽孢杆菌失活做的研究，当场强为 3.3×10^6V/m 时，处理 30 个脉冲后，豌豆汤中的大肠杆菌的数量减少了 6.5 个对数周期，枯草芽孢杆菌（营养细胞）减少了 5.3 个对数周期。

（2）处理时间。脉冲电场杀菌开始时，杀菌效果随着脉冲时间的延长而明显增强。但达到拐点值后，脉冲时间的增加对杀菌效果基本无影响，所以确定脉冲杀菌时间是提高生产效率和降低生产成本的有效措施。

（3）脉冲特性。电场脉冲波形可以是指数衰减波形、方波、摆动波和双极形波等。摆动波形脉冲对微生物的失活效果是最差的；方波脉冲比指数衰减波形具有更好的效果；双极形波比单极波形更具有杀伤力，因为脉冲电场可以使带电荷的分子在微生物的细胞膜内运动，电场极性或方向的翻转会使带电荷的分子运动方向产生相应的改变。在双极性脉冲的作用下，使带电荷的分子运动产生交替变化，会使细胞膜内产生压力，增强了它的电击穿。双极性脉冲也具有最小的能量利用率，减少在电极板表面固体的沉积和食物的电解。大多数实验表明了双极性方波具有更好的灭菌效果。

（4）处理温度。处理温度影响微生物的存活和恢复。在场强不变的情况下，温度升高失活率也增大。这可能是由于在较高的温度下增加了溶液电导率的缘故，也可能是改变了细胞膜流体性和渗透性，使细胞更容易产生机械破坏。

2. 产品因素

（1）导电性。介质的电导率是传导电流的能力，在脉冲电场中是一个很重要的变量。电导率大的食品会在处理室中产生很小的峰值电场，因此不适合运用脉冲电场进行处理。电导的增加将会导致液体离子浓度增加，食物的离子浓度增加使失活率降低。

（2）产品状态。对颗粒食物内部的微生物要得到好的灭菌效果，必须加大脉冲电场的强度，介质击穿的可能性才会增大。

3. 微生物特征因素

（1）微生物种类。在细菌中，带正电荷的细菌比带负电荷的细菌对脉冲电场更具抵抗力。但更透彻地理解微生物的种类对微生物失活率的影响，还需要继续研究。

（2）微生物浓度。食物中微生物的数量可能对在电场中微生物的失活有影响。

（3）微生物生长时期。通常处在生长初期阶段的细胞比成熟的细胞对电场更加敏感，生长初期的微生物细胞承受力很弱，它们的细胞膜更容易受到电场的影响而遭到破坏。

（三）脉冲电场杀菌在食品工业中的应用

脉冲电场目前被越来越多地用于营养物质的提取、果蔬汁的辅助榨取与脱水、酒类催陈和生物酶灭活等方面。脉冲电场是一种低能耗、高效率的食品加工技术，在杀菌、榨汁、保持风味和营养成分等方面，脉冲电场技术都表现出很好的效果。随着脉冲技术的发展和在食品处理中研究的深入，可以相信在不久的将来高压脉冲电场技术必将被大规模工业化应用。

四、磁场杀菌

磁场杀菌是指将包装好的食品置于磁场中，在一定的磁场强度作用下，使食品在常温下进行杀菌操作。

（一）磁场杀菌的原理

关于磁场影响微生物的机理，目前还未有统一的定论，但比较广泛认可的假说有以下几种。

1. 电磁振荡使微生物失活

电磁振荡假说基于外加电磁场的作用，即基于振荡磁场可能将能量耦合到大临界分子 DNA 的磁化活性部分的理论来解释微生物失活。不断地振荡和偶极的集聚，足够的局部活化可能引起 DNA 分子中键力与结构的改变，从而使微生物生长受到抑制。另外，有人认为在磁力线的作用下能引起微生物的高频振荡，造成蛋白质变性，从而导致微生物的死亡。

2. 改变细胞膜通透性

微生物的细胞膜具有半渗透性质，经过磁场处理可以增加细胞膜的通透性，致使细胞内的物质泄漏。同时，细胞外的液体迅速地渗透到细胞原生质中，严重时引起微生物细胞破裂，使微生物的生长繁殖受到抑制。

3. 电磁干扰

非热电磁生物效应是一种场致微观效应的宏观结果，因此提出了生物代谢动态过程中的电磁干扰假说。非热电磁生物效应的机理在于弱电磁场对离子、生物大分子和化学键等微观结构的概率作用是一种动态的干扰，这种干扰通过新陈代谢而得到放大造成宏观的生物学效应。

（二）磁场对微生物的影响

1. 静态磁场对微生物的影响

静态磁场影响微生物的机制主要是较长时间的磁处理能使磁场的能量耦合到微生物细胞的大分子上而引起结构改变，细胞膜的通透性增强，从而导致细胞物质泄漏，妨碍微生物的生长繁殖。

2. 动态磁场对微生物的影响

动态磁场影响微生物的机制与外加脉冲磁场的作用相似，尤其是强磁场的瞬时作用造成的振荡，导致细胞结构破坏，并造成微生物细胞膜通透性的改变使部分 DNA 外溢，从而使微生物的生长代谢受到影响，严重时导致细胞“穿孔”，造成微生物的死亡。

动态磁场对霉菌、酵母菌影响显著，磁场处理后霉菌、酵母菌存活率下降，菌落形成时间延长，孢子内的核酸物质泄漏。

（三）磁场杀菌在食品工业中的应用

利用电磁场的生物学效应来进行杀菌保鲜是未来食品消毒的发展方向。它有以下优点：第一，由于它主要利用非热力灭菌，食品的组织结构、营养成分、颜色均不遭破坏，因而具有保鲜功能；第二，由于瞬变电磁场对食品具有较强穿透能力，能深入食品内部，且只要设计得当，可使食品均匀受到照射，因此灭菌无死角，杀菌彻底；第三，电场的产生和中止迅速，便于用电脑控制；第四，消毒效率高、功耗较低、节约能量；第五，只要控制电磁场的泄漏，它不会引起任何污染，是一种既安全又卫生的杀菌方式。

食品冷杀菌技术研究已经进行了多年，超高压杀菌、高压电场杀菌、脉冲杀菌等都取得了一定的进展。作为重要的手段之一，磁场杀菌的可能性已经得到证明。若采用组合杀菌工艺，如采用磁场与电场组合处理、磁场处理与低强度热处理结合、磁场处理结合添加抑菌剂等，则有可能取得协同效应，效果更佳。

五、超高压杀菌

超高压加工技术（ultra high pressure processing，UHPP），可简称为高压加工技术（high pressure processing，HPP），或者静水压技术（high hydrostatic pressure，HHP）。食品超高压技术就是将食品原料包装后密封于超高压容器中（通常以水或者其他流体介质作为压力传递的介质），在高静水压（一般不小于100MPa，常用的压力范围是100～1000MPa）和一定的温度（通常为常温或较低温度）下加工适当的时间，使食品中的酶、蛋白质和淀粉等生物大分子改变活性或糊化，同时杀灭细菌等微生物，以达到杀菌、钝酶和改善食品功能性质的一种新型食品加工技术。

（一）超高压杀菌的原理

超高压加工技术运用的原理主要是勒·夏特列（Le Chatelier）原理和帕斯卡原理。勒·夏特列原理是指反应平衡将朝着减小系统外加作用力影响的方向移动。这意味着超高压处理将促使反应朝着体积减小的方向移动，包括化学反应平衡以及分子构象的可能变化。帕斯卡原理是指加在密闭液体上的压强，能够大小不变地由液体向各个方向迅速传递。根据帕斯卡原理，在食品超高压加工过程中，液体压力可以瞬间均匀地传递到整个样品。帕斯卡原理的应用与样品的尺寸和体积无关，这也表明在超高压加工过程中，整个食品样品将受到均一的处理，压力传递速度快，不存在压力梯度，这不仅使得超高压处理过程较为简单，而且能耗也较少。

超高压能使分子之间距离缩小，食品中的蛋白质、脂肪和酶等就会因此而发生“变性”。蛋白质等在超高压力下，生物大分子链被拉长，水分子等小分子产生渗透和填充的效果，这样就改变了蛋白质的全部或部分立体结构，使蛋白质发生了变性。超高压同样能导致酶全部或部分立体结构被破坏，这样便使酶失去活性。

（二）超高压杀菌在食品工业中的应用

随着人民生活水平的提高，消费者对食品的重视程度越来越高。贴有

"回归自然""未添加防腐剂"和"健康"等标签的食品备受消费者的青睐。超高压技术能运用在多种食品中，不仅能保持原有食品的风味、营养物质，而且物理性质会发生一系列明显变化，这使食品材料的新应用成为可能。

相比日本和欧美国家超高压的发展程度，我国超高压技术的研究、设计和运用还在起步阶段。在超高压加工食品中，对食品的包装，特别是对于固体食品，包装材料在超高压环境中发生破坏以及由于加压介质的渗入等原因而使食品受到污染等问题，需要进一步研究。若能解决超高压加工设备国产化、标准化和包装材料质量等问题，我国的超高压技术将进入快速发展的模式。

第五节　典型罐头加工工艺

一、肉禽类罐头

家禽、家畜含有大量的全价蛋白质、脂肪、浸出物、矿物质及维生素等营养素，是人们日常生活必不可少的主要食品，也是罐头食品的主要原料之一。牛肉、羊肉、猪肉和家禽肉以及屠宰副产品等都可以用于制造肉类罐头。肉类罐头按加工及调味方法可分为清蒸类、调味类、腌制烟熏类、香肠类等类型的罐头。

（一）清蒸类肉罐头

清蒸类罐头，即原料经过初加工，不经烹调而直接装罐制成的罐头。这类产品制作时，将处理后的原料直接装罐，再加入食盐、胡椒、洋葱、月桂叶、猪皮胶或碎猪皮等配料，经排气、密封、杀菌后制成，成品最大限度地保持了原料的特有风味，具有色泽正常、肉块完整的特点。例如，清蒸猪肉、原汁猪肉、白烧鸡和去骨鸡等罐头。

以清蒸去骨鸡肉罐头生产工艺为例。

1. 工艺流程（图5－11）

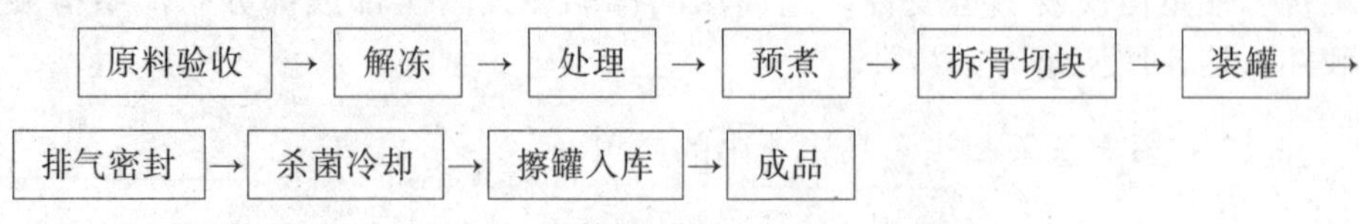

图5－11　清蒸类肉罐头生产工艺流程

2. 工艺要点

(1) 原料。用于罐藏的鸡肉应是表层呈淡黄色的新鲜鸡或冷冻鸡，表皮不正常或出现青皮、黄骨或严重烫伤者不得使用。投料时公鸡与母鸡占1:2或4:6比例。

(2) 处理。在25℃以下解冻，经解冻后的鸡，逐只拔净所有的毛，包括血管毛。如遇隐毛密集时可局部去皮，但面积不允许超过$2cm^2$。绒毛可用火焰烧除，烧时注意不要烧焦表皮。用刀割去头部、颈、尾尖，沿膝关节切下鸡爪。剖腹取除内脏、血管、气管、食管等，用清水洗净并逐只检查。

(3) 预煮。按公鸡与母鸡，老鸡与嫩鸡分开，分别进行预煮。预煮时间加水量以淹没鸡只为度，并加入适量洋葱。预煮时间：嫩鸡一般不超过30min，老鸡一般不超过60min，以达到易去骨为准。若采用生拆骨工艺，先将处理后的生鸡拆除骨头，并切成4～6cm或6～8cm的小块。在进行预煮时，预煮时间分别为公鸡6～8min、母鸡8～9min、碎鸡肉2～3min，沸水下料。每锅预煮汤汁浓度达到2%～4%（折光计）时，将汤汁取出过滤，以备装罐用。

(4) 拆骨切块。预煮后的鸡趁热拆骨，拆骨时应注意保持肉块的完整并不破皮，去骨净。去骨后的鸡块切成4～6cm（采用747号罐型装）或6～8cm（采用962号罐型装）的小块，块形力求整齐，皮肉连接在一起，并再次检查碎骨、黑皮、血管等杂质。

(5) 装罐。采用抗硫涂料罐，在罐内定量装入精盐、胡椒粉以及称重时已搭配在盘内的鸡块。装罐时鸡皮向底盖，添称的小块等夹在中间。

装罐时可根据鸡的肥瘦情况适当添加一些鸡油，但不宜过多，也不可使用贮存过久的鸡油，否则会由于鸡油的氧化，产生油哈味。

(6) 排气密封。真空密封排气，真空度控制在53.3kPa；加热排气，罐中心温度55℃以上（净重142g），净重383g的中心温度不低于65℃。

(7) 杀菌冷却。净重142g装热排气，杀菌公式为：$\frac{10min - 60min - 10min}{188℃}$；383g装热排气，杀菌公式为：$\frac{10min - 60min - 10min}{121℃}$；真空密封排气，升温杀菌延长5min。杀菌后立即冷却到40℃左右。

3. 常见质量问题

(1) 熔化油。熔化油是在杀菌过程中从肉中分离出来的脂肪，在罐头中所占的比例一般应为10%～25%。生产中应控制熔化油的含量，肉类罐头装罐时应合理搭配使用各部分肉，禽类罐头可根据原料肥瘦程度添加适量的禽油。

（2）平盖酸败。清蒸肉类罐头容易发生平盖酸败现象，平酸菌的生长繁殖会造成罐内肉质的红变及内容物的酸败，应加强原辅材料的卫生管理，严格遵守操作工艺要求，并采用合理杀菌工艺条件。

（3）罐内血蛋白的凝聚。血蛋白的凝聚会严重影响产品外观，根据产生血蛋白的原因，生产中应注意原料必须经过冷却排酸，不得使用未排酸的肉，冻肉应新鲜良好，冷藏期不超过半年，严格执行各操作工序。

（4）禽类罐头的凸角、爆节及瘪罐现象。这是带骨禽类罐头易出现的问题，由于排气不充分，造成罐内气体含量过高，容器底盖易发生不可逆变形，若空气含量过高，冷却操作不良，罐身接缝处将会产生爆节现象，而凸角现象是由于禽骨抵顶容器而造成的。所以，为了防止这类事故的发生，带骨禽类罐头应采取加热排气的方法，这样，可以尽可能地排除骨内气体，装罐时应防止禽骨接触容器，杀菌时采用反压冷却。

（5）容器的硫化腐蚀。肉禽类罐头易出现硫化腐蚀的问题，造成容器内壁的蓝紫色斑纹，黑色的硫化铁则会污染食品。所以，为防止硫化腐蚀，容器应采用抗硫涂料罐，装罐时应尽量使肥膘部分接触罐壁，防止禽骨损伤容器内壁。

（二）腌制、烟熏类肉罐头

腌制可赋予制品鲜艳的红色和较高的持水性，使制品组织紧密，富有弹性。腌制可抑制微生物的生长繁殖，使肉类达到防腐保藏的目的。腌制类罐头是将处理后的原料，经食盐、亚硝酸钠、砂糖等按一定配比组成的混合料腌制后，再加工制成的罐头，如午餐肉、咸牛肉、咸羊肉和猪肉火腿等罐头。烟熏类罐头是将处理后的原料经腌制、烟熏后制成的罐头，如火腿肉、烟熏肋条肉等罐头。

以午餐肉罐头生产为例介绍腌制类肉罐头。

1. 工艺流程（图 5-12）

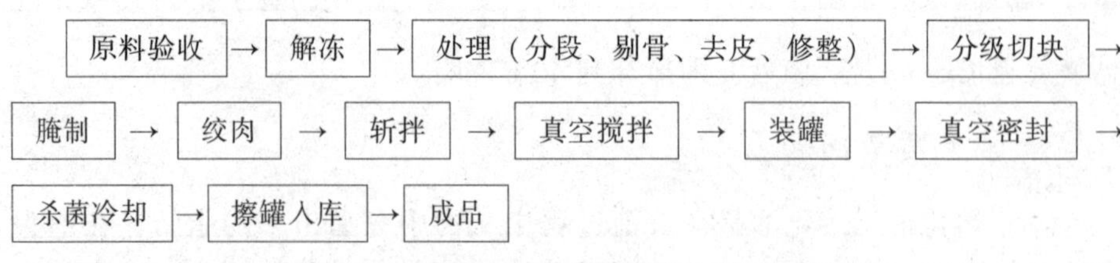

图 5-12　腌制、烟熏类肉罐头生产工艺流程

2. 工艺要点

（1）原料及辅料。午餐肉生产用原料应采用健康良好，宰前宰后经兽医检查合格，经冷却成熟的1～2级肉或冻藏不超过6个月的肉。不得使用冷冻两次或冷冻贮存不善、质量不好的肉。午餐肉生产中的辅料主要有淀粉、盐、大豆蛋白、香辛料、糖、亚硝酸钠等。淀粉应洁白细腻、无杂质，含水量不超过20%，pH值在6.0～8.0之间。盐应采用洁白干燥，含氯化钠98.5%以上的精盐。香辛料使用干燥无粗粒的粉末，无夹杂物，有浓郁香味，无霉变虫蛀。亚硝酸钠为干燥、白色结晶状细粒，纯度在90%以上。砂糖应洁白干燥，纯度在99%以上。猪肉采用健康猪的板油或肥膘熬成，洁白无杂质，酸价不超过2.5，水分不超过0.3%。为改善制品质量，可添加三聚磷酸盐或焦磷酸盐等。

（2）解冻。冻猪肉应先进行解冻，解冻完毕的肉温以肋条肉不超过7℃，腿肉不超过4℃为宜。

（3）预处理。解冻后的肉要及时进行预处理。先去除肉表面的污物、修净残毛，在分段机上将肉片分成前腿、中腿和后腿3部分，再剔骨去皮，然后进行整理，修净碎骨、软骨、淋巴结、血管、筋膜、瘀血肉等；再次检查表面污物、猪毛、杂质等。将前、后腿刮去肥膘作为净瘦肉，严格控制肥膘在10%以下。肋条部分取出奶膘，背部肥膘留0.5～1cm，多余的肥膘去除，作为肥瘦肉。肥瘦肉中含肥肉量不得超过60%，过肥易造成脂肪析出。净瘦肉与肥瘦肉的比例为5∶3。处理好的肉逐块检查，直至无骨无毛、无杂质等方可将肉块送往切条机（或手工切）切成3～5cm条块送去腌制。在整个加工处理过程中原料不得积压，操作要迅速，肉温应保持在15℃以下，生产车间的温度不宜过高，应控制在25℃以下。

（4）腌制。处理好的肉立即拌上混合盐腌制。混合盐配比为精盐98%，砂糖1.5%，亚硝酸钠0.5%。净瘦肉和肥瘦肉分开腌制，每100kg肉添加混合盐2.25kg，用搅拌机或人工拌匀后定量装入不锈钢桶中，在0～4℃冷藏库中腌制48～72h。腌制好的肉色泽应是鲜艳的亮红色，气味正常，肉块捏在手中有滑黏而坚实的感觉。要注意标注腌制时间，先腌先用。注意腌制桶、腌制库地面等的清洁卫生，腌制桶及时刷洗，运输推车要保持干净。

（5）斩拌。腌制后的肉进行绞碎和斩拌。将肥瘦肉在7～12mm孔径绞板的绞肉机上绞碎得到粗绞肉；将瘦肉在斩拌机上斩成肉糜状，同时加入其他调味料。瘦肉斩拌的操作过程为：先开动斩拌机，将净瘦肉均匀地放入斩拌机的圆盘中，然后放入冰屑、淀粉、香辛料，斩拌3～5min，斩拌后的肉糜要有弹性，涂抹时无肉粒。

（6）真空搅拌。将斩拌后的肉糜倒入真空搅拌机，再加入粗绞肥瘦肉在真空度为67.7～80kPa的条件下搅拌2～4min，使粗绞肉和细斩肉糜充分拌和均匀，同时抽除半成品肉糜中的空气，防止成品产生气泡和氧化作用，防止产生物理性胀罐。

（7）装罐。真空搅拌后肉糜取出后立即送往装罐机进行装罐。装午餐肉的空罐最好使用脱模涂料罐。若采用抗硫涂料罐，在空罐清洗、消毒后沥干水，然后用猪油在罐内壁涂抹，使罐内壁形成一层油膜，以防止粘罐现象的产生。装罐时肉糜温度不超过13℃。要注意装罐紧密，称量准确，重量复合标准。装罐称重后表面抹平，中心略凹。非脱模涂料罐再涂一薄层猪油，随即送往封口。

（8）密封及杀菌冷却。午餐肉罐头采用真空密封，真空度为60～67kPa。密封后的罐头逐个检查封口质量，合格者经温水清洗后再装篮杀菌。杀菌温度为121℃，杀菌时间按罐型的不同而不同。

反压冷却时前3种罐型采用0.15MPa的反压力，1588g装采用0.11MPa的反压力。冷却后的罐头及时擦罐，入库保温。

（三）调味类肉罐头

调味类肉罐头是将经过整理、预煮或烹调好的肉块装罐后，加入调味液杀菌后制成的罐头，是肉类罐头中品种和数量都最多的一类。这类产品按调制方法不同又可分为红烧、五香、浓汁、油炸、豉汁、茄汁、咖喱等种类，如红烧猪肉、五香酱鸭、五香风味鱼、茄汁鱼等罐头。

以红烧扣肉罐头为例说明调味类罐头的加工。

1. 工艺流程（图5－13）

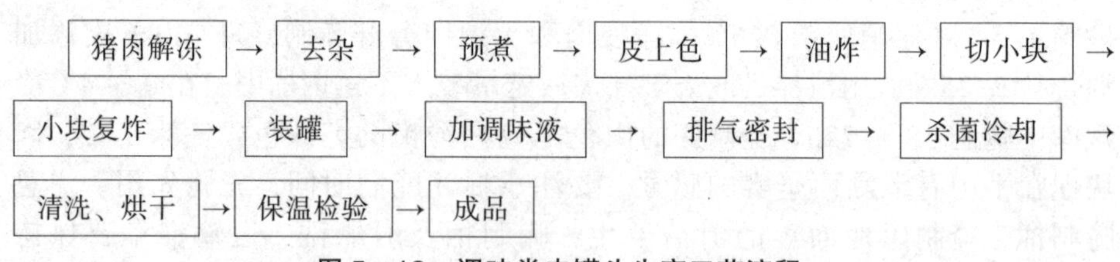

图5－13 调味类肉罐头生产工艺流程

2. 工艺要点

（1）原料预处理。剔骨后的肋条肉割去奶脯，靠近脊背部肥膘厚度控制在2～3cm，靠近腰部的五花肉总厚度要在2.5cm以上，防止过肥影响质量或过薄影响块形。将肉块表皮污物刮净，剔除肋条肉上残留的碎骨、碎肉、淋巴、瘀血，拔净猪毛，清洗干净。

（2）预煮。将整理后的猪肉放在沸水中预煮。预煮时每100kg肉加葱、生姜各200g（葱、姜用布袋包好）。预煮时间为30min左右，加水量与肉量之比为2∶1，煮至肉皮发软，有黏性时取出。肉皮不易煮软的，可移入80℃的肉汤中保温至皮软后取出，然后进行油炸，以减少油脂析出。预煮得率约90%，预煮是形成红烧扣肉表皮皱纹的重要工序，必须严格控制。

（3）皮上色。将肉皮表面水揩干，然后涂一层着色液，晾干后，再抹一次，以使着色均匀。上色液配比：黄酒6kg、饴糖4kg、酱油1kg。上色时注意不要涂到瘦肉的切面上，以免炸焦。

（4）油炸。当油温加热至200～220℃时，将涂色肉块投入油锅中油炸45～60s。炸至肉皮呈均匀的酱红色、发脆，瘦肉呈黄色即可出锅。出锅后立即投入冷水中冷却。

（5）切块、复炸。962罐型397g装，扣肉切成长8～10cm，宽1.2～1.5cm的肉块；854罐型227g装，扣肉切成长6～8cm，宽1.2～1.5cm的肉块。切块时要求厚薄均匀、块形整齐、皮肉不分离，并修去焦煳边缘。边角碎料修成长2～4cm，宽1cm的小块肉作添称用。切块得率为96%。切好的肉块投入200～220℃的油锅中炸30s左右。复炸时要小心翻动。炸好再浸一下冷水（约1min），以免肉块黏结。冲去焦屑，沥干水分，送去装罐。

（6）加调味料。装罐前配制好调味液，调味液中骨汤要先准备好。

熬骨头汤：每锅水300kg，放肉骨头150kg、猪皮30kg进行焖火熬煮。时间不少于4h，取出过滤后备用。骨头汤要求澄清不混浊。

调味液：3%肉汤100kg、酱油20.6kg、生姜（切碎）0.45kg、黄酒4.5kg、葱（切碎）0.4kg、精盐2.1kg、砂糖6kg、味精0.15kg。配料投入夹层锅中（香辛料用纱布包好）加热煮沸5min，黄酒和味精在出锅前加入搅匀后过滤备用。

（7）装罐。装罐时肉块大小、色泽大致均匀，肉块皮面向上，排列整齐，添称肉可放在底部。例如，罐号962罐头要求净重397g，其中肉重280～285g（每罐装肉块7～9块），汤汁112～117g。854罐型每罐装肉块6～8块，每罐可添加带皮或不带皮小块肉1～2块，添称肉可衬在底部。

（8）排气及密封。加热排气，罐头中心温度应达到65℃以上；真空密封，真空度为47～53kPa。

（9）杀菌及冷却。净重397g罐杀菌公式为：$\frac{10\text{min}-65\text{min}}{121℃}$，反压冷却，

反压力0.12MPa。杀菌后立即冷却到40℃以下。

二、水果类罐头

水果类罐头是指以果实（包括水果和干果）为原料，经过预处理后装入罐藏容器或软包装，经排气、密封、杀菌、冷却等工艺加工而成的可以长期贮存的罐头制品。水果类罐头可分为：

（1）糖水类水果罐头。把经预处理好的水果原料装罐，加入不同浓度的糖水而制成的罐头产品称为糖水罐头，如糖水橘子、糖水菠萝、糖水荔枝等罐头。

（2）糖浆类水果罐头。处理好的原料经糖浆熬煮至可溶性固形物达60%～65%后装罐，加入高浓度糖浆而制成的罐头产品称为糖浆类水果罐头。此类罐头又称为液态蜜饯罐头，如糖浆金橘等罐头。

（3）果酱类水果罐头。按配料及产品要求的不同可分为果冻和果酱。

果冻：处理过的水果加水或不加水煮沸，经压榨、取汁、过滤、澄清后加入砂糖、柠檬酸（或苹果酸）、果胶等配料，浓缩至可溶性固形物达65%～70%后装罐而制成的罐头产品称为果冻。

果酱：果酱分为块状和泥状两种产品，其为去皮（或不去皮）、核（心）的水果软化，磨碎或切块（草莓不切）、加入砂糖（含酸或果胶量低的水果需加适量酸和果胶）熬制成可溶性固形物达65%～70%，再装罐而制成的罐头产品，如草莓酱、桃子酱等罐头。

（4）果汁类罐头。果汁类罐头是将符合要求的果实经破碎、榨汁、筛滤等处理后装入罐头容器中的罐头产品。

（一）糖水桃罐头

1. 工艺流程（图5－14）

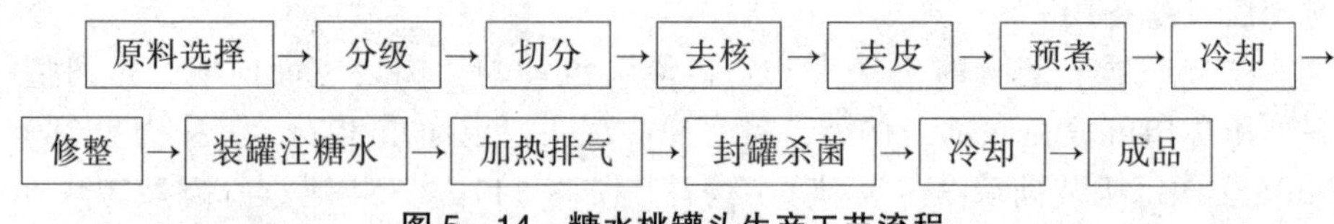

图5－14 糖水桃罐头生产工艺流程

2. 工艺要点

（1）原料选择与分级选择。新鲜、无成熟过度又无过生的桃子，剔除有外伤、腐烂和表面青白色的果实。然后进行分级，果实横径要求在50mm

以上。

（2）切分去皮核。洗净泥沙和桃毛，用切半机沿着缝合线切分，然后用圆形挖核圈挖桃核（去核后的桃块应立即放入稀盐水中护色），最后将桃瓣反扣，淋碱去皮。氢氧化钠溶液浓度为13%～16%，温度为80～85℃，时间为50～80s。淋碱后迅速搓去果皮，再以流水冲洗，除去果表面残留的碱液。

（3）预煮与冷却。将桃块放在95～100℃的热水中煮4～8min，煮透为度。预煮前先在水中加入0.1%柠檬酸，待水煮沸后再倒入桃块。煮后迅速冷却，以冷透为止。

（4）修整。对经水煮、冷却的桃块进行修整，去除表面斑点及部分残桃皮，使切口无边毛，桃凹光滑。果块呈半圆形。

（5）装罐、注糖水。修整好的桃用折光计测定可溶性固形物，并调制糖水。装罐时要注意桃块核窝朝下。称量要准确，装罐后将罐倒放片刻，沥去果片带入的水分，保证糖水浓度。桃块装330g，注入28%的糖水180mL，以接近装满为止。

（6）加热排气。在排气箱中放置12min，使罐中心温度达75%即可。

（7）封罐、杀菌。趁热封罐，封罐后在热水中煮10～20min杀菌。

（8）冷却。玻璃罐用60℃和40℃温水逐级冷却，擦干后在30～32℃库中放3～5d后检查。

（二）草莓酱罐头

1. 工艺流程（图5－15）

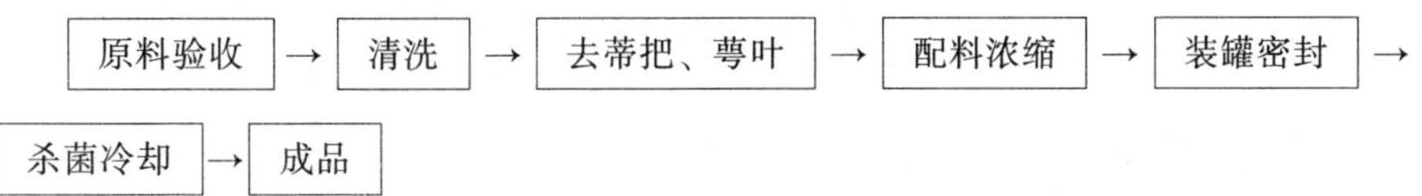

图5－15　草莓酱罐头生产工艺流程

2. 工艺要点

（1）原料验收。应选用新鲜良好、八至九成熟、风味正常、果面呈红色或浅红色的鸡心或鸭嘴草莓。

（2）原料处理。在流动水中浸泡3～5min后，分装于孔筐中在流动水或在通入压缩空气的水槽中淘洗，去净泥沙等杂质。逐个去除蒂把、萼叶及不合格果。

（3）配料。浓缩配比：草莓 300kg、75%糖液 412kg、柠檬酸 700g、山梨酸 240g。真空浓缩：糖液与草莓抽入锅内在真空度 46.6 ~ 53.3kPa 下加热 5 ~ 10min，提高真空度到 80kPa 以上，加热浓缩至酱体可溶性固形物含量达 60% ~ 63%时，依次加入山梨酸溶液和柠檬酸溶液，继续浓缩至可溶性固形物含量达 63%以上。关闭真空泵，破除真空，蒸汽压提高 0.245MPa 时进行加热。酱体达到 98 ~ 102℃后边搅拌边出锅。

（4）装罐、密封。采用净重 454g 的玻璃瓶装草莓酱 454g，趁热灌装、密封，酱体温度不低于 85℃。

（5）杀菌冷却。杀菌公式为：$\frac{5\text{min}-20\text{min}}{100℃}$，分段冷却。

（三）水果罐头的变色问题

水果原料和制品的变色是一个常见的质量问题，引起变色的原因和防治变色的措施可归纳如下。

（1）变色原因。①物料自身化学成分引起变色，如果品中单宁物质引起的变色、果品中色素物质引起的变色、果品中含氮物质与糖类发生美拉德反应引起的变色。②外加抗坏血酸由于使用不当发生氧化反应引起罐头食品的非酶褐变。③加工操作不当，如碱液停留时间过长、果肉过度受热等也会引起变色。④成品贮藏温度过高、受热时间过长引起变色。

（2）防治变色的措施。针对变色的原因可采取以下措施防止或减轻变色现象：①在原料选择上应注意控制原料的品种和成熟度，选用花色素及单宁等变色成分含量少的原料。②在整个加工及成品贮藏过程中严格遵守工艺操作规程，尽量缩短加工流程，并尽量控制罐头的仓库贮藏温度。③合理地使用食品添加剂或酶类来防止或减轻变色现象。

三、蔬菜罐头

（一）青豆罐头

1. 工艺流程（图 5-16）

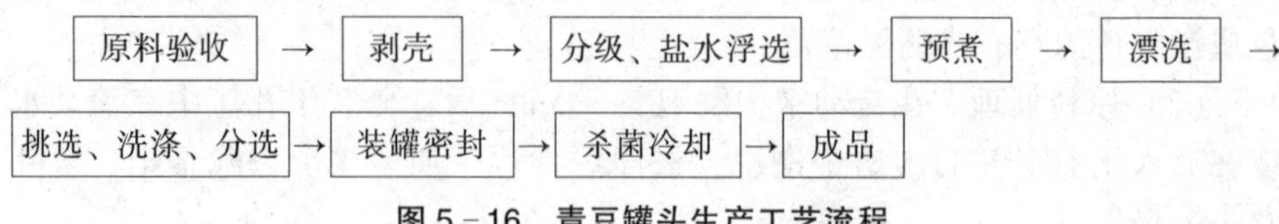

图 5-16　青豆罐头生产工艺流程

2. 工艺要点

（1）剥壳。用剥壳机剥壳。

（2）分级机。按豆粒直径大小在分级机中分为4种，见表5-1。

表5-1　青豆分级规格

号数	1	2	3	4
豆粒直径（mm）	7	8	9	10

（3）盐水浮选。早期1号豆用2～3℃盐水浮选，生产后期3～4号豆用15℃盐水浮选，上浮豆粒供生产用，下沉豆粒作为其他为产品配料用。

（4）预煮。用预煮机或夹层锅预煮，各号豆分开预煮，温度100℃，时间3～5min，煮后及时冷透。

（5）漂洗。漂洗时间按豆粒老嫩而异，初期豆漂洗30min，中后期豆漂洗60～90min。

（6）挑选。选除黄色豆、红花豆、斑点、虫蛀、破裂等不合格豆，并剔除杂质。

（7）洗涤。清水淘洗1次。

（8）分选。不同大小粒和不同号数的豆分开装罐；豆粒色泽青绿或绿黄分开装罐，同罐中色泽均匀。选除过老豆，要求豆粒完好无破裂软烂，无夹杂物。

（9）汤水配比。2.3%沸盐水，注入罐内时温度不低于80℃。

装罐量见表5-2。

表5-2　青豆装罐量

罐号	净重（g）	青豆（g）	汤汁（g）
6101	284	145～160	124～139
7103	397	210～235	162～187
7114	425	235～255	170～190
9116或9121	822	450～470	352～372

注：以上各罐号装罐量按品种老嫩调整。

（10）排气密封。中心温度不低于65℃，抽气密封0.04MPa。

（11）杀菌冷却。净重为284g、397g、425g装的罐头杀菌公式为：$\frac{10\text{min}-35\text{min}-10\text{min}}{118℃}$，冷却。净重为822g装的罐头杀菌公式为：

$\frac{10\text{min}-45\text{min}}{118℃}$。

（二）蘑菇罐头

1. 工艺流程（图 5－17）

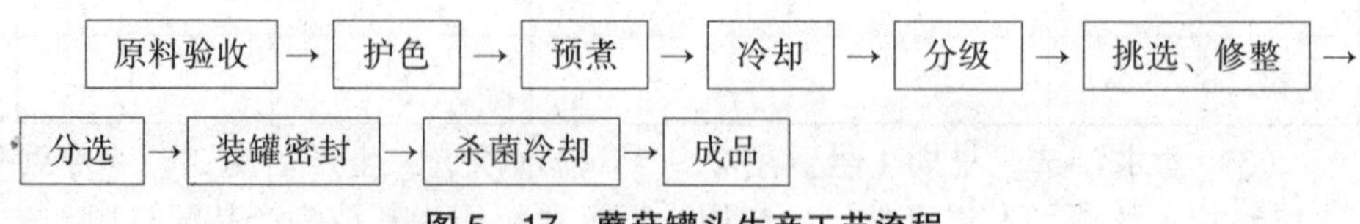

图 5－17　蘑菇罐头生产工艺流程

2. 工艺要点

（1）护色。蘑菇采收后，切除带泥根柄，立即浸于清水或 0.6% 的盐水中。若需长途运输，产地用 0.03% 焦亚硫酸钠液（护色液）洗一次，再以 0.03% 护色液浸 2 ～ 3min，捞出以清水浸没运输进厂；或直接以 0.005% 护色液浸没运回厂；也可在产地用护色液浸泡 4 ～ 5min 后，捞起装入塑料袋装箱湿菇运进厂。预煮前必须适当漂洗脱硫。

（2）预煮和冷却。预煮机连续预煮，以 0.07% ～ 0.1% 柠檬酸液沸煮 5 ～ 8min（煮透为准），或用夹层锅以 0.1% 柠檬酸液沸煮 6 ～ 10min，蘑菇与液之比为 1∶1.5，急速冷却透。

（3）大小分级。用分级机按蘑菇直径大小分为 18 ～ 20mm、20 ～ 22mm、22 ～ 24mm、24 ～ 27mm、27mm 以上及 18mm 以下六级。

（4）挑选和修整。分整菇及片装两种。泥根、菇柄过长或起毛、病虫害、斑点菇等应进行修整。修整后不见菌褶的可作整菇或片菇。凡开伞（色不发黑）脱柄、脱盖、盖不完整及有少量斑点者作碎菇用。生产片菇宜用直径 19 ～ 45mm 的大号菇，用定向切片机，纵切成 3.5 ～ 5.0mm 厚的片状。装罐前淘洗一次。

（5）分选。整只装要求菌盖形态完整，修削良好，色淡黄，具弹性。不同级别分开装罐，同罐中色泽、大小、菇柄长短大致均匀。片装时要求同一罐内片的厚薄较均匀，片厚 3.5 ～ 5mm。

（6）汤水配比。2.3% ～ 2.5% 的沸盐水加入 0.05% 柠檬酸，过滤备用。盐液温度 80℃ 以上（2840g 罐型盐水浓度 3.5% ～ 3.7%，柠檬酸 0.13% ～ 0.15%），装罐量见表 5－3。

表 5－3　蘑菇装罐量

罐号	净重（g）	蘑菇（g）	汤汁（g）
761	198	120 ～ 130	68 ～ 78
6101	284	155 ～ 175	109 ～ 129
7116 或 7114	425	235 ～ 250	165 ～ 180
668	184	112 ～ 115	69 ～ 72
9124	850	475 ～ 495	355 ～ 375
15178	3000	2050 ～ 2150（碎菇装）	加满
15173	2840	1850 ～ 1930（整菇装）	加满

（7）排气密封。中心温度 70 ～ 80℃。抽气密封 0. 047 ～ 0. 053MPa。

（8）杀菌冷却。净重 198g、284g、425g、184g 装的罐头杀菌公式为：$\frac{10\text{min}-(17\sim20)\text{ min}}{121℃}$，反压冷却；装的罐头净重 850g 杀菌公式式：$\frac{15\text{min}-(27\sim30)\text{ min}}{121℃}$，反压冷却；装的罐头净重 3000g、2840g、2977g 杀菌公式为：$\frac{15\text{min}-(30\sim40)\text{ min}}{121℃}$，反压冷却。

第六章　发酵食品加工工艺研究

发酵食品是人类利用有益微生物作用加工制造的一类具有独特风味的食品。它是食品原料或农副产品经微生物作用所产生的一系列特定的酶所催化的生物化学反应和微生物细胞代谢活动的产物的总和。这些反应既包括生物合成作用，也包括原料的降解作用，以及推动生物合成过程所需要的各种化学反应。传统发酵食品的微生物来自于自然界，而现代发酵技术则融合现代科技控制发酵过程，大规模生产发酵产品。随着科技的进步和人们认识的提高，传统发酵食品越来越受到人们的青睐，酱油、干酪、酸奶等产品实现了工化业生产，未来的发酵食品更朝向功能化方向发展。

第一节　发酵食品的原理

发酵的概念在工业方面有一定的区别。工业发酵是指利用微生物（主要是微生物）生产一切有用产品或将某些底物转化而达到某一目的的过程，如酱油的制造、啤酒的酿造、食醋的酿造都可以认为是工业发酵。在生物学方面，发酵的概念则更加严格，是指微生物细胞在无氧条件下，将有机物氧化释放的电子直接交给由底物不完全氧化产生的某些中间产物，部分释放能量，并有各种不同的中间产物生成的过程。微生物发酵过程中，有机物只是部分地被氧化，释放出小部分能量，大部分能量仍存在于中间产物中。人们常说的酿造，实际也是微生物转化有机化合物的过程，但酿造往往是指微生物对复杂成分的转化过程，其产物的成分也十分复杂，风味较浓郁，大多数情况下，产物不需要后续分离纯化过程，可以直接食用，如黄酒、啤酒、葡萄酒等乙醇饮料及酱油、食醋、面酱、豆腐乳、豆豉、纳豆、酱腌菜等的生产过程。与之相对，成分相对简单、风味要求不高、微生物作用后往往需要分离纯化、产物常作为工业原料或食品添加剂的微生物作用过程称为发酵，如乙醇、柠檬酸、谷氨酸的生产过程。

一、发酵食品中的微生物

自然界中存在着种类繁多的微生物，它们分布广泛，繁殖迅速。发酵食品就是利用这些源于自然界的微生物生产而成的，这种自然发酵一般属于多菌种发酵，有多种微生物参与，在微生物之间还须保持一种相对的生态平衡，这些微生物不但赋予发酵食品特有的香气、质地、色泽和口感，还使发酵食品具有丰富的营养价值和保健价值，如在微生物及分泌的酶的作用下，大分子物质会被降解为易被直接利用的低分子物质，这些低分子物质主要包括醇类、有机酸、酯类、氨基酸、脂肪酸、芳香族化合物等，形成了传统发酵食品特有的风格。发酵食品中的微生物主要有细菌、霉菌和酵母菌。

1. 细菌

细菌在自然界分布很广，特性各异，在传统发酵制品的生产中应用广泛。利用细菌发酵的食品有醋、乳制品（酸奶、奶酪、酸奶油等）、风干肠、腐乳、纳豆、发酵蔬菜和发酵鱼制品，另外，在俄罗斯的传统发酵饮料——格瓦斯中也有乳酸菌的作用。

发酵食品中涉及的细菌包括醋酸杆菌、乳酸菌、小球菌、芽孢杆菌和耐盐细菌，其中醋酸杆菌是食醋生产的主要菌株，而乳酸菌在发酵乳制品、风干肠和发酵蔬菜及格瓦斯中都是重要的菌种。

用于食醋生产的菌种有纹膜醋酸菌、许氏醋酸菌、中科 AS1.41 醋酸菌、沪酿 1.01 醋酸菌、醋化醋杆菌及恶臭醋酸菌。发酵乳制品食品中常见的乳酸菌包括嗜酸乳杆菌、乳酸乳杆菌、干酪乳杆菌、保加利亚乳杆菌、乳酸乳球菌、嗜热链球菌等，发酵蔬菜制品常见的乳酸菌包括肠膜明串珠菌、啤酒片球菌、短链杆菌和植物乳杆菌，风干肠中常用的为乳酸杆菌属和葡萄球菌属，如植物乳酸杆菌、弯曲乳酸杆菌、木糖葡萄球菌、肉糖葡萄球菌等。

2. 霉菌

霉菌是真菌的一部分，在自然界分布极为广泛，已知种类在 5000 种以上。利用霉菌生产的食品包括发酵豆制品（腐乳、豆豉、酱、酱油、丹贝、日本豆酱）和酒类（大曲酒、小曲酒、黄酒）。发酵食品中常用的为毛霉属（腐乳毛霉、鲁氏毛霉）、曲霉属（米曲霉、黑曲霉）和根霉属（华根霉、少孢根霉）。

3. 酵母菌

酵母菌广泛分布于自然界中，已知种类约几百种，它是生产中应用较早和较为重要的一类微生物，主要用于面制品发酵（我国的馒头等发酵面制品，国外的面包等发酵面制品）和酿酒（啤酒、果酒、白酒）中。常用酵母种类有啤酒酵母、球拟酵母、面包酵母、上面酵母和下面酵母。

二、食品发酵类型

在食品中，正常微生物群裂解产生的种类相当广泛。随着微生物作用的对象物质不同，大致可以分为朊解、脂解和发酵3种类型。从食品保藏角度来看，最重要的是发酵菌，如能产生足够浓度的乙醇和酸，就能抑制许多脂解菌和朊解菌的生长活动，否则在后两者的活动下食品就会腐败变质。因而，发酵保藏的原理就是利用能形成乙醇和酸的微生物生长并进行新陈代谢活动，抑制脂解菌和朊解菌的活动。这就是说，如果发酵菌一旦能大批成长，在它们所产生的乙醇和酸的影响下，就能抑制脂解菌和朊解菌等有害菌类的生长。食品发酵保藏类型主要有乙醇发酵、乳酸发酵和乙酸发酵。

（一）乙醇发酵

乙醇发酵在食品工业中极其重要，白酒、葡萄酒、啤酒和其他果酒等都是利用乙醇发酵制成的产品。葡萄汁酵母和酿酒酵母都是重要的工业用酵母，它能使糖类最有效地转化成乙醇，并达到能回收的程度。其他菌种也能产生乙醇，同时还能形成醛类、酸类和脂类等组成混合物，以致难以获得纯净乙醇。酵母利用糖发酵可按照如下反应式产生乙醇和二氧化碳，这是葡萄酒和啤酒生产及面包蓬松的基础。

$$C_6H_{12}O_6 \longrightarrow 2C_2H_5OH+2CO_2+\text{热量}$$

（二）乳酸发酵

乳酸发酵是指糖类在乳酸菌作用下经无氧酵解而生成乳酸的发酵过程。产生乳酸发酵的微生物种类繁多，在自然界中广泛分布，如用于蔬菜加工中黄瓜乳酸杆菌和德氏乳酸杆菌；乳及乳制品中的乳酸链球菌、保加利亚乳杆菌和干酪乳酸杆菌等。乳酸发酵不但能改善食品风味和营养，而且随着乳酸累积可以抑制其他微生物生长活动，提高食品保藏性能。因此，乳酸发酵在食品工业中占有极其重要的地位，可以用于奶酪、酸奶、泡菜、发酵肉制品等食品加工中。由于菌种不同，代谢途径不同，生成的产物便有所不同，因此将乳酸发酵又分为同型乳酸发酵和异型乳酸发酵两种类型。

同型乳酸发酵是指葡萄糖通过EMP途径，并且只单纯产生两分子乳酸的发酵方式。可用下式简单表示：

$$C_6H_{12}O_6 \longrightarrow 2CH_3CHOHCOOH\ (\text{乳酸})$$

在同型乳酸发酵中，常见的嗜酸乳杆菌、德氏乳杆菌、干酪乳杆菌、保加利亚乳杆菌均能将葡萄糖几乎全部转化为乳酸（发酵产物中乳酸大于80%），很少有其他产物。

异型乳酸发酵除生成乳酸外，还生成二氧化碳和乙醇或乙酸，如肠膜明串珠菌等可将葡萄糖经过单磷酸化，己糖分解生成乳酸、乙醇和二氧化碳，其反应式简单表示如下：

$$C_6H_{12}O_6 \longrightarrow CH_3CHOHCOOH+C_2H_5OH+CO_2$$

异型乳酸发酵代表菌株有肠膜明串珠菌、葡聚糖明串珠菌、两歧双歧杆菌。

（三）乙酸发酵

乙酸发酵是在空气存在条件下醋酸菌将乙醇氧化成乙酸。其反应式如下：

$$C_2H_5OH+O_2 \longrightarrow CH_3COOH+H_2O$$

醋酸菌为需氧菌，因而醋酸菌一般都在液体表面上进行。大肠杆菌类细菌也同样能产生乙酸。在腌制蔬菜中常含有乙酸、丙酸和甲酸等挥发酸，它的含量可高达0.2%～0.4%（按乙酸计）。对含乙醇食品的来说，醋酸菌经常成为促使乙醇消失和酸化的变质菌。

总之，微生物导致食品变化的类型很多，它们的反应也各不相同，这就需要根据对发酵食品的要求，有效地控制各种反应，即促成或抑制某些反应，以获得预期的效果。

三、发酵过程中的生化反应

微生物发酵与微生物代谢活动紧密联系，微生物代谢是指微生物与周围环境进行物质交换和能量交换的过程，包括合成代谢和分解代谢，能量代谢和物质代谢，如图6-1所示。微生物发酵是将微生物代谢活动人为地引入生产中，利用不同的代谢活动，完成生物转化，形成发酵工业（含发酵食品）所需的代谢产物。在发酵活动中，单个的微生物细胞是有效的动态生物转化场所，即最小生产工具，它们既要完成自身制造（生长与繁殖），

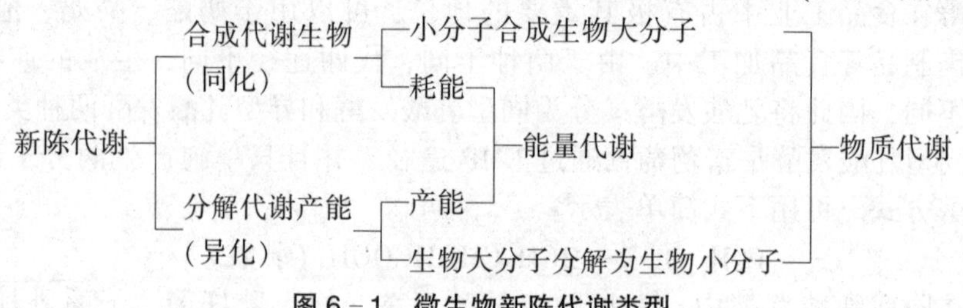

图6-1　微生物新陈代谢类型

又要完成目的产物的转化与积累（发酵活动）。因此，微生物为维持自身生命活动发生的各种代谢活动，是微生物发酵的理论基础。

（一）微生物的生长繁殖及食物大分子物质的降解

微生物的生长与繁殖交替进行，如果微生物在适宜条件下，不断从环境中吸收各种营养物质，并按一定的代谢方式进行多种多样的代谢活动，细胞的原生质总量就会增加，由于细胞分裂而出现细胞个体数目的增加，称为繁殖。在多核细胞生物中，细胞质的增加伴有个体数目的增加，称为生长。

在不同环境条件下，微生物以微小的单细胞状态进行生存繁殖，这说明细胞具有适应环境和调节代谢活性的能力。典型的酱油酵母，既能在没有食盐的情况下增殖，又能在18%左右的浓盐情况下增殖，尽管生长速度有很大差异，但其形状变化不大，原因在于细胞随着环境的变化而很好地保持了维持生命必需的基本代谢活性，维持其基本代谢体系。

微生物的代谢体系可分为以生成5′-磷酸核糖、α-酮戊二酸、丙酮酸及获得能量为目的的碳源分解体系，以生成1-磷酸葡萄糖、氨基酸、核苷酸等小分子化合物为目的的代谢体系（素材性生物化合体系），以及生成蛋白质、核酸、多糖体、类脂等高分子细胞结构物质为目的的大分子合成体系（结构生物合成体系），其相互间的联系或紧密或松弛，如图6-2所示。细胞必须将这3种代谢体系相互联系起来才能适应外界环境，维持其生命。

食品的发酵实际就是微生物将自然界的糖、蛋白质、脂肪、核酸等物质作为营养物质和能源物质，在完成其生命活动过程中积累来自于三大代谢体系的各种代谢产物，完成微生物对原料的生物转化，形成风味各异的发酵食品的过程，如图6-3所示。

（1）蛋白质的降解：在发酵食品（如酱油）生产中，原料蛋白质经蛋白酶的催化水解分子断裂，肽键破坏，经过胨、多肽等一系列中间产物，最后生成各种具有营养价值的氨基酸。

（2）淀粉的糖化和酒化：淀粉不能直接为某些微生物利用，需要在酶的催化下，逐渐变成可溶性淀粉、各种糊精、麦芽糖，最后生成葡萄糖。淀粉受热吸水膨胀形成糊化淀粉后，有利于淀粉酶的分解。淀粉除经水解作用生成葡萄糖和各种中间产物直接形成不同甜度的风味成分外，还往往由于酒化酶的作用进一步催化葡萄糖生成乙醇，作为产生发酵食品香气和风味成分的前体物质。

环境因素
分解代谢体系（发酵）反馈控制 腺苷酸调节
小分子物质代谢体系终产物抑制（负反馈控制，阻遏）（遗传性调节）
大分子物质生物合成体系（遗传性调节）
分泌
分泌
分泌
小分子物质（原素材）
ATP
主要影响
紧密联系
松弛联系

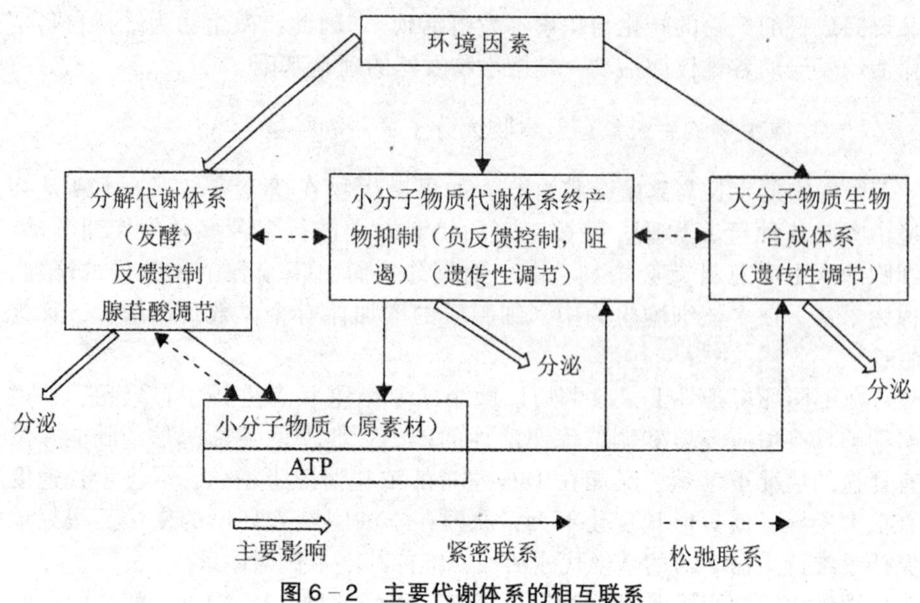

图6－2　主要代谢体系的相互联系

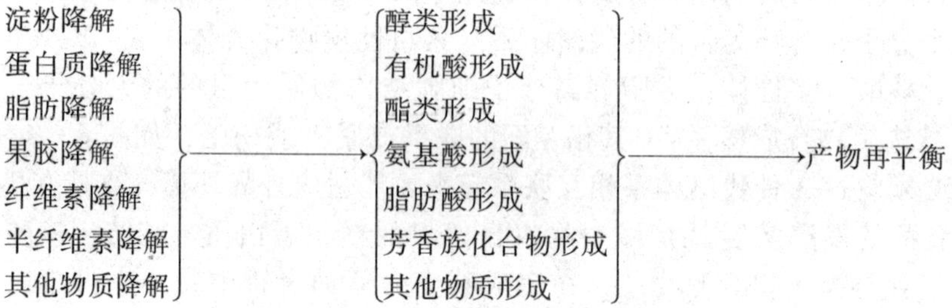

淀粉降解
蛋白质降解
脂肪降解
果胶降解
纤维素降解
半纤维素降解
其他物质降解
醇类形成
有机酸形成
酯类形成
氨基酸形成
脂肪酸形成
芳香族化合物形成
其他物质形成
产物再平衡

图6－3　食品发酵一般历程

（3）有机酸的生成：发酵食品中，含量较多的有机酸是乳酸、乙酸和琥珀酸。适量有机酸的生成并与其他成分的结合，对于发酵食品的香气和风味的形成，具有十分重要的意义。

（4）酯的合成：各种有机酸与相应的醇类可以酯化生成具有芳香气味的酯。在发酵食品（调味品）生产中，主要是由曲霉和酵母的酯化酶把相应的酸与醇酯化而成。原料中的脂肪经脂肪酶的作用可生成软脂酸、油酸和甘油等，软脂酸和油酸分别与乙醇结合，生成了软脂酸乙酯、油酸乙酯；部分乳酸与乙醇结合生成乳酸乙酯。

（5）色素：发酵食品所具有的深红棕色，主要来自氨基糖、焦糖和黑色素。

（二）微生物的中间代谢及小分子有机物的形成

1．微生物的中间代谢

分解代谢为生物合成代谢提供大量的能量（ATP）及还原力（［H］），同时产生连接两个代谢体系的中间代谢产物。分解代谢保证了正常合成代谢的进行，而合成代谢又反过来为分解代谢创造了更好的条件，两者相互联系，促进了生物个体的生长繁殖和代谢产物的积累。分解代谢和合成代谢的相互关系如图 6－4 所示。

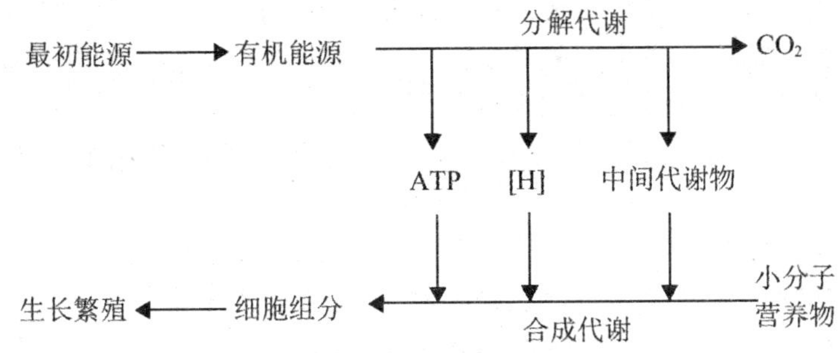

图 6－4　分解代谢和合成代谢的相互关系

联系分解代谢和合成代谢的中间代谢物主要有 12 种，如果在生物体中只进行能量代谢，则有机能源的最终产物是 ATP、H_2O 和 CO_2，这时便没有任何中间代谢物积累，因此，合成代谢不能正常进行。相反，如果要进行正常的合成代谢，需要利用大量分解代谢正常进行所必需的中间代谢物，这会影响分解代谢的正常运转，从而影响其新陈代谢的正常循环运转，因此中间代谢产物需通过兼用代谢途径和代谢物回补两种方式得到及时补充，使分解代谢体系及生物合成代谢体系产生有效联系。

微生物特有的乙醛酸循环（又称乙醛酸之路）是 TCA 循环的一条回补途径，其重要功能是丙酮酸和乙酸等化合物不断地合成四碳二羧酸，以保证微生物正常生物合成的需要；对某些以乙酸为唯一碳源的微生物来说，更有至关重要的作用。这条途径中关键的酶为异柠檬酸裂合酶和苹果酸合酶。具有乙醛酸循环的微生物，普遍是好氧菌。

微生物的中间代谢不仅将同一类物质（如糖）的降解与再生有机联系起来，还将看似不相干的蛋白质、脂类、核酸等大分子物质也联系起来，完成各类物质的相互转化，极大地扩展了微生物的能源物质与营养，增强了其环境适应能力。一般情况下，微生物将自然界广泛存在的糖、脂类、蛋白质及核酸等物质作为最初的能源物质与营养物质，对这些物质进行分解，释放大量的能量及生成小分子物质（部分为中间代谢物质），后者被用于合成细胞所需的糖、脂类、蛋白质及和核酸等。上述过程中，各类大分子物质的分解代谢、小分子（中间产物）物质的生成及大分子物质的再合成都伴有丰富的代谢产物分泌。人类利用微生物的这种性能以获取所需的目的代谢产物，便形成了发酵工业。

2. 小分子有机物的形成

（1）氨基酸的生物合成。氨基酸是生物合成蛋白质的原料，也是高等动物中许多重要生物分子，如激素、嘌呤、嘧啶、卟啉和某些维生素等的前体。微生物合成氨基酸的能力差异很大，如溶血链球菌可合成 17 种氨基酸，而大肠杆菌能合成全部氨基酸。许多细菌和真菌还能利用硝酸和亚硝酸合成氨基酸，固氮菌能利用大气氮源合成氨及氨基酸。生物体合成氨基酸的主要途径有还原性氨基化作用、转氨作用及氨基酸间的相互转化作用等。

不同氨基酸的生物合成途径虽各异，但都与机体的几个代谢环节有密切联系，如糖酵解途径、磷酸戊糖途径、三羧酸循环等。将这些代谢环节中与氨基酸生物合成有密切关联的物质看作氨基酸生物合成的起始物，可将氨基酸生物合成分为 α-酮戊二酸衍生类型、草酰乙酸衍生类型、丙酮酸衍生类型和 3-磷酸甘油酸衍生类型。

（2）脂肪酸的生物合成。脂肪酸是脂肪类物质中最基本的组成单位，大多数脂类物质都含有脂肪酸，生物体能利用糖类物质或简单碳源合成脂肪酸。脂肪酸的生物合成主要在细胞液中以从头合成的方式进行，也可以在线粒体和微粒体中以延长的方式进行，两种方式的机制不同。

脂肪酸从头合成在细胞液中进行，合成原料是乙酰 CoA，乙酰 CoA 由线粒体中的丙酮酸氧化脱羧、氨基酸氧化降解、脂肪酸 β-氧化生成。脂肪酸的合成是以 1 分子乙酰 CoA 作为引物，以其他乙酰 CoA 作为碳源供体，通过丙二酸单酰 CoA 的形式，在脂肪酸合成酶系的催化下，经缩合、还原、脱水、再还原这几个步骤来完成的。

从头合成途径只能合成 C_{16} 以下的脂肪酸。碳链长度在 C_{16} 以上的饱和脂肪酸则是在延长系统的催化下，以软脂酸为基础，进一步延长碳链形成的。在线粒体中可以进行与脂肪酸 β-氧化相似的逆向过程，使得一些脂肪酸碳链（C_{16}）加长。在此过程中缩合酶先将脂酰 CoA 与乙酰 CoA 缩合形成 β-酮脂酰 CoA，再经还原型辅酶 I 和还原型辅酶 II 供氢还原产生比原来多 2 个碳原子的脂酰 CoA，后者尚可通过类似过程并重复多次而增加碳链长度（可延长至 C_{24}）。微生物脂类中的脂肪酸大多含 16 碳或 18 碳。

（3）嘌呤、嘧啶核苷酸的生物合成。核苷酸的生物合成途径有利用磷酸核糖、氨基酸、一碳单位、CO_2等小分子为出发物质的从头合成途径，还有由嘌呤碱基伴随核糖基化及磷酸化而合成的补偿合成途径。核苷酸的生物合成途径是直接发酵生产核苷酸的基础。

嘌呤、嘧啶核苷酸从头合成过程中的产物是一磷酸核苷，它可以转化成二磷酸核苷或三磷酸核苷，一磷酸核苷是合成核酸的原料，腺苷三磷酸是能量的储存形式。嘌呤核苷酸的从头合成在胞液中进行，其过程可分为两个阶段：第一阶段合成次黄嘌呤核苷酸（IMP），第二阶段 IMP 转变成 AMP 和 GMP。

嘧啶核苷酸的从头合成途径，与嘌呤核苷从头合成途径不同，嘧啶核苷酸的“从头合成”是先合成嘧啶环，再与 5 －磷酸核糖－ 1 －焦磷酸（PRPP）中的磷酸核糖连接起来形成乳清酸核苷酸（OMP），之后生成尿嘧啶核苷酸（UMP），最后由 UMP 转变成其他嘧啶核苷酸。

（三）食品产物成分的再平衡及发酵食品风味的形成

对发酵食品而言，改变食品风味、香气乃至原有的组织状态是微生物作用的主要结果，微生物完成食物原料中大分子物质的降解代谢及产物生成转化，完成了实际意义上的发酵过程。但对发酵来说，这并不意味着发酵过程的结束，大多数发酵食品还要经过后期发酵阶段。后期发酵阶段是原料原有物质与经微生物改变或产生的新物质，在短期或长期的贮藏条件下，经过一系列有机、无机、生物与非生物等的错综复杂的反应，形成色、香、味俱全且风味独特的酿造食品的过程。经过自然陈酿的平衡阶段有时也未必能达到预期风味效果，对发酵食品人为控制或勾兑后期修饰也十分重要。

发酵食品不同于其他工业发酵产品，其最大的特点是风味的多样性与独特性。发酵食品的风格特征不仅取决于其色、香、味及其构成比例和组合方式，还取决于其文化底蕴。随着科学技术的发展，目前人们对构成发酵食品色、香、味的主要构成成分能够进行有效检测与分析，如对发酵乳品的风味组成、各种名优白酒的香气组成等都了解得比较透彻。但在实际生产中，如何控制原料品质、菌种性能及生产工艺，使这些风味物质能够与人体感官感觉达到完美统一，使其特有风格得以有效地表达，是一个无止境的科学问题。

第二节　发酵食品生产菌种的选育与保藏

一、菌种的选育技术

菌种是发酵食品生产的关键，性能优良的菌种才能使发酵食品具有良好的色、香、味等食品特征。菌种的选与育是一个问题的两个方面，没有的菌种要向大自然索取，即菌种的筛选；已有的菌种还要改造，以获得更好的发酵食品特征，即育种。因此，菌种选育的任务是不断发掘新菌种，向自然界索取发酵新产品；改造已有的菌种，达到提高产量、符合生产的目的。

育种的理论基础是微生物的遗传与变异，遗传和变异现象是生物最基本的特性。遗传中包含变异，变异中也包含着遗传，遗传是相对的，而变异则是绝对的。微生物由于繁殖快速，生活周期短，在相同时间内，环境因素可以相当大地重复影响微生物，使个体较易于变异，变异了的个体可以迅速繁殖而形成一个群体表现出来，便于自然选择和人工选择。

（一）自然选育

自然选育是菌种选育的最基本方法，它是利用微生物在自然条件下产生自发变异，通过分离、筛选，排除劣质性状的菌株，选择出维持原有生产水平或具有更优良生产性能的高产菌株。因此，通过自然选育可达到纯化与复壮菌种、保持稳定生产性能的目的。当然，在自发突变中正突变概率是很低的，选出更高产菌株的概率一般来说也很低。由于自发突变的正突变率很低，多数菌种产生负变异，其结果是使生产水平不断下降。因此，在生产中需要经常进行自然选育工作，以维持正常生产的稳定。

自然选育也称自然分离，主要作用是对菌种进行分离纯化，以获得遗传背景较为单一的细胞群体。一般的菌种在长期的传代和保存过程中，由于自发突变使菌种变得不纯或生产能力下降，因此在生产和研究时要经常进行自然分离，对菌种进行纯化。其方法比较简单，尤其是单细胞细菌和产孢子的微生物，只需将它们制备成悬液，选择合适的稀释度，通过平板培养获得单菌落就能达到分离目的。而那些不产孢子的多细胞微生物（许多是异核的），则需要用原生质体再生法进行分离纯化。自然选育分以下几步进行：

1. 通过表现形态来淘汰不良菌株

菌落形态包括菌落大小、生长速度、颜色、孢子形成等可直接观察到的形态特征。通过形态变化分析判断去除可能的低产菌落，将高产型菌落逐步分离筛选出来。此方法用于那些特征明显的微生物，如丝状真菌、放线菌及部分细菌，而外观特征较难区别的微生物就不太适用。以抗生素菌种选育为例：一般低产菌的菌落不产生菌丝，菌落多光秃型；生长缓慢，菌落过小，产孢子少；孢子生长及孢子颜色不均匀，产生白斑、秃斑或裂变；或生长过于旺盛，菌落大，孢子过于丰富等。这类菌落中也可能包含着高产型菌，但由于表现出严重的混杂，其后代容易分离和不稳定，也不宜于作保存菌种。判断高产菌落的依据：孢子生长有减弱趋势，菌落中等大小，菌落偏小但孢子生长丰富，孢子颜色有变浅趋势，菌落多、密、表面沟纹整齐，分泌色素或逐渐加深或逐渐变浅。

2. 通过目的代谢物产量进行考察

这种方法是在菌种分离或者诱变育种的基础上进行的，在第一步初筛的基础上对选出的高产菌落进行复筛，进一步淘汰不良菌株。复筛通过摇瓶培养（厌氧微生物则通过静置培养）进行，复筛可以考察出菌种生产能力的稳定性和传代稳定性，一般复筛的条件已较接近于发酵生产工艺。经过复筛的菌种，在生产中可表现出相近的产量水平。复筛出的菌种应及时进行保藏，避免过多传代而造成新的退化。

3. 进行遗传基因型纯度试验，以考察菌种的纯度

这种方法是将复筛后得到的高产菌种进行分离，再次通过表观形态进行考察，分离后的菌落类型愈少，则表示纯度愈高，其遗传基因型较稳定。

4. 传代的稳定性试验

在生产中活化、逐级扩大菌种，必然要经过多次传代，这就要求菌种具有稳定的遗传性。在试验中一般需要进行 3 ～ 5 次的连续传代，传代后产量仍保持稳定的菌种才能用于大批量生产。在传代试验中，要注意试验条件的一致性，以便能正确反映各代间生产能力的差异。

（二）诱变育种

在现代育种领域，诱变育种主要是提高突变菌株产生某种产物的能力。

1. 诱变育种的基本方法

诱变育种的方法主要有3种，下面逐一介绍。

（1）物理因子诱变。物理诱变剂有很多种，包括紫外线、激光、低能离子、X射线、γ射线等。在上述诱变因子中，最常使用的是紫外线，它在诱变微生物突变方面可以发挥非常大的作用。DNA和RNA的嘌呤和嘧啶在吸收紫外光方面具有很强的能力，一定程度下还可致死。相比X射线和γ射线来说，紫外线具有较少的能量，可以对核酸造成比较单一的损伤。故紫外线不仅可以造成转换、移码突变或缺失等，还可以在DNA的损伤与修复中发挥重要作用。

近些年，出现了新的物理诱变技术——低能离子诱变技术。该方法生物的生理损伤较小，同时还可以得到较高的突变率和宽广的突变谱；使用的设备比较简单，成本比较低；不会对人体和环境造成危害和污染。目前，在微生物菌种选育中，选择注入的离子多为气体单质正离子，最常使用的是N^+，除此之外，还有H^+、Ar^+、O^{6+}以及C^{6+}。

（2）化学因子诱变。化学因子是一类引起DNA异变的物质，通过与DNA发生作用，将其结构改变。化学诱变剂有很多种，包括烷化剂、金属盐类等。其中，应用最广泛的化学诱变剂是烷化剂，它也是最有效的诱变剂。在突变率方面，化学诱变剂高于电离辐射；在经济方面，化学诱变剂优于电离辐射。但是需要注意的是，不论是化学诱变剂还是电离辐射，它们都有致癌作用，使用的时候需要小心。

（3）复合因子诱变。对于那些长时间使用诱变剂的菌株来说，它们会有一些副作用，包括诱变剂“疲劳效应”、延长生长周期、引起代谢速度缓慢、减少孢子量等。上述副作用非常不利于生产，因此在对菌株进行诱变时，通常采用的方法是多种诱变剂复合、交叉使用。复合诱变方法有很多种，包括重复使用同一种诱变剂、同时使用两种或两种以上诱变剂、先后使用两种或两种以上诱变剂。通常情况下，复合诱变剂的使用效果优于单一诱变剂，复合诱变剂具有协同效应。

2. 诱变育种的影响因素

影响诱变育种的因素主要有5点，下面逐一介绍。

（1）诱变剂的种类非常多，在实际选用诱变剂的时候，需要根据实际情况选择简便有效的诱变剂。使用诱变剂处理的微生物也要符合一定的要求，最好是以悬浮液状态呈现，细胞需要尽量分散。这种状态下可以使细胞诱变更加均匀，也有利于后期单菌落的培养，避免形成不纯的菌落。

（2）使用诱变剂处理的细胞最好是单核细胞，核质体越少越好。

（3）影响诱变效果的因素有很多种，微生物的生理状态是其中一种，微生物对诱变剂最敏感的时期是对数期。

（4）大多数诱变剂都具有杀菌作用，还可作杀菌剂使用。合适的诱变剂剂量是指在诱变育种的时候，在提高诱变率的基础上，还可以提高变异幅度，同时还能使得异变向正变范围偏移。若是使用的诱变剂剂量过低，那么发生的异变率过低；若是使用的诱变剂剂量过高，那么会杀死大量的细胞，影响特定的筛选。

（5）出发菌株是指用于育种的原始菌株，合适的出发菌株可以提高育种效率。一般多用生产上正在使用的菌株式对诱变剂敏感的菌株。

3. 高产菌株筛选

诱变育种的目的在于提高微生物的生产量，但对于产量性状的突变来讲，不能用选择性培养方法筛选。因为高产菌株和低产菌株在培养基上同样地生长，也无一种因素对高产菌株和低产菌株显示差别性的杀菌作用。

测定菌株的产量高低采用摇瓶培养，然后测定发酵液中产物的数量。如果把经诱变剂处理后出现的菌落逐一用上述方法进行产量测定，工作量很大。如果能找到产量和某些形态指标的关联，甚至设法创造两者间的相关性，则可以大大提高育种的工作效率。因此在诱变育种工作中应该利用菌落可以鉴别的特性进行初筛，例如在琼脂平板培养基上，通过观察和测定某突变菌菌落周围蛋白酶水解圈的大小、淀粉酶变色圈的大小、色氨酸显色圈的大小、柠檬酸变色圈的大小、抗生素抑菌圈的大小、纤维素酶对纤维素水解圈的大小等，估计该菌落菌株产量的高低，然后再进行摇瓶培养法测定实际的产量，可以大大提高工作效率。

上述这一类方法所碰到的困难是对于产量高的菌株，作用圈的直径和产量并不呈直线关系。为了克服这一困难，在抗生素生产菌株的育种工作中，可以采用抗药性的菌株作为指示菌，或者在菌落和指示菌中间加一层吸附剂吸去一部分抗生素。

一个菌落的产量愈高，它的产物必然扩散得也愈远。对于特别容易扩散的抗生素，即使产量不高，同一培养皿上各个菌落之间也会相互干扰，可以采用琼脂挖块法克服产物扩散所造成的困难。该方法是在菌落刚开始出现时就用打孔器连同一块琼脂打下，把许多小块放在空的培养皿中培养，待菌落长到合适大小时，把小块移到已含有供试菌种的一大块琼脂平板上，以分别测定各小块抑菌圈大小并判断其抗生素的效价。由于各琼脂块的大小一样，且该菌落的菌株所产生的抗生素都集中在琼脂块上，所以只要控制每一培养皿上的琼脂小块数和培养时间，或者再利用抗药性指示菌，就可以得到彼此不相干扰的抑菌圈。

（三）杂交育种

杂交育种是指两个基因型不同的菌株通过接合使遗传物质重新组合，从中分离和筛选具有新性状的菌株的方法。[1] 杂交育种的方法有以下三种。

1. 细菌杂交

将两个具有不同营养缺陷型且不能在基本培养基上生长的菌株，以10^5cfu/mL的浓度在基本培养基中混合培养，结果可以有少量菌落生长，这些菌落就是杂交菌株。细菌杂交还可通过F因子转移、转化和转导等方式发生基因重组。

2. 放线菌的杂交育种

放线菌杂交是在细菌杂交基础上建立起来的，虽然放线菌也是原核生物，但它有菌丝和孢子，其基因重组方式近似于细菌，育种方法与霉菌有许多相似之处。

3. 霉菌的杂交育种

不产生有性孢子的霉菌是通过准性生殖进行杂交育种的。准性生殖是真菌中不通过有性生殖的基因重组过程。准性生殖包括三个相互联系的阶段：异核体形成、杂合二倍体的形成和体细胞重组（即杂合二倍体在繁殖过程中染色体发生交换和染色体单倍化，从而形成各种分离子）。准性生殖具有和有性生殖类似的遗传现象，如核融合，形成杂合二倍体，接着是染色体分离，同源染色体间进行交换，出现重组体等。

霉菌的杂交通过四步完成：选择直接亲本、形成异核体、检出二倍体和检出分离子。

（1）选择直接亲本。两个用于杂交的野生型菌株即原始亲本，经过人工诱变得到的用于形成异核体的亲本菌株即称为直接亲本，直接亲本有多种遗传标记，在杂交育种中用得最多的是营养缺陷型菌株。

（2）形成异核体。把两个营养缺陷型直接亲本接种在基本培养基上，

---

[1] 杂交育种往往可以消除某一菌株在诱变处理后所出现的产量上升缓慢的现象，因而是一种重要的育种手段。但杂交育种方法较复杂，人们对许多工业微生物的有性生殖机理不够清楚，故没有像诱变育种那样得到普遍推广和使用。

强迫其互补营养，使其菌丝细胞间吻合形成异核体。此外还有液体完全培养基混合培养法；完全培养基混合培养法；液体有限培养基混合培养法；有限培养基异核丛形成法等。

（3）检出二倍体。一般有三种方法：一是将菌落表面有野生型颜色的斑点和扇面的孢子挑出，进行分离纯化；二是将异核体菌丝打碎，在完全培养基和基本培养基上进行培养，出现异核体菌落，将具有野生型的斑点或扇面的孢子或菌丝挑出，进行分离纯化；三是将大量异核体孢子接种在基本培养基平板上，将长出的野生型原养型菌落挑出分离纯化。

（4）检出分离子。将杂合二倍体的孢子制成孢子悬液，在完全培养基平板上分离成单孢子菌落，在一些菌落表面会出现斑点或扇面，在完全培养基的斜面上每个菌落都长出一个斑点或扇面的孢子，经鉴别、培养、纯化后得到分离子。也可用完全培养基加对氟苯丙氨或吖啶黄等重组剂类物质制成选择性培养基，进行分离子的鉴别检出。

（四）基因工程育种

基因工程育种是指利用基因工程方法对生产菌株进行改造而获得高产菌株，或者是通过微生物间的转基因而获得新菌种的育种方法。人们可以按照自己的愿望，进行严格的设计，通过体外 DNA 重组和转移等技术，对原物种进行定向改造，获得对人类有用的新性状，大大缩短了育种时间。

1. 基因工程育种的过程

重组 DNA 技术一般包括 4 步，即目的基因的获得、与载体 DNA 分子的连接、重组 DNA 分子引入宿主细胞以及从中筛选出含有所需重组 DNA 分子的宿主细胞。作为发酵工业的工程菌株在此 4 步之后还需加上外源基因的表达及稳定性的考虑。

2. 基因工程育种的关键步骤

基因工程育种的关键步骤有 4 步，分别是获取目的基因、基因表达载体的构建、将目的基因导入受体细胞以及检测并鉴定。

（1）获取目的基因。实施基因工程的第一步有两条途径：一是从供体细胞的 DNA 中分离基因，二是人工合成基因。

我们通常使用“鸟枪法”对基因进行直接分离。该方法使用限制酶对 DNA 进行切割，分为多个片段，然后将片段分别载入运载体中，之后转入受体细胞，使得 DNA 片段在受体细胞内扩增，最后再使用一定的方法分离出带有目的基因的 DNA 片段。该方法具有操作简单的优点，也存在工作量大、盲目性大的缺点。

对于含有不表达的DNA片段的真核细胞基因，通常使用的方法是人工合成。目前人工合成基因有两条途径：一是通过基因的转录与反转录形成单链DNA，然后在酶的作用下形成双链DNA，最终获得目的基因；二是根据蛋白质的序列，反推出需要的信使RNA序列，进一步反推出核苷酸序列，最后使用化学方法合成目的基因。

（2）基因表达载体的构建。实施基因工程的第二步是基因表达载体的构建，也就是将目的基因与运载体结合的过程，换句话说就是不同来源的DNA重新组合的过程。若使用的运载体是质粒，那么首先要使用限制酶对质粒进行切割，将其黏性末端露出。然后使用同一种限制酶对目的基因进行切割，产生相同的黏性末端，再将切下的目的基因接入质粒的切口处。然后使用一定量的DNA连接酶，使得两个黏性末端进行碱基互补配对，最终形成一个重组DNA分子。

（3）将目的基因导入受体细胞。实施基因工程的第三步是将目的基因导入受体细胞。将上一步形成的重组DNA分子引入受体细胞，进行扩增。在基因工程中，我们经常使用的受体细胞包括大肠杆菌、枯草杆菌、酵母菌以及动植物细胞等。一般使用细菌或病毒侵染细胞的方法将重组DNA分子转移到受体细胞中。目的基因在受体细胞内进行复制，短时间内获得大量的目的基因。

（4）检测并鉴定。实施基因工程的第四步是检测与鉴定。当目的基因导入受体细胞之后，为了确定其对遗传特性的表达是否稳定，我们需要对其进行检测和鉴定。并不是所有的受体细胞都可以摄入重组DNA分子，我们需要对其进行一定的检测来确定其是否导入了目的基因。

（五）基因组改组

基因组改组技术，又称基因组重排技术，是一种微生物育种的新技术。❶ 基因组改组技术是对整个基因组进行重组，不仅可以在基因组的不同位点同时进行重组，还可以通过多轮重组将多个亲本的优良基因重组到某一菌株上。基因组改组与传统的诱变方法相比具有高速、高效等优点。

基因组改组技术结合了原生质体融合技术和经典微生物诱变育种技术。具体方法如下：

---

❶基因组改组只需在进行首轮改组之前，通过经典诱变技术获得初始突变株，然后将包含若干正突变的突变株作为第一轮原生质体融合的出发菌株，此后经过递推式的多轮融合，最终使引起正向突变的不同基因重组到同一个细胞株中。

（1）利用传统诱变方法获得突变菌株库，并筛选出正向突变株。

（2）以筛选出来的正向突变株作为出发菌株，利用原生质体融合技术进行多轮递推原生质体融合。

（3）最终从获得的突变体库中筛选出性状优良的目的菌株。

基因组改组技术是将包含若干正突变株的突变体作为每一轮原生质融合的出发菌株，经过递推式的多轮融合，最终使引起正向突变的不同基因重组到同一个细胞株中。

（六）代谢控制育种

代谢控制育种兴起于20世纪50年代末。近年来代谢工程取得了迅猛发展，尤其是基因组学、应用分子生物学和分析技术的发展，使得导入定向改造的基因及随后的在细胞水平上分析导入外源基因后的结果成为可能。代谢育种在工业上应用非常广泛，可在13%葡萄糖培养基中累计L-亮氨酸至34g/L。❶

二、菌种的保藏

（一）定期移植低温保藏法

将菌种接到培养基斜面进行斜面培养或穿刺培养，也可进行液体培养，待其长成健壮的菌体后，置于4℃冰箱保存，间隔一定时间需要重新进行移植。定期移植保藏法在工厂和实验室中普遍使用，具有简单易行、代价小，且可随时观察保藏菌种的死亡、变异、退化或染菌等优点，但因微生物在保藏期间仍有活动，所以存在保藏时间偏短、菌种易退化等不足。微生物菌种保藏时常用的培养基见下表6-1。

表6-1 微生物菌种保藏时常用的培养基

菌类	保藏培养
好气性细菌	TYC琼脂：胰蛋白胨5g，酵母汁5g，葡萄糖1g，$K_2HPO_4$1g，琼脂20g，水1000mL

❶代谢控制育种提供了大量工业发酵生产菌种，使得氨基酸、核苷酸、抗生素等次级代谢产物产量成倍地提高，大大促进了相关产业的发展。

续表

菌类	保藏培养
有孢子杆菌	土豆汁琼脂：蛋白胨 5g，牛肉汁 3g，豆汁 250mL，琼脂 15g，水 750mL，pH 值 7.0（此为形成孢子用，若加入 $MnSO_4$ 5mg/L 左右，能促进长孢子）
	酵母汁 7.0g，葡萄糖 10g，pH 值 7.0
醋酸细菌	胰蛋白胨 5g，酵母膏 10g，琼脂 20g，蒸馏水 900mL，待琼脂溶化后加葡萄糖 20g，$CaCO_3$ 10g/L，并使 $CaCO_3$ 悬浮在整个培养基中
	麦芽汁，$CaCO_3$0.5%
乳酸细菌	MRS 培养液：蛋白胨 10g，肉汁 10g，酵母汁 5g，K_2HPO_4 2g，柠檬酸钠 2g，葡萄糖 20g，吐温 80g，醋酸钠 5g，盐溶液（$MgSO_4 \cdot 7H_2O$11.5g，$MnSO_4 \cdot 2H_2O$ 2.45g，蒸馏水 100mL）5mL，蒸馏水 1000mL，pH 值 6.2 ～ 6.6
兼气性有孢子细菌	糖蜜培养基：糖蜜（黑色）100g，大豆粕 100g，$(NH_4)_2SO_4$ 1.0g，蛋白胨 5g，蒸馏水 1000mL，pH 值 7.2，灭菌后加入 $CaCO_3$ 5g
支线菌	天冬酰胺-葡萄糖琼脂：天冬酰胺 0.5g，$K_2HPO_4$0.5g，牛肉膏 2.0g，葡萄糖 10g，琼脂 17g，水 1000mL，pH 值 6.8 ～ 7.0 Emerson 培养基：NaCl 2.5g，蛋白胨 4.0g，酵母汁 1.0g，牛肉膏 4.0g，蒸馏水 1030mL，pH 值 7.0（用 KOH 调节） 高氏合成琼脂：可溶性淀粉 20g，KNO_3 1g，K_2HPO_4 0.5g，$MgSO_4 \cdot 7H_2O$ 0.5g，NaCl 0.5g，$FeSO_4$ 0.01g，琼脂 20g，蒸馏水 1000mL，pH 值 7.2
丝状真菌	玉米粉琼脂：玉米粉 6.0g，水 1000mL，同水混合成奶油状，文火烧 1h，用布过滤，加入琼脂并加热至溶化，恢复原体积，灭菌 30min，此培养基适用于暗色霉菌的保藏
	马铃薯浸汁琼脂：25%马铃薯浸汁 1000mL，葡萄糖 10g，琼脂 20g
曲霉、青霉	察氏琼脂：K_2HPO_4 1g，$MnSO_4 \cdot 7H_2O$ 0.05g，$FeSO_4 \cdot 7H_2O$ 0.01g，$NaNO_2$ 3g，蔗糖或葡萄糖 30g，琼脂 15 ～ 20g，蒸馏水 1000mL，pH 值 6.0
	麸皮培养基：新鲜麸皮与水，以 1∶1 混合，121℃灭菌 30min

续表

菌类	保藏培养
毛霉	菠菜-胡萝卜琼脂培养基：菠菜 200g，胡萝卜（去皮薄切）200g，琼脂 20g，蒸馏水 1000mL，菠菜和胡萝卜放入适量水中，煮沸 1h 后用布过滤，加琼脂，0.1MPa 灭菌 20min
酵母菌	GM 培养基：蛋白胨 3.5g，酵母汁 3.5g，K_2HPO_4 2g，$MnSO_4 \cdot 7H_2O$ 1.0g，$(NH_4)_2SO_4$ 1.0g，葡萄糖 2g，琼脂 20g，水 1000mL
	MY 培养基：酵母汁 3g，麦芽汁 3g，蛋白胨 5g，葡萄糖 10g，琼脂 20g，水 1000mL
	麦芽汁琼脂：麦芽汁 1000mL，琼脂 15g，pH 值 6.0

（二）液体石蜡保藏法

该种方法是定期移植保藏法的补充。在生长良好的斜面表面覆盖一层无菌的液体石蜡，液面高出培养基 1cm，将其置于试管架上以直立状态低温保藏。液体石蜡可以防止水分蒸发、隔绝氧气，所以能延长保藏时间。但其缺点是必须直立放在冰箱内，占据较大的空间。液体石蜡要求优质无毒，一般为化学纯规格。可以在 121℃下湿热灭菌 2h，或 150 ～ 170℃下干燥灭菌 1h。

（三）甘油低温保藏法

与液氮超低温保藏法类似，采用含 10%～30%甘油的蒸馏水悬浮菌种，置于－80 ～－70℃下保藏。该法保藏期较长，特别适于基因工程菌株的保藏。

（四）土壤、沙土保藏法

此法适用于芽孢杆菌、放线菌、曲霉菌等的保藏。土壤经风干、过 24 目筛、分装灭菌后，加入 10 滴制备好的细胞或孢子悬液，在干燥器中吸干水分，然后用火焰熔封管口，在室温或低温下可保藏数年。

（五）冷冻干燥保藏法

冷冻干燥保藏法简称冻干法。该法同时具备干燥、低温、缺氧的菌种保藏条件，保藏期长、变异小、适用范围广，是目前较理想的保藏方法，也是各类菌种保藏机构广泛采用的保藏方法。

第三节　发酵工艺过程控制

一、温度的影响及其控制

根据生长温度的不同，微生物可分为低温型、中温型和高温型。对某种特定的微生物，其生长温度又可分为最低、最适和最高3种。其生长最适温度和形成代谢产物的最适温度也往往不一样。因此在生产上发酵前期温度要满足菌体生长的要求，而后期温度要有利于发酵。同一菌种在不同菌龄对温度的敏感性也是不同的。一般幼龄的细胞对温度比较敏感。因此种子培养基发酵初期应当严格控制温度，而发酵后期对温度的敏感性较差，甚至能短时间忍受较高的温度。

整个发酵过程中，物料的温度一般呈上升趋势。但在发酵开始时，因微生物数量少，产生的热量少，需加热提高温度，以满足菌体生长的需要，当微生物进入生长旺盛期，菌体进行呼吸作用和发酵作用放出大量的热，温度急剧上升，发酵后期逐渐缓和，释放的热量较少。若前期升温剧烈可能是杂菌感染。

为了使微生物在适宜的条件下生长和代谢，生产上必须采取措施加以控制，在发酵罐中可利用夹层或盘管，用蒸汽保温或用冷水、冷盐水降温，固体发酵则采用通风、散盘、摇瓶等措施降温；用提高室温及堆积等办法保温。

二、pH 值的影响及其控制

不同种类的微生物对 pH 值的要求不同，一般细菌生长所需的最适 pH 值6.5～7.5，霉菌、酵母菌生长所需的最适 pH 值一般为3～6，放线菌生长所需的最适 pH 值一般为7～8。微生物生长的 pH 值也分为最低、最适、最高3种。而在不同的发酵阶段往往最适 pH 值也不同。在不同 pH 值的培养基中，其代谢产物往往也不完全相同。另外在生产中往往通过调节培养基的 pH 值范围，以达到抑制其他微生物生长的目标，这样更利于某些工业生产的稳定进行。pH 值在发酵过程中是一个很敏感的因素，要注意正确控制和适当调节。

pH 值调节和控制的方法主要有：调节培养基的原始 pH 值；加入缓冲溶液（如磷酸盐）制成缓冲能力强、pH 值变化不大的培养基；选用不同代谢速度、不同种类和比例的碳源和氮源；在发酵过程中加入弱酸或弱碱进行 pH 值调节；通过调整通风量来控制 pH 值；补料；添加尿素等。

三、溶氧的影响及其控制

工业发酵使用的菌种多为好氧菌。一般说来，发酵初期，菌体大量增殖，氧气消耗大，而菌体主要是利用溶解于水中的氧，所以增加培养基中的溶解氧，可以满足代谢的需要。提高溶氧浓度的措施有：调节搅拌转速或通气速率来控制供氧，发酵罐中采用空气分布管来分散空气，提高通气效率；在传统发酵中经常采用打耙、翻缸、倒醅、封缸、料醅疏松或压紧、开窗换气等措施来提高氧的供给量。同时，要有适当的工艺条件来控制菌体的需氧量，使产生菌的生长和产物形成对氧的需求量不超过设备的供氧能力，使生产菌发挥出最大的生产能力。

四、泡沫的影响及其控制

在好气性发酵过程中，由于通气及搅拌，产生少量泡沫，是空气溶于发酵液和产生二氧化碳的结果。因此，发酵过程中产生少量泡沫是正常的，但当泡沫过多就会对发酵产生负面影响，因此需要消泡。

发酵过程中的消泡方法有物理法、机械法、化学法几种，机械法和化学法较为常用。机械消泡可以在罐内将泡消除，也可以将泡沫引出罐外，泡沫消除后再回到罐内。最简单的方法是在搅拌轴上安装消泡桨，用机械的强烈振动和压力的变化使气泡破灭。发酵工业上常用的化学消泡剂主要有 4 类：天然油脂类（花生油、玉米油、菜籽油、色拉油、猪油等）、聚醚类、醇类（聚二醇、十八醇等）和硅树脂类。

五、补料的控制

补料的作用是及时供给菌合成产物的需要。对酵母生产，过程补料可避免因克拉布特里效应引起的乙醇形成，导致发酵周期的延长和产率降低。通过补料控制可调节微生物细胞的呼吸，以免发酵过程受氧的限制。这样做可减少酵母发芽，细胞易成熟，有利于酵母质量的提高。补料分批培养也可用于研究微生物动力学，比连续培养更易操作和更为精确。

第四节　典型发酵食品的加工工艺

一、酱油及其加工

酱油是以植物蛋白（豆粕、豆饼等）及碳水化合物（麸皮、米糠、玉米、小麦、面粉等）为主要原料，在微生物酶的催化作用下，发酵水解成多种氨基酸及各种糖类，并以这些物质为基础，再经过复杂的生物化学变化，形成具有特殊风味的调味汁液。酱油作为人们生活中不可缺少的调味品，起着色、香、味、体的调节作用。除此之外，酱油中含有丰富的营养成分（如蛋白质、脂肪、钙、磷、铁、B 族维生素）和许多生理活性物质（如大豆多肽、大豆异黄酮、大豆皂苷），所以酱油还具有营养保健作用。目前，已报道酱油中诸多活性成分具有许多生理功能，如具有抗氧化、抗肿瘤、降胆固醇、降血压、促进消化、杀菌作用。

（一）酱油的分类

我国酱油种类多，可以从酱油的生产工艺、生产原料以及物理状态进行分类。

1. 按生产工艺分类

按发酵工艺将酿造酱油又分为高盐稀态发酵酱油❶和低盐固态发酵酱油❷。

高盐稀态发酵酱油：采用该工艺制得的酱油色泽呈红褐色，光亮清澈，香气浓郁，风味好，但该工艺需要压榨设备、投资大，发酵周期较长（4 ~ 6 个月），因此产量只占全国总产量的 10%左右。

低盐固态发酵酱油：该工艺控制酱醅中含盐量在 7%左右，对酶的抑制作用不大，该方法的发酵周期短，操作简便，技术简单，成本低，产量大，占全国总产量的 90%。目前，全国有 80%的企业采用低盐固态的酿造工艺生产酱油。

---

❶高盐稀态发酵酱油是指以大豆和/或脱脂大豆、小麦和/或小麦粉为原料，经蒸煮、曲霉菌制曲后与盐水混合成稀醪，再经发酵制成的酱油。

❷低盐固态发酵酱油是指以脱脂大豆及麦麸为原料，经蒸煮、曲霉菌制曲后与盐水混合成固态酱醅，再经发酵制成酱油。

2. 按生产原料分类

该分类主要是依据世界各地的饮食习惯和资源分布特点进行的。我国和日本主要以大豆和脱脂大豆为主要原料酿造酱油，我国南方也用其他原料（如花生饼、葵花籽饼、棉籽饼）代替大豆来酿制酱油。东南亚国家和我国广东、福建等地还以小鱼、小虾为原料生产鱼酱油。欧美一些国家倾向以食用蛋白质酸解水解液为主的酱油。

3. 按酱油产品的物理状态分类

按物理状态酱油分为液体酱油、半固态酱油和固态酱油。其中，半固态酱油呈膏状，是用酿造酱油或配制酱油为原料浓缩而成；而固态酱油有酱油粉和酱油晶，是以酿造酱油或配置酱油为原料经干燥得到的易溶制品。

（二）酱油酿造的原料

原料是保证产品品质和多样性的基础，以不同的原料或原料配比进行酿造会使产品具有不同的风味。酿造酱油的原料主要包括蛋白质原料、淀粉原料、水、食盐及一些辅料（如香辛料、增色剂、防腐剂、助鲜剂等）。

1. 蛋白质原料

蛋白质原料对酱油色、香、味、体的形成非常重要。一方面，在酿造过程中，蛋白质被微生物的酶作用分解为多肽、多种呈味氨基酸，这些产物是酱油的营养成分及鲜味、甜味的来源；另一方面，部分氨基酸进一步与其他化合物（如羰基化合物）反应，与酱油的色、香有着直接的关系。我国酱油生产企业主要采用大豆或脱脂大豆作为蛋白质原料，其他蛋白质含量高的原料有花生饼、菜籽饼、葵花籽饼、棉籽饼。根据各地的习惯，豌豆、蚕豆、绿豆等也用作酱油酿造的蛋白质原料。

（1）大豆。黄豆、黑豆和青豆的统称。我国酱油的传统生产以大豆为主，大豆蛋白质的氨基酸种类较全面，谷氨酸含量最高，可用于酿造酱油产生浓厚的鲜味。但是大豆中油脂含量较高（15%～25%），在酿制酱油过程中，油脂没有得到充分利用。

（2）脱脂大豆。以脱脂大豆为蛋白质原料，节约了大豆中大量的脂肪，降低了成本。根据脱脂方法的不同可分为豆粕和豆饼。豆粕是大豆经过有机溶剂提取油脂后的产物。豆粕中脂肪含量极少（0.5%～1.5%），蛋白质含量高，水分也少，容易破碎和蒸煮，脂肪含量少，保存期间不易发生氧化变质，是酿制酱油的理想原料。豆饼是采用压榨法提取大豆脂肪后的产物。根据大豆压榨时处理的方式不同将豆饼又分为冷榨豆饼和热榨豆饼。热榨豆饼中蛋白质组织受破坏较多，质地较松，微生物酶容易作用，水分和脂肪均较少，更适合用于酿造酱油。

（3）其他饼粕。花生饼、菜籽饼、棉籽饼等的蛋白质含量也较高，也用作酿造酱油的代用蛋白质原料，但要保证这些饼粕的原料安全性。例如，花生饼容易污染黄曲霉，极易产生黄曲霉毒素，因此采用花生饼作为酱油原料时，必须选择新鲜、干燥、无霉变者，在贮藏过程中注意花生饼的贮藏条件，生产前需根据情况检查是否含有黄曲霉毒素，检验合格后方可使用。菜籽饼中含有特殊气味和菜油酚，必须经过脱毒并检验合格后获当地卫生部门批准后方可销售和使用；菜油酚一般可用0.2%～0.5%的稀酸和稀碱除去。棉籽饼中含有有毒物质棉酚，其含量在0.15%～1.6%，作为酱油原料时，必须先去除该物质，并经过当地卫生部门批准后，方可投料酿制酱油。

（4）其他蛋白质原料。蛋白质含量高且不含有毒物质的物质，如蚕豆、豌豆、绿豆也可以作为酿造酱油的蛋白质原料，但其蛋白质含量相比于大豆和豆饼低，使用时一般只能替代部分蛋白质原料。

2. 淀粉原料

淀粉在发酵过程中被酶分解成糖，除了为发酵中的微生物生长提供所需的碳源外，葡萄糖经酵母发酵的产物（乙醇、甘油和丁二醇等）是形成酱油香气的前体物质和酱油的甜味形成；葡萄糖还可以被某些细菌利用进一步形成酯类物质，增加酱油香味；发酵中未被利用的葡萄糖和糊精可以增加甜味和黏稠感，这关系到酱油良好体态的形成。因此，淀粉也是酱油酿造的重要原料。传统上，以小麦和面粉为主要淀粉原料，目前大部分改用麸皮为主要淀粉原料。

（1）小麦。小麦中除主要含有约70%淀粉外，还含有10%～14%的蛋白质，2%的脂肪，10%～14.5%的水分，1.6%～2.3%的粗纤维。其中，蛋白质中的氨基酸以谷氨酸最多，是酱油呈鲜味的主要成分之一，对酱油的品质提高有着较大的贡献。

（2）麸皮。麸皮是小麦制粉时的副产品，因小麦品种和产地不同，其成分有所差异，大致成分为：淀粉含量约为20%，粗蛋白质10%～17%，粗脂肪2%～6%，粗纤维6%～10%，水分9.5%～15%，灰分5%～7.5%。此外，麸皮含有钙、铁、钾等无机盐及多种维生素，促进米曲霉的生长。麸皮质地疏松，表面积大，可以增强微生物分泌产酶，利于制曲和淋油。更具有优势的是，麸皮资源丰富，价格低廉。但是，由于麸皮中淀粉含量较低，影响乙醇发酵，从而降低了酱油的香气和甜味的生成量，因此在酱油生产中可以适当补充含淀粉较多的小麦或其他原料以保证酱油品质。

(3) 其他淀粉原料。淀粉含量高、无毒、无异味的物质（如玉米、大麦、碎米和高粱）也可以作为酱油酿制的淀粉原料。这些原料的粗淀粉含量约为70%。

3. 食盐

食盐也是酱油酿造的重要原料之一。一方面，食盐使酱油具有适当的咸味，并与氨基酸共同作用赋予酱油鲜味；另一方面，食盐具有杀菌防腐作用，在发酵过程中抑制污染杂菌的生长，在成品贮藏过程中防止腐败变质。此外，食盐溶液有助于大豆蛋白质的溶解，使成品中氮含量增加，提高了大豆原料的利用率。酱醅发酵阶段中食盐的浓度及纯度的高低对发酵有着较大的影响，因此酿造用食盐的选择应注意以下几点：水分和杂质少；颜色洁白；氯化钠含量高（优级盐中氯化钠含量大于93%或者一级盐中氯化钠含量大于90%）；卤汁（氯化镁、氯化钾、硫酸钠、硫酸镁等混合物）过多会使酱油带有苦味，因此要求卤汁少。

4. 水

无论制曲阶段还是酱醅发酵阶段，水都是酱油生产中不可或缺的酿造重要原料之一。在酱油酿造中水的用量较大，一般每生产1t酱油需要6～7t的水。通常自来水、深井水、清洁河水、江水、湖水均可使用。但是，酿造水必须具备以下条件：符合饮用水卫生标准，无色、无异味、中性或微偏碱性；铁、锰含量宜小于0.02mg/kg，否则会影响酱油的香气和风味。

（三）酱油酿造主要微生物

酿造酱油是利用特定微生物及其酶的作用分解蛋白质、碳水化合物所得到的酿造产品。酿造过程中起主要作用的微生物包括霉菌、酵母菌和乳酸菌。参与发酵的微生物对发酵过程和产品品质至关重要，因此筛选和培育优质菌种是酱油酿造的重要环节。

1. 霉菌类

(1) 米曲霉。这是酱油发酵的主发酵菌。在制曲过程中，米曲霉会产生多种酶类，主要有蛋白酶，有较强的蛋白质分解能力；谷氨酰胺酶，将谷氨酰胺直接分解为谷氨酸，增强酱油的鲜味；淀粉酶，将淀粉分解为糊精和葡萄糖。这3种酶对相应成分的分解作用决定了原料的利用率、酱醪发酵成熟的时间和产品的风味与色泽。

(2) 酱油曲霉。在20世纪30年代，日本学者阪口从酱油中分离出来酱油曲霉，并用于酱油生产。与米曲霉相比，酱油曲霉的多聚半乳糖酸酶活性较高，碱性蛋白酶活力较强。日本制曲使用混合曲霉（米曲霉79%，酱油曲霉21%）。我国有部分酿造酱油企业使用混合曲霉，通常使用纯米曲霉制曲。

2. 酵母菌

(1) 鲁氏酵母。这是酱油酿造中主要的酵母菌，能在含糖量、盐量很高的原料中生长，最适宜的生长条件为含盐量5%～8%。发酵生成的乙醇、甘油等再进一步生成酯、糖醇等风味物质。鲁氏酵母属于发酵型酵母，主要出现在主发酵期，进入发酵后期，随着发酵温度的升高，它开始自溶。

(2) 易变球拟酵母和埃切球拟酵母。这两种酵母也属于耐高浓度食盐的酵母菌，在酱油和酱的发酵中产生香气的重要菌种。与鲁氏酵母不同的是，它们属于酯香型酵母，在发酵后期作用，参与了酱醪的成熟，主要产生4-乙基愈创木酚、苯乙醇等香气成分。

3. 乳酸菌

乳酸菌与酱油风味的形成有很大关系，代表性乳酸菌有：嗜盐片球菌、酱油片球菌、酱油四联球菌及植物乳杆菌。它们都能在高浓度酱醪中生长并发酵糖生成乳酸，但耐乳酸能力不太强，因此不会产生过量乳酸使酱醅pH值过低而造成酸味变重。一般酱油中乳酸的含量在15g/L。适量的乳酸，使酱油口感柔和，是构成酱油风味的重要呈味物质之一。此外，乳酸菌发酵过程中产乳酸使得酱醅pH值降低至5.5以下，合适鲁氏酵母繁殖和发酵。当嗜盐片球菌与酵母菌以10∶1的比例混合使用时，这两种菌共同作用生成的糠醇赋予酱油更好的独特香气。

(四) 酿造酱油的生产工艺

按照发酵方法，我国酿造酱油生产工艺主要采用低盐固态发酵法和高盐稀态发酵法。

1. 低盐固态发酵工艺

低盐固态发酵工艺是控制酱醅中盐含量在7%左右，对酶的抑制作用不大，是基于无盐固态发酵发展起来的。其特点是：原料成本较廉价，发酵周期较短，发酵温度较高，营养物质含量少；特别是低盐固态经过高温发酵，酶失活快，不利于氨基酸生产及产香产酯物质的产生。由于发酵周期较短，没有后熟期，代谢产物不多，口味、香味与传统发酵产品相比差距较大。但因其工艺简单，设备投入少，生产成本低，故国内大多数中小企业仍采用低盐固态发酵法。

（1）工艺流程（图6-5）。

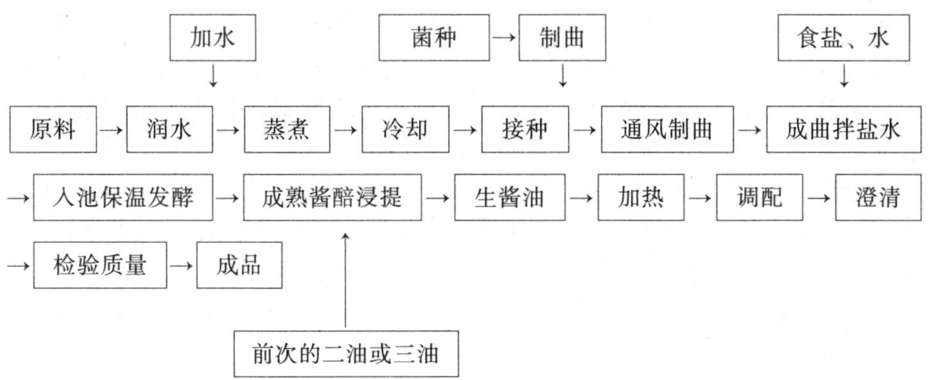

图6-5　低盐固态发酵工艺流程

（2）操作要点。

①原料处理：酱油的原料处理包括原料配比与粉碎、润水、蒸煮。

原料配比与粉碎：低盐固态发酵通常采用的原料配比是豆饼比麸皮为6：4、7：3或8：2。豆饼要先进行粉碎，以利于增大豆饼的表面积，为吸收水分和蒸煮创造条件，提高原料的利用率。可采用锤击式粉碎机进行豆饼粉碎，然后通过筛子（2～3mm孔径）得到粒度均一的小碎片。

原料润水：向原料中加入所需要的水量后，设法使其均匀且完全地吸收，加水后需要维持一定的吸收时间，称为润水。其目的主要有：使蛋白质含有适量的水分，以便其在蒸煮时迅速达到蛋白质适度的变性（蒸熟）；使原料中淀粉吸水、充分膨胀、易糊化，利于发酵菌种利用营养物质；为菌种的生长繁殖提供适量水分。

润水量因制曲的原料配比而不同，一般以蒸熟后曲料按水分达到47%～50%为宜。

假设原料为豆饼和麸皮，总料加水量由如下公式（未考虑蒸煮时的水分吸收）计算：

$$w = \frac{m + m_1w_1 + m_2w_2}{m + m_1 + m_2} \times 100\%$$

式中，w 为要求熟料水分含量（%）；m 为加水量（kg）；m_1 为豆饼的质量

(kg)；w_1 为豆饼的水分（%）；m_2 为麸皮的质量（kg）；w_2 豆饼的水分（%）。

蒸煮：目的是使原料中蛋白质适度变性、淀粉蒸熟糊化，杀灭附着在原料上的微生物，为菌种生长繁殖提供合适的养料和创造有利的条件。原料蒸煮的程度对原料的利用率和酱油质量有着明显的影响。因此，蒸煮时间、温度和蒸汽压力等条件的控制要求非常严格。蒸煮设备有常压蒸料锅和加压蒸料锅。由于采用常压蒸料锅曲料蒸熟不均匀，且进、出料劳动强度大，该种设备一般在一些小型酱油厂中使用。对于大型酱油厂，一般采用加压蒸料锅。目前普遍使用的加压蒸料锅是旋转式蒸煮锅，蒸煮条件一般为：压力 0.08 ～ 0.14MPa，维持 15 ～ 30min。蒸煮的熟料要求达到如下质量标准：感官方面，具有熟料固有的色泽和香味，无煳味和其他不良气味，有弹性，手感松散，不黏，无夹心；理化方面，水分为 46% ～ 50%，蛋白质消化率大于 80%。

②接种种曲：种曲用量为制曲投料量的 0.3%，接种温度控制在 40℃。种曲的制作如图 6-6 所示：

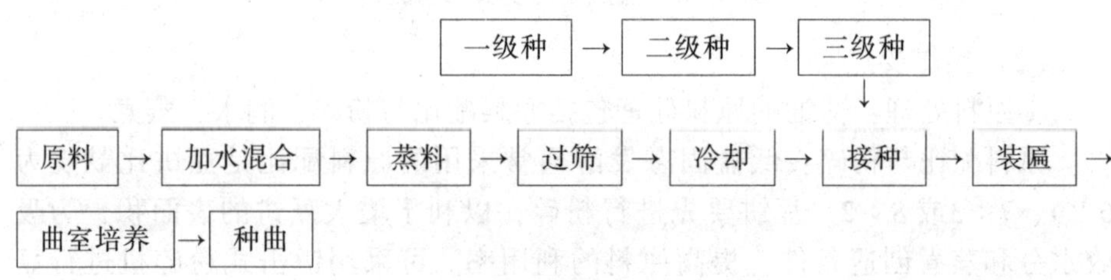

图 6-6　接种种曲

③厚层通风制曲：接种种曲后的曲料移入曲室池内，厚度约为 30cm。米曲霉最适的发芽温度在 30 ～ 32℃。当通风制曲开始时，米曲霉得到适当的温度和水分，温度维持在 32℃左右为宜。在最初静止培养 4 ～ 5h 是米曲霉的孢子萌芽期，孢子萌芽后，接着生长菌丝，当静止培养 8h，由于菌丝生长旺盛使品温上升，此时应通风，以维持品温在 35℃。培养至 12h 左右，当肉眼稍见曲料发白时可进行第一次翻料；当曲料全部发白，曲料结块面层有裂缝迹象及品温相应上升时，应进行第二次翻曲。继续培养到 18h 左右，开始着生孢子，24h 左右孢子逐渐成熟，外观由淡黄色变为嫩黄绿色，品温逐渐下降，即可出曲。

④食盐水的配制：食盐的浓度一般控制在 7%左右，既不严重抑制蛋白酶的活力，又能适度抑制其他污染菌的生长。因食盐的质量及温度不同，用盐量需要相应增减。

⑤成曲拌盐水：拌曲盐水的温度，一般根据入酵池后对发酵温度的要求来掌握。入酵池后酱醅品温应控制在 42 ～ 45℃，因此夏季盐水温度可控制在 45 ～ 45℃，冬季则需盐水温度为 50 ～ 55℃。拌曲盐水温度不宜过高，否则使成曲酶活性钝化而失去活性。当成曲质量较差时，可以适当提到拌曲盐水温度，并适当加入些食用纯碱将 pH 值调至 9 ～ 10（拌曲后酱醅 pH 值控制在 7 左右），这样有利于中性、碱性蛋白酶的作用，对提高原料的利用率有一定的效果。拌曲盐水量的确定一般使得酱醅含水量不低于 50%，52%～ 53%较为理想。拌曲时应注意盐水和成曲拌和的均匀性，通常在低层的酱醅中少拌入一些盐水，拌盐水量随着酱醅层上移而适量加大，使得酱醅层在拌曲结束后盐水量趋于一致。

⑥保温发酵：发酵是酱油酿造中一个重要的工艺环节，直接影响到原料利用率和酱油的质量。它是利用微生物分泌的多种酶，其中最重要的是蛋白酶和淀粉酶，在一定条件下，将酱醅（醪）中原料分解、转化，最后形成酱油的色、香、味、体成分。因此，对发酵工艺条件（温度和时间等）的掌握尤为重要。因各厂根据设备情况及要求不同，发酵工艺条件的控制有所差异。在发酵前期，主要为淀粉和蛋白质的酶解阶段，一般要求温度控制在 42 ～ 46℃，在该温度下维持 10d 左右，水解基本结束。进入发酵后期，主要是以耐盐乳酸菌和酵母菌为主导的发酵作用，应补充适量浓食盐水使浓度达到 15%左右，酱醅温度下降到 30 ～ 35℃，一般可以通过浇淋来实现对食盐浓度和酱醅温度的调整与控制。到达要求的发酵条件后，可将乳酸菌和酵母菌培养液浇淋在酱醅上，也可以利用自然繁殖的野生乳酸菌和酵母菌进行发酵，直到酱醅成熟。整个发酵阶段一般需维持 14 ～ 20d。上述的发酵过程是采用温度“先中后低”型的发酵。为了缩短发酵周期，有些酱油生产单位采用温度“先中后高”型发酵，即在第一周内酱醅温度维持在 42 ～ 45℃，然后逐渐升高至 51 ～ 52℃，整个发酵阶段需要 15d 左右。此“先中后高”型发酵的酱油出品率虽然有所增加，但是由于发酵后期的温度高不利于酵母菌和乳酸菌的作用，而使得酱油的风味较差。

⑦酱油的提取：酱醅在成熟后，用浸提液将固体酱醅中有效成分分离出来，溶入液相作为成品。浸出工艺主要包括 3 个过程，即浸泡、过滤、洗涤，如图 6－7 所示。先将上批酱油提取工艺得到的二油加热至 70 ～ 85℃。浸提液加热的目的是加速酱醅中有效成分向浸提液的扩散作用，促进酱油成分从固体发酵颗粒中溶出，同时还可以起到抑制杂菌繁殖，防止酱醅变质的作用。受热后的浸提液（二油）通过泵注入成熟酱醅中，同时应采取加席（竹帘）措施以防醅面被冲散而影响滤油，二油用量需根据各种等级酱油的要求、蛋白质总量及出品率等来确定，一般为豆饼原料用量

的5倍左右。浸泡过程中需盖紧发酵容器，酱醅温度保持在55～65℃，一般需浸泡20h左右。第一次浸提液从发酵容器底部放出的液体称为头油。头油（二油亦同）不能放得太多，避免醅层堆积密度增加使酱渣紧缩而影响第二次抽滤。在头油即将放完，酱醅面有薄层水时即可加入三油。第二次浸泡时间一般控制在8～12h，滤出二油。第三次浸泡时用水作为浸提液，浸泡2h左右，滤出的称为三油。此外，每次的放油速度对酱油质量和生产效率有关。具体放油速度根据具体情况来定，但一般而言，头油不得少于2h，二油不得少于1h，三油可以快些。头油、二油和三油分别用于配制酱油成品、下批次的成熟酱醅第一次浸泡液及第二次浸泡液。由于二油和三油用于下一批次浸泡，放置时间较长容易受杂菌污染而发生变质，应及时加热灭菌或加入适量盐进行贮存。

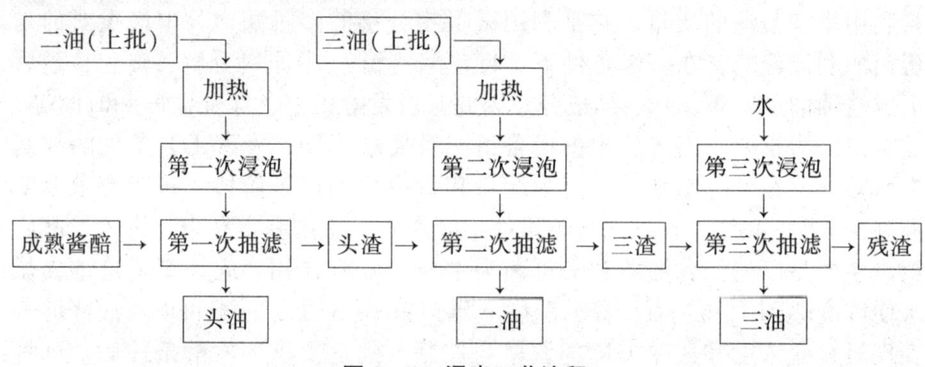

图6-7 浸出工艺流程

⑧加热及成品配制：从成熟酱醅中浸提出的头油称为生酱油，经过加热和配制等工序后才得到符合等级要求的酱油成品。其加热和成品配制的工艺流程为：

加热的主要目的是为了杀灭酱油中残留的微生物和酶，防止酱油质量降低和延长保质期；加热使部分凝固性蛋白质发生絮状沉淀，同时带动酱油中悬浮物与杂质一起下沉，使产品澄清；加热后产品的色泽得到适当加深，香气变得醇厚，但部分挥发性香气成分因加热而损失。加热的温度因酱油品种和质量而异。质量好的酱油具有浓厚风味，固形物含量高，宜用较低的加热温度，避免高温使其中的某些香气成分损失，甚至出现煳味而影响质量。对于质量差的酱油，加热温度可以适当提高。加热的方法主要有间接蒸汽法，方式有夹层锅加热、盘管加热、列管式热交换器加热等。前两种加热方式装置属于间歇式加热设备，酱油温度一般在65～70℃，维持30min。列管式热交换器加热设备可以连续化操作，是目前酱油厂使用较多的设备，因为它的结构简单，操作方便，成品质量好，生产效率高。从管内流出的酱油温度达到80℃，可以通过调节管内酱油流速和管外蒸汽压力来实现。为了保持酱油的良好风味和质量，可采用高温瞬时灭菌法，在115～135℃下仅受热3～5s。

酱油经过加热后，将头油、二油和添加剂按照酱油的等级和规定的质量标准进行配兑的操作称为配制。其目的是保证每一批次酱油产品一致，达到感官、理化和卫生标准；根据各地风俗习惯和口味进行调味，增加产品种类及消费者的选择。

生酱油经加热后，其中的一些物质，如高分子蛋白质、菌体、其他悬浮物等常常发生聚结，使酱油成品浑浊。常用静置法或过滤法除去沉淀。静止法可以采用不锈钢和内涂环氧树脂的底部呈漏斗状钢质澄清器，澄清时间一般需要5～7d。目前较先进的过滤是采用膜过滤对生酱油进行除菌和澄清处理，可以最大限度保留酱油的原有风味，在常温下有效地去除细菌、酶等物质以及其他悬浮物。

2. 高盐稀态发酵工艺

高盐稀态发酵工艺是目前世界上最先进的发酵工艺。高盐能够有效抑制杂菌，稀醪有利于蛋白质分解，低温有利于酵母等有益微生物生长、代谢，从而生成具有口感醇厚、酱香浓郁、滋味鲜美、色泽浅而“油亮”的酱油。

高盐稀态发酵工艺与低盐固态发酵工艺的相同之处：原料润水、蒸煮、冷却、制曲、接种、制醅（醪）、发酵、酱醅浸提、加热、澄清、包装等工序；不同之处在于制醅工序的酱醪盐水浓度和盐水用量。高盐稀态发酵法具体可分为高盐稀态发酵压滤法、高盐稀态发酵浸出法和固稀发酵法。

（1）高盐稀态发酵浸出法。一般以酱用大豆和面粉（配比为7∶3）为原料，成曲拌入盐水的浓度为18～20°Bé，盐水用量为总原料的2～2.5倍，酱醪的含盐量为15%～16%，酱醪为流动的稀态，日晒夜露的稀态发酵过程中，不加入人工培养的酵母菌和乳酸菌，发酵期为3～6个月。这种工艺在年平均气温高的南方广泛应用，如广东的生抽王、老抽等酱油多是采用这种工艺生产的。

（2）高盐稀态发酵压滤法。高盐稀态发酵压滤法与高盐稀态发酵浸出法的工艺差别很大。高盐稀态发酵压滤法使用的原料是脱脂大豆及小麦，稀发酵的前期采用低温发酵，且需要加入人工培养的乳酸菌及酵母菌，成熟酱醪经压榨机压滤提取酱油，因此两种工艺的产品风味也存在着明显的差异。成曲拌盐水的浓度为18～20°Bé，加入盐水的温度根据季节的变化而适当调整，使得稀醪发酵前期（20～30d）品温为15℃为宜，在低温发酵阶段（30～40d）结束后加入耐盐酵母菌。发酵期间，品温从15℃上升到30℃，定期搅拌，发酵周期约为6个月，成熟酱醪送入压滤机压滤，滤出的生酱油经加热、配制、澄清后即为酱油成品。

（3）固稀发酵法。以脱脂大豆、小麦为主要原料，小麦经焙炒、破碎后与蒸熟的脱脂大豆混合制曲，再经过前期固态发酵，后期稀发酵两个阶段的酿造，最后经压滤法提取到酱油。前期固态发酵加入盐水浓度和温度分别为12～14°Bé和40～50℃，盐水与成曲原料的比例为1∶1，不需加入人工培养的酵母菌和乳酸菌，在40～42℃保温发酵14～15d后，加入二次盐水（浓度18～20°Bé，用量是成曲原料的1.5倍）。常温稀态发酵期间需定期搅拌，会有大量的野生酵母菌和乳酸菌参与发酵。这种发酵工艺是传统的高盐稀态发酵工艺的改进。

二、豆豉及其加工

豆豉、酱油、豆酱和腐乳并称我国四大传统发酵豆制品。豆豉是以大豆为主要原料，利用微生物发酵，使大豆蛋白质发生一定程度的降解，然后通过加盐、加酒、干燥等方法，抑制酶的活力，延缓发酵过程制成的一种具有特殊风味的发酵调味食品。

（一）豆豉分类

1. 按制曲时参与发酵的主要微生物分类

（1）毛霉型豆豉。在我国同类产品中产量最大，主要代表性品种为重庆永川豆豉、四川潼川豆豉和三台豆豉。毛霉型豆豉由于仅限于四川、重庆生产，有严格的区域限制，且对自然条件要求严格，一般在较低气温下的季节采用自然制曲生产。

（2）曲霉型豆豉。分布最广，国内以广东阳江豆豉和湖南浏阳豆豉为代表产品。在自然发酵曲霉型豆豉中主要的微生物为巢状亚属巢状组埃及曲霉、烟色亚属烟色组烟曲霉原变种、环绕亚属黄绿组米曲霉原变种和环绕亚属黄绿组寄生青霉群。

（3）根霉型豆豉。代表性产品有印度尼西亚的丹贝和我国上海、江苏等地生产的豆豉。参与制曲发酵获得主要微生物为少孢根霉、米根霉和毛霉。

（4）细菌型豆豉。代表性的细菌豆豉有日本纳豆和我国云南、山东、贵州等地的家常豆豉。参与发酵的主要微生物有豆豉芽孢杆菌、微球菌和枯草芽孢杆菌等，其中芽孢杆菌在豆豉中数量突出，能大量形成与豆豉风味相关的酶类物质（蛋白酶和淀粉酶），因此芽孢杆菌在豆豉的发酵过程中发挥着非常重要的作用。

2. 根据口味分类

（1）咸豆豉。它是煮熟的大豆，先经制曲，再添加食盐、辣椒、生姜、白酒等香辛料，入缸发酵晒制而成，含盐量一般高于8%。

（2）酒豆豉。将咸豆豉浸于黄酒中数日，取出晒干，即制得酒豆豉。

（3）淡豆豉。淡豆豉有食用和药用之分，食用淡豆豉是将煮熟的黑豆或黄豆经自然发酵而成的，含盐量一般低于8%。

3. 按成品含水量分类

可分为干豆豉、湿豆豉和水豆豉。随着豆豉中水分含量的增大，豆豉的盐含量也增大。因此，又可以将这3种分类称为淡干豆豉（水分小于20%）、咸湿豆豉（45%左右）和咸水豆豉（含水65%以上）。

4. 按豆豉加工原料分类

可分为黑豆豆豉和黄豆豆豉。采用优质黑豆为生产原料发酵而成的豆豉，有浏阳豆豉和江西豆豉等。以黄豆为原料生产豆豉的有广东阳江豆豉、江苏和上海一带的豆豉等。

5. 其他分类

根据酿造豆豉时是否加调味辅料，可分为素豆豉及调味豆豉。根据辅料的不同，有酒豉、椒豉、酱豉、姜豉等。按照豆豉的用途不同，豆豉还可分为食用、药用及烹饪调味等。

（二）豆豉形成的生化机制

虽然豆豉的种类很多，生产工艺有所差异，但豆豉生产主要为大豆前处理、制曲、后发酵和成熟阶段，每一个阶段都涉及一系列复杂的物理和生物化学反应。

1. 大豆前处理阶段

该阶段主要包括浸泡和蒸煮，目的是让大豆吸收适量水分，使大豆蛋白质适当变性，从而改善微生物对营养物质的吸收，影响代谢过程中酶的活性。

2. 制曲阶段

该阶段依靠微生物分泌大量的酶，如蛋白酶、脂肪酶、淀粉酶、β-葡萄糖苷酶等，分解大分子营养物质。例如，蛋白酶将大豆原料中蛋白质降解为多肽和氨基酸，脂肪酶将脂肪分解成脂肪酸，淀粉酶将淀粉水解成葡萄糖等单糖物质。

3. 后发酵和成熟阶段

在发酵过程中发酵条件（温度、湿度、发酵时间）对微生物的繁殖和分泌有着直接的影响。后发酵阶段主要是通过乳酸菌及酵母菌的作用而产生风味物质。乳酸发酵产生的乳酸等有机酸与酵母菌发酵产生的醇类物质作用生成酯，形成了豆豉浓郁的酱酯香。游离氨基酸主要是在后发酵阶段形成，豆豉中氨基酸的主要成分为谷氨酸和天冬氨酸，并与经淀粉酶水解碳水化合物生成的还原糖（葡萄糖、果糖、麦芽糖等）发生美拉德反应，形成了豆豉诱人的黑褐色。

（三）豆豉生产工艺

豆豉酿造工艺因产品品种和发酵中参与主要微生物制曲的不同有所区别。目前，我国豆豉的生产基本上是靠经验制作的自然发酵。它们的生产工艺基本相同，主要差异在于发酵菌种和发酵的参数有所不同。下面以毛霉型豆豉的生产工艺为例，详细介绍其工艺流程和操作要点。

1. 毛霉型豆豉生产工艺流程（图 6-8）

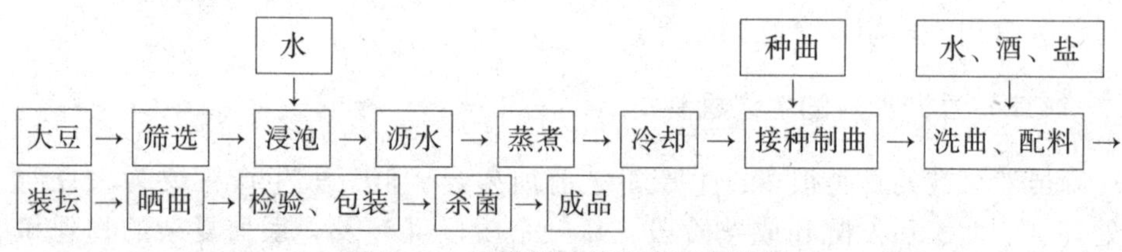

图 6-8 毛霉型豆豉生产工艺流程

2. 操作要点

（1）筛选。采用黄豆或黑豆为原料，必须符合《大豆》(GB 1352—2009) 中的规定，即颗粒硕大、饱满、肉多、粒径大小基本一致、表皮无皱、充分成熟、有光泽。

（2）浸泡。浸泡的目的是使原料吸收一定水分，蒸煮时蛋白质迅速达到适度变性，淀粉易于糊化，以利于微生物分泌的酶作用；因为原料的含氮利用率和氨基酸的生成率随水分的增加而逐渐提高。

（3）蒸煮。蒸煮的目的是使大豆组织软化、蛋白质适度变性、淀粉达到糊化程度，以利于酶的分解作用；杀死附着于豆上的杂菌，提高制曲的安全性。❶

（4）接种制曲。这个环节是整个生产过程中的一个重要环节，成曲的质量将直接影响到发酵的好坏，以及成品的质量优劣，所以一定要加强管理制曲过程，为微生物生长创造良好的生长环境。目前大规模生产常用的制曲方法主要有簸箕或晒席制曲和通风制曲两种。

（5）洗曲、配料。洗曲去毛的目的是尽量去掉豆豉成曲表面附着的孢子和菌丝，避免或减轻豆豉产品的颜色不纯及有强烈的苦涩味和霉味。将成曲放入冷水中，反复用清水冲直到没有黄水。用手抓不成团，然后沥干。洗曲时应注意避免大豆脱皮，豆曲表面没有孢子和菌丝。当豆曲水分沥干至50%时，按大豆原料质量的13%～18%添加食盐，然后加入白酒、桂皮、大茴等调味料，然后拌匀。拌料时，应保持设备工具及操作环境的清洁卫生，手工或机械拌均匀即可。

（6）装坛或下窖。发酵将去毛、拌料后的大豆装入坛子中，且必须装满，以免有空气存留在坛中不利用毛霉（厌氧微生物）生长。但又不能压得太紧，以免晒露的时候破裂。装好后用塑料膜覆盖，用绳子系紧坛口，再盖上盖子。如果下窖，则需要在窖底先铺上一层谷糠，有利于保温。再将成曲装入窖中，在其表面用塑料薄膜封住，然后在薄膜上铺上一层食盐，这样可以防止空气进入，为微生物生长提供良好的条件，使得发酵效果良好。

（7）晒曲。将封好的坛子放在屋外，让其日晒夜露，利用昼夜温差使生化反应加快，2～3个月转入室内，然后再继续发酵6～8个月，豆豉变为棕褐色而有光泽。

（8）成品质量检验。要求豆豉无溃烂及脱皮，无硬粒、硬心及泥沙杂质；色正，香气浓郁，鲜咸适度，无异味。

---

❶通常采用常压蒸煮锅，121℃煮2h左右，若采用蒸汽加压蒸煮，一般以0.15MPa的压力保持30min。蒸煮程度为豆粒熟而不烂，内无生心，颗粒完整，有豆香味，无豆腥味，用手指压豆粒即烂，豆肉呈粉状。如果蒸煮不足或过度，蛋白质未变性或变性过度，那么大豆在发酵过程中可能会发生异常发酵。此外，蒸煮不足缺乏酯香味，而蒸煮过度酯香则易挥发。

三、酸乳及其加工

(一) 定义

联合国粮农组织(FAO)、世界卫生组织(WHO)与国际乳品联合会(IDF)于1977年对酸乳的定义:酸乳是在德氏乳杆菌保加利亚亚种和嗜热链球菌的作用下,使用添加(或不添加)乳粉的乳进行乳酸发酵而得到的凝乳状产品,最终产品中须含有大量的、相应的活性微生物。我国在《发酵乳》(GB 19302—2010)中对酸乳的定义为:以生牛(羊)乳或乳粉为原料,经杀菌、接种嗜热链球菌和德氏乳杆菌保加利亚亚种发酵制成的产品。

(二) 分类

依据其制作工艺、发酵微生物的特性及产品特征、原料组成等,分类方式和产品标准也不相同,大体上可以分为以下几类。

1. 根据脂肪含量分类

酸乳可分为:全脂酸乳,脂肪含量>3.0%;半脱脂酸乳,脂肪含量介于1.5%~3.0%;脱脂酸乳,脂肪含量<0.5%。

2. 根据产品组织状态与发酵后加工工艺分类

酸乳可分为凝固型酸乳、搅拌型酸乳、饮料型酸乳、冷冻型酸乳、浓缩型酸乳和酸乳粉6种。

(1) 凝固型酸乳。原料奶在添加发酵剂后立即进行灌装、封口,送入发酵室,产品在包装容器中发酵而成,保留其凝乳状态,如我国传统的玻璃瓶装的酸乳。

(2) 搅拌型酸乳。在发酵罐中接种发酵剂发酵,凝固后再加以搅拌入杯或其他容器内,添加(或不添加)果料等制成具有一定黏度的半流体制品。

(3) 饮料型酸乳。以普通酸乳为原料,经添加其他非乳成分再进行加工制成的制品。其浓度一般较稀,流动性好。

(4) 冷冻型酸乳。在酸乳中加入增稠剂或乳化剂等,然后对其进行特殊的冻制工艺加工而得到的产品。它具有酸乳和冰淇淋双重优势特点,是二合一的新型乳制品。

(5) 浓缩型酸乳。将正常酸乳中的部分乳清除去而得到的浓缩产品。

因其除去乳清的方式与加工干酪的方式类似，故又称其为酸乳干酪。浓缩酸乳不仅比一般的酸乳保质期长，而且因其体积减小，冷藏时更节约冷源，缩减了运输与包装的成分。饮用时将适量水加入浓缩酸乳中即可变成一般的酸乳。

（6）酸乳粉。用冷冻干燥法或喷雾干燥法将酸乳中约95%的水分除去而制成酸乳粉。该产品可以用温水冲调复原后，不经保温即使之凝固而直接饮用，也可经保温使之形成均匀凝块后饮用。

3. 根据风味分类

酸乳可分为天然纯酸乳、加糖酸乳、调味酸乳、果料酸乳、复合型或营养健康型酸乳和疗效酸乳6种。

（1）天然纯酸乳。产品只由原料乳和菌种发酵而成，不含任何辅料和添加剂。

（2）加糖酸乳。产品有原料乳和糖加入菌种发酵而成。在我国市场上常见，糖的添加量较低，一般为6%～7%。

（3）调味酸乳。在天然酸乳或加糖酸乳中加入香料（香草香精、蜂蜜、咖啡精等）而成。必要时也可以加入稳定剂以改善稠度。

（4）果料酸乳。成品是由天然酸乳糖与果料混合而成。果料的添加比例通常为15%左右，其中约有一半是糖。包装前或包装的同时将酸乳与果料混合起来。酸乳容器底部加有果酱的酸乳称为圣代酸乳。

（5）复合型或营养健康型酸乳。通常在酸乳中强化不同的营养素（维生素、食用纤维素等）或在酸乳中混入不同的辅料（如谷物、干果、菇类、蔬菜汁等）而成。这种酸乳在西方国家非常流行，人们常在早餐中食用。

（6）疗效酸乳。包括低乳糖酸乳、低热量酸乳、维生素酸乳或蛋白质强化酸乳。纯天然酸乳通常热量为250～1402kJ/100g，而低热量性酸乳仅为711kJ/100g，适合减肥人群。低乳糖型酸乳是通过添加乳糖水解酶使乳中乳糖分解，再进行发酵的一种酸乳，主要针对糖尿病及乳糖不耐症人群。

4. 根据发酵剂菌种的不同分类

酸乳可分为传统酸乳和益生菌酸乳两种。传统酸乳是指由保加利亚乳杆菌和嗜热链球菌发酵而成的酸乳。益生菌酸乳是在传统酸乳的发酵菌种中添加了一种或几种益生菌发酵而成的酸奶制品，成品中含有活性益生菌，对人体具有更加有益的保健功效。

5. 根据原料乳的不同分类

酸乳可分为酸牛乳、酸羊乳、酸马乳、酸水牛乳、酸牦牛乳等。目前国内市场上主要以酸牛乳为主。

（三）酸乳的形成机制

以乳酸菌为主的特定微生物作为发酵剂接种于杀菌后的原料乳中，在一定温度下乳酸菌增殖使部分乳糖分解产生乳酸，同时伴有一系列的生化反应，使乳发生化学、物理和感官变化，从而使发酵乳具有特殊的风味和特定的质地。

（1）乳糖的代谢。在酸乳发酵过程中，使用的发酵剂都是同型乳酸发酵的乳酸菌，乳糖经过透膜酶的作用进入细胞内，经 β-半乳糖苷酶的作用分解成葡萄糖和半乳糖，然后在磷酸果糖激酶的作用下葡萄糖变成了果糖，并在磷酸烯醇丙酮酸的作用下转化为丙酮酸，最后丙酮酸在酸脱氢酶的作用下，最终变成乳酸，而半乳糖不能被乳酸菌利用而残留在酸乳中。这是发酵过程中的主要化学变化。由于产生的乳酸不断积累，对乳酸菌有抑制作用，因此乳中的乳糖不能全部转化，大概只有20%～30%的乳糖被利用。

（2）乳蛋白的分解。酸乳发酵剂具有弱的蛋白分解活性。在乳酸菌中，蛋白水解能力最强的是德氏乳杆菌保加利亚亚种，其次是乳酸链球菌，嗜热链球菌几乎不具有蛋白水解能力。在酸乳发酵过程中，乳中的蛋白质被乳酸菌在代谢过程中产生的蛋白酶分解成多肽，多肽进一步被分解为氨基酸。产生的多肽和氨基酸不仅可以作为风味物质的前体，而且在混合菌株发酵过程中促进混合菌株的共生作用，从而促进菌株的生长。因此，适度的蛋白水解对改善酸奶的风味和质地是必不可少的。

（3）乳脂肪的分解。一般来说天然乳中的脂肪酶在巴氏杀菌时就已经失活了，发酵乳中脂肪含量的变化是由乳酸菌（乳酸链球菌和干酪乳杆菌）对脂肪的代谢造成的。原料乳中的部分脂肪在乳酸菌中的脂肪酶的作用下发生微弱的水解，逐步转化为脂肪酸和甘油。乳中的脂肪含量越高，脂肪水解越多，并且均质过程有利于此类反应的进行。

虽然酸乳发酵剂对脂肪水解程度很小，但这些脂肪水解产物（游离脂肪酸、甘油和酯类）足以影响酸奶的风味。其中，酸乳发酵剂中的脂肪酶对含短链脂肪酸的脂肪作用更强。

（4）其他化学变化。嗜热链球菌和德氏乳杆菌保加利亚亚种在生长增殖过程中会产生烟酸、叶酸和维生素 B_6。也有的乳酸菌会消耗原料乳中的部分维生素，如泛酸、维生素 B_{12}。在乳发酵过程中矿物质的存在形式发生改变，可溶性矿物盐含量增加，如胶体磷酸钙随着酸乳的 pH 值降低而发生溶解。

（5）物理性质的变化。主要体现在酸乳的 pH 值的降低和酸乳呈现的凝乳状态。

（6）感官性质的变化。原料乳经乳酸菌发酵后得到的酸乳产品呈圆润爽滑、黏稠、均一的软质凝乳，具有典型的酸味。

（四）酸乳的生产工艺

1. 凝固型和搅拌型酸乳生产工艺流程

凝固型和搅拌型酸乳的工艺流程如图 6－9 所示。

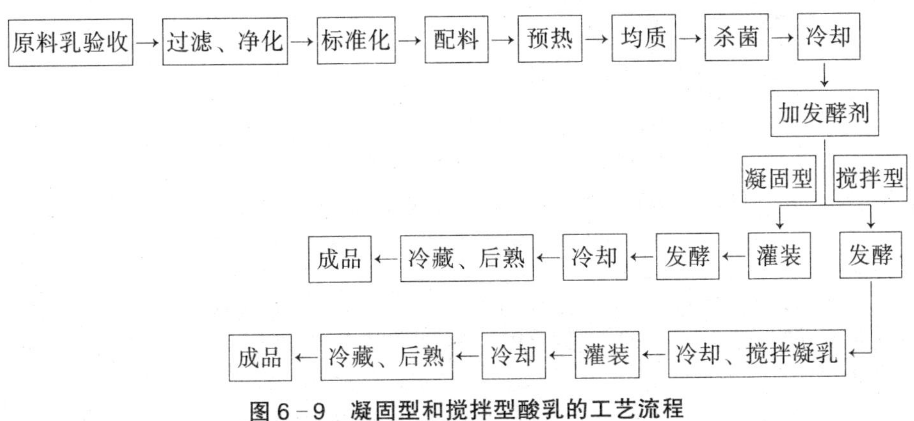

图 6－9　凝固型和搅拌型酸乳的工艺流程

2. 凝固型酸乳生产工艺要点

凝固型酸乳生产线流程如图 6－10 所示。

（1）原料乳验收。牛乳、羊乳等各种家畜乳汁或乳粉（脱脂或不脱脂）均可以作为酸乳加工的原料乳，其中牛乳是最主要的原料乳。生产酸乳的原料乳必须来自正常饲养、无传染病和乳腺炎的健康产乳家畜。以新鲜牛乳为例，其原料感官、理化和微生物限量指标要求应符合《发酵乳》（GB 19302—2010）规定。例如，要求乳汁新鲜，相对密度大于等于 1.027，牛乳酸度在 18°T 以下，乳脂肪含量大于等于 3.1%，非脂乳固体含量大于等于 8.1%，蛋白质含量大于等于 2.8%；具有牛奶正常色泽，为白色或稍带黄色，不含肉眼可见异物，不得有红色、绿色或其他异色；具有乳香味和微甜味，不能有苦、咸、涩的滋味和饲料、青贮、霉菌等异味；原料奶中不得含有抗生素和防腐剂等阻碍因子，不得掺碱或掺水；杂菌数应在

500000cfu/mL 以下。

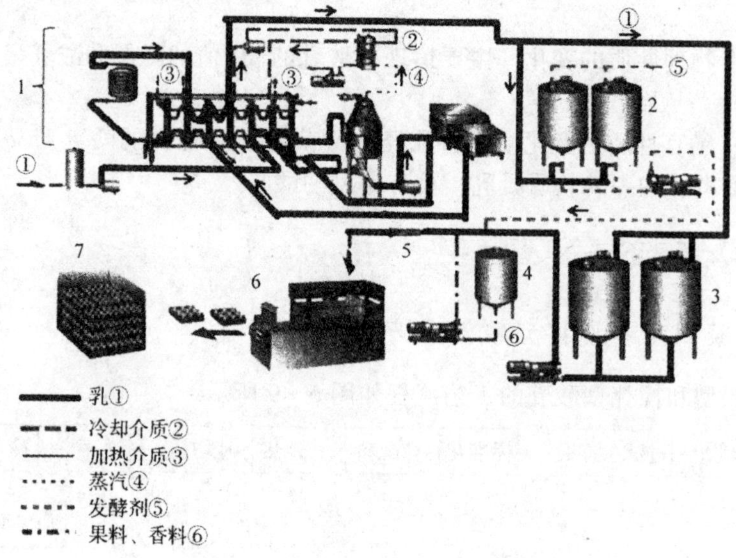

图 6-10 凝固型酸乳生产线流程

1—原料乳预处理 2—种子罐 3—缓冲罐 4—果料和调香物罐

5—混合器 6—灌装机 7—保温发酵

(2) 过滤、净化。原料乳需用多层纱布、双联过滤器等除去其中肉眼可见的杂质；对于乳中的细小尘埃、白细胞等，则需要离心净乳机进行净化处理。

(3) 标准化。原料乳中的脂肪和非脂固体的含量随着地区、季节和饲养管理等的不同而有着较大的差别。为了保证产品的质量稳定性，乳中的脂肪与非脂乳固体的比例要求达到一定的比例，因此必要时应对原料乳的标准化。当原料乳中脂肪含量不足时，应添加稀奶油；若脂肪含量太高时，则应添加脱脂乳粉或进行适当脱脂处理。

(4) 配料。将原料乳加热到 40℃左右，然后加入相应的脱脂乳或稀奶油（经标准化公式计算）调节乳脂和非脂乳固体含量的比例，搅拌溶解，乳的温度升高至 50℃左右时添加蔗糖，蔗糖的添加量一般 5%～8%。对于生产适于特殊人群（如糖尿病人）饮用的酸乳，可以用山梨醇、甜味菊等代替蔗糖。根据其他口味，可以添加水果或果酱类，因其本身含有糖类，因此乳中糖类的总浓度不宜高于 12%，否则因渗透压的提高而对乳酸菌产生抑制作用。搅拌溶化后将乳温升至 65℃左右，采用循环泵过滤器滤除杂质。

(5) 预热、均质。原料乳配料后经过板式或片式热交换器串联均质机，使之温度达到 55 ～ 65℃，在 15 ～ 20MPa 压力下进行均质，使乳中脂肪、酪蛋白细微化，有利于提高酸乳的稳定性和黏度，获得良好风味和细腻的口感，提高产品的消化吸收率。

（6）杀菌、冷却。均质后原料乳进入杀菌设备继续升温，一般采用 90 ～ 95℃、5 ～ 10min 的杀菌条件，然后冷却至 43 ～ 45℃。杀菌的作用是：杀死原料乳中所有致病菌和绝大多数杂菌，钝化酶的活力，以保证食用安全和为乳酸菌创造有利条件；提高乳中蛋白质与水的亲和力，从而改善酸乳的黏度；使乳清蛋白变性增加了硫氢基，改善牛乳作为乳酸菌生产培养基的性能，有效促进乳酸菌的生长繁殖。

（7）加发酵剂。一般而言，凝固型酸奶常用菌种为德氏乳杆菌保加利亚亚种和嗜热链球菌，这两种菌具有共生关系。一般通过调节两者之间的比例来控制发酵酸度和发酵时间，其比例一般为 1∶1，也可以用德氏乳杆菌保加利亚亚种与乳酸链球菌以 1∶4 的比例搭配。乳品工厂一般采用的接种量为 2%～ 3%。影响接种量的因素有发酵时间和温度，以及发酵剂的产酸能力等。接种时，必须按无菌操作方式进行，避免微生物污染，将发酵剂进行充分搅拌，加入菌种后要充分搅拌原料乳，使菌体与原料奶混合均匀，并要保持乳温相对恒定。

（8）灌装。经接种并充分摇匀的牛乳应立即进行灌装到销售用的容器。包装容器和材料要保存于良好环境，灌装前进行消毒处理，保持灌装机的清洁和工作器具的卫生。

（9）发酵。瓶装后的乳液需要在一定的温度下保持一定的时间，在此过程中乳酸菌生长繁殖、产酸，从而使乳液凝固。发酵时间主要受接种量、菌种活性和培养温度的影响。以德氏乳杆菌保加利亚亚种和嗜热链球菌为混合发酵剂时，培养温度保持在 41 ～ 43℃，培养时间为 2.5 ～ 4h（2%～ 3%的接种量）。若以乳酸链球菌发酵剂时，培养温度保持在 30 ～ 33℃，培养时间为 10h 左右。一般发酵终点可根据如下条件判断：pH<4.6；缓慢倾斜瓶身，观察酸乳的流动性和组织状态，如流动性较差，有微小颗粒出现，表面有少量水痕。发酵过程中应注意以下几点：避免震动，否则会影响酸乳的组织状态；发酵温度应维持恒定，避免温度大幅度波动；准确判定发酵时间，防止酸度不够或过高以及严重时乳清析出。

（10）冷却。发酵结束后将酸乳移出发酵室进行迅速冷却，以便能有效地抑制乳酸菌的生长；降低酶的活力，防止产酸过度，减轻脂肪上浮和乳清析出的速度。可先在常温下自然冷却，也可采用通风、水浴、冷却室等办法辅助其冷却。在 10℃左右将酸乳转入冷库，在 2 ～ 8℃进行冷藏后熟。酸乳冷却时从 42℃降至 10℃左右期间，酸度会升高至 0.8%～ 0.9%，pH

值降低至 4.1 ~ 4.2。如果发现酸度偏高，应直接入冷库，缩短冷却时间。

(11) 冷藏、后熟。牛乳的冰点平均为-0.54℃，天然酸奶冰点平均为-1℃，风味酸奶更低，因此，酸乳冷藏温度一般控制在 0℃或再低一些，目的是将酶的变化和其他生物化学变化控制到最低程度。由于酸乳的特殊风味成分（双乙酰）含量在冷藏下一般需 12 ~ 24h 达到高峰值，这段时间称为后熟。

3. 搅拌型酸乳生产工艺要点

搅拌型酸乳生产工艺的诸多环节和技术要求与凝固型酸乳的基本相同，其不同点和特点是：原料乳经接种发酵剂后，在发酵罐中凝乳，然后降温搅拌破乳、冷却后分装到销售瓶中（图 6 - 11）。下面仅对与凝固型酸乳工艺环节的不同点做出说明。

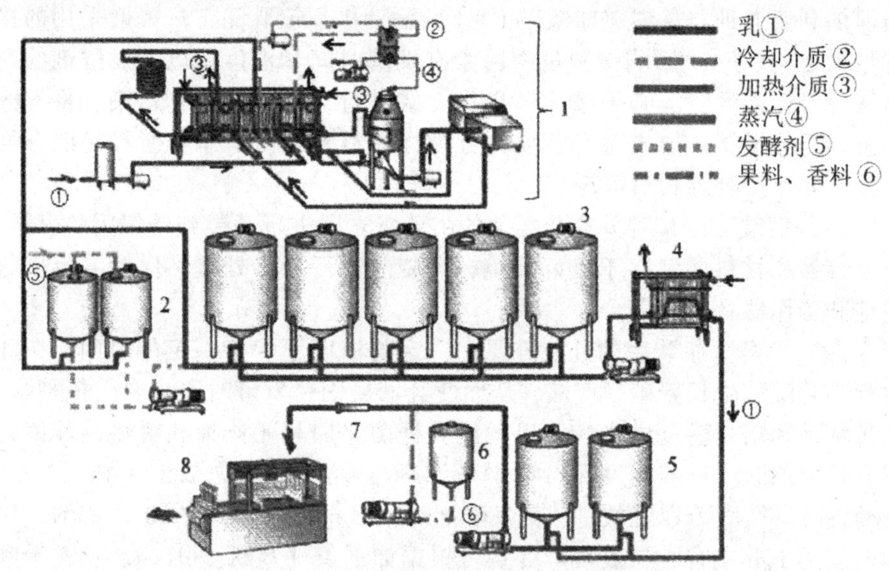

图 6 - 11　搅拌型酸乳生产线流程

1—原料乳预处理　2—种子罐　3—发酵罐　4—板式冷却器　5—缓冲罐　6—果料和调香物罐　7—混合器　8—灌装机

(1) 发酵。由于生产搅拌型酸乳是在发酵罐或缸中进行凝乳和破乳的，所以发酵罐的结构和发酵温度的控制应更为严格，要求发酵罐上、下部温差不宜超过 1.5℃。发酵罐体可采用夹套结构，既可通热水加热保温，也可以通入冷水冷却。

(2) 冷却。冷却是为了快速抑制微生物的生长和酶的活力，防止发酵过程中产酸过度及高温搅拌时严重脱水。乳完全凝固（pH 值在 4.6 左右）

时开始冷却，冷却过程应分阶段稳定进行。冷却速度过快将造成凝块迅速收缩而导致乳清分离；冷却过慢将造成酸乳产品过酸和添加的果料脱色。搅拌型酸乳的冷却可以采用管式或片式冷却器、表面刮板式热交换器和冷却缸等。冷却分为4个阶段：温度从40～45℃降到35～38℃，此阶段可适当加强，目的是为了使细菌增殖递减；温度从35～38℃降到19～20℃，此阶段冷却能抑制乳酸菌增殖；温度从19～20℃降到10～12℃，此时在不断降温的条件下开始搅拌，同时加入经过冷却的果料及其他辅料，10～12℃时进行装罐；温度从10～12℃降到5℃，此阶段可以有效抑制产品酸度上升和酶的活性，5℃左右置于冷藏柜（5℃）冷藏后熟，经过12～24h后即为成品。

（3）搅拌破乳。通过机械力破坏凝胶体，使凝胶粒子的直径减小到0.01～0.04mm。搅拌属于物理处理过程，但也伴随着一些化学变化。酸乳凝胶体属于假塑性凝胶体，酸乳黏度随着搅拌时间的延长而逐渐降低，但搅拌结束后，机械应力消失并放置一段时间后，凝胶粒子会重新配位，黏度再度增大，凝胶体的变化经历了可逆性变换过程。破坏凝胶体的方法主要有两种：层滑法和搅拌法，其中搅拌法较为常用。层滑法：是借助薄竹板或粗细适当的金属丝制的筛子，使凝乳滑动达到破乳的效果。搅拌法可分为两种：手动搅拌法和机械搅拌法。手动搅拌法在小规模搅拌型酸乳生产中应用较多。机械搅拌法的搅拌效果受搅拌设备类型、凝胶体的温度、凝胶体的酸度和搅拌时间等因素影响。搅拌器类型有宽叶片搅拌器、涡轮搅拌器和螺旋搅拌器。酸乳工厂最好采用宽叶片搅拌器，使酸乳的黏度损失最低。在较低的搅拌温度下可获得搅拌均匀的凝固物，最适搅拌温度在0～7℃,此温度范围下搅拌利于亲水性凝胶体的破坏。若在冷却开始阶段（温度38～40℃）就进行搅拌，容易造成酸乳产品出现砂质结构等质量缺陷。搅拌时应控制酸乳pH值在4.7以下，否则因酸乳不完全而使成品为液状或产生乳清，影响搅拌型酸乳的质量。搅拌过程中，不宜进行剧烈的机械力或过长时间的搅拌，否则导致酸乳硬度和黏度低，乳清析出。此外，混入大量空气还会引起相分离现象。搅拌时宜“先慢后快”的速度进行，整个过程不宜超过30min。

（4）混合、灌装、成品包装。果蔬、果酱和各种类型的调香物质等可在酸乳从缓冲罐到包装机的输送过程中加入，即果蔬混合装置安装在生产线上，通过一台变速计量泵连续加入到酸乳中，混合灌中配备螺旋桨搅拌器搅拌即可混合均匀。特别注意的是，对果料添加物热处理时，杀菌条件十分重要，杀菌温度要求既满足能抑制一切有生长能力的细菌生长，又能最大限度保留果料的质地和风味。根据需要，确定酸乳的包装量和包装形式及灌装机类型。无论采用何种形式，包装前必须进行严格的消毒。

（五）酸乳质量的控制

1. 乳清析出

乳清析出是凝固型酸乳生产中最容易产生的现象。造成乳清析出的原因主要有原料质量、发酵剂和生产过程控制不当等方面。

（1）原料。原料乳总干物质含量低（小于0%）；原料乳不新鲜，酸度大于18°T，导致乳中的蛋白质发生变化而使之亲水力下降；原料乳中钙盐不足也会造成乳清析出。乳中钙盐含量受到饲料、季节性及奶牛妊娠生理状况的影响。在原料乳配料时，添加稳定剂（如$CaCl_2$），每100mL原料乳中需添加0. 5mL的$CaCl_2$溶液（浓度为35%），虽能减少乳清析出，但会增加成本。通过控制乳固体含量和工艺操作，不加稳定剂，也能避免乳清析出现象。原料乳中掺碱，使得酸乳中所产的酸用于酸碱中和，从而导致酸乳的pH值达不到凝乳要求的pH值。针对以上情况，加强原料乳的检测与管理，保证原料乳符合发酵乳的国家标准的规定。当乳的固形含量低时，在原料乳进行标准化时，通过加入脱脂乳粉或对原料进行浓缩以加大对原料乳中固形物含量。

（2）发酵剂。发酵剂的菌种老化、活力弱使发酵时间变长；混合发酵剂中德氏乳杆菌保加利亚亚种与嗜热链球菌的比例严重失调；发酵剂污染杂菌，使得产酸慢，发酵时间较长；发酵剂活力过强，且按照正常接种量和发酵条件下培养会使乳酸菌过度产酸会造成乳清析出。因此，相应的控制措施为：发酵剂应严格进行无菌操作，接种前应检测发酵剂的活力，根据其活力情况调整接种量和培养条件。

（3）生产过程控制不当。原料乳的热处理温度偏低或时间不够会影响大部分乳清蛋白变性，以至于变性乳清蛋白可与酪蛋白形成复合物少而不能容纳更多的水分，因此造成乳清析出。有研究表明，要保证酸乳吸收大量水分和不发生脱水收缩作用，至少应使75%的乳清蛋白变性，相应的热处理条件在95℃、5～10min。超高温瞬时加热（135～150℃、2～4s）处理虽能达到灭菌效果，但远不能导致75%的乳清蛋白变性，因此，一般不宜采用超高温瞬时加热处理原料乳。管式或片式热交换器处理也存在同样缺陷。接种时，发酵剂没有被打散，接种后未搅拌均匀。培养温度过高。一般按照工艺要求规范操作可避免。

2. 酸乳硬度不够，稀薄或黏糊状

造成酸乳硬度不够，稀薄或黏糊状的原因主要来自原料质量、发酵剂、加工处理不当和工艺中加糖量等方面。

（1）原料质量。原料乳中蛋白质含量不足；含有抗生素、磺胺类等药物时会抑制乳酸菌的生长。研究显示，当乳中青霉素达到0.01IU/mL时，对乳酸菌有明显的抑制作用。

（2）发酵剂。发酵剂接种量过少，发酵温度低，乳酸菌活力低，发酵时间偏低。

（3）加工处理不当。原料乳的热处理和均质处理不够恰当，均会造成酸乳硬度不够、稀薄等质量缺陷。

（4）加糖量。加入适量的糖（5%～8%）可以提高产品的黏度，使产品的凝块细腻光滑。当继续提高加糖量，糖液产生的渗透压随之增大，抑制了乳酸菌的生长繁殖，造成乳酸菌脱水而活力下降，影响了酸乳的凝固性。

3. 酸度太高或过低

夏季时酸乳容易出现酸度过高的现象，主要由于接种温度、发酵温度过高，以及贮藏、销售中冷藏温度过高。相反，在冬季时则易出现酸度太低的现象。因此，相应的控制措施有：根据季节的变化，监控好接种温度和发酵温度，使乳酸菌在适宜的温度下生长繁殖，充分产酸；在贮藏及销售中，应监控冷藏温度。

4. 风味不良

酸乳常见风味不良主要体现在气味上。原料乳的饲料臭、牛体臭、氧化臭味等也会造成酸乳的气味不良。

（1）无芳香味。芳香味主要来自发酵剂酶分解柠檬酸产生的丁二酮物质。造成酸奶生产的无芳香味因素有：操作工艺不当引起，如混合发酵剂制作不好，造成酸乳中嗜热链球菌增殖，以致与德氏乳杆菌保加利亚亚种的比例失调；高温短时发酵和乳固体含量不足；原料乳中柠檬酸含量少。

（2）不洁味。酸乳的不洁味也常出现，主要由发酵剂或发酵过程中污染杂菌引起。特别是污染丁酸菌，使产品带刺鼻怪味。污染酵母不仅产生不良的风味，还会在酸乳组织中产生气泡。污染大肠杆菌造成风味不纯也比较常见。

（3）焦煳味。酸乳的焦煳味是由于过度热处理或添加了风味不良的炼

乳或奶粉造成。

针对酸乳生产中的不良风味，相应的控制的主要措施为：应选择优质的原料乳；注意器具的清洗、消毒，严格控制卫生条件；搅拌等操作过程应避免混入空气；控制均质和杀菌的温度，避免乳液过度受热；定期更换发酵剂。

5. 组织砂状

在加果酱或香料搅拌型酸乳中，常有许多砂状颗粒存在。用水牛奶生产酸乳更易出现这种缺陷。这种缺陷虽然不影响营养质量，但外观不细滑，影响消费者选购和产品销售。研究发现，砂状颗粒比周围酸乳组织含更多蛋白质和磷，含有脂肪和乳糖少。造成酸乳组织砂状的原因很多，如高发酵温度、发酵剂活力低和接种量过多、发酵期间的振动、牛乳过度浓缩或过多添加奶粉造成干物质含量过多。在较高温度（大于 38℃）下搅拌凝胶体及降温太慢也会造成组织砂状。对于一些工厂采用大容量发酵罐时，牛奶的升温和降温都很慢，如从牛奶的均质温度升到杀菌温度以及从杀菌温度降到冷却温度都需经过较长时间，这就造成了牛奶热处理过度，也是酸乳出现砂状组织的主要原因之一。因此，相应的控制措施有：选择合适的发酵温度；在热处理及冷却时避免乳液受热过度；采用优质原料乳，避免干物质过多；控制酸乳的搅拌温度，温度不宜过高。

第七章 腌制与烟熏食品加工工艺研究

食品腌制和烟熏保藏方法是经典的食品保藏技术，历史悠久。由于其具有操作简单、经济实用、风味独特的特点，因此，仍为现代食品加工业的重要组成部分。

腌制是利用食盐或糖渗入食品组织内，降低其水分活度，提高其渗透压，许多腌制食品在腌制过程中伴有微生物的正常发酵而降低食品的 pH 值，进而抑制腐败菌的生长，防止食品的腐败变质，获得更好的感官品质，并延长保质期的贮藏方法。腌制的目的是抑制微生物繁殖，提高制品的贮藏性，改善制品的风味和色泽，提高制品的保水性，从而改善制品的质量。

烟熏是借助木屑等各种材料焖烧时所产生的烟气来熏制食品，以提高食品的防腐能力、延长保藏期，并赋予产品特种的烟熏风味。烟熏常与腌制结合在一起使用，腌制后再进行烟熏，更富有特种风味，主要用于肉制品、禽制品和鱼制品，如灌肠、火腿、培根、生熏腿、熏鸡等。有些植物性食品也可采用烟熏法处理，如豆制品（熏干）和果干（乌枣）。过去烟熏的目的是为了延长食品的保藏期，但随着现代冷冻保藏技术的发展，延长保藏期是次要目的，为使食品更具有色、香、味，赋予制品特殊烟熏风味和美观成为烟熏的主要目的。

第一节 食品腌制的原理

腌制是利用食盐或糖渗入食品组织内，降低其水分活度，提高其渗透压，抑制微生物活性的食品保藏方法。食品的腌制过程主要是腌制剂的扩散和渗透过程。

一、溶液的扩散

扩散是分子或微粒在不规则热运动下浓度均匀化的过程。扩散的推动力是浓度差，物质分子总是从高浓度处向低浓度处转移，并持续到各处浓度平衡时才停止。腌制过程中的扩散是通过腌制液和细胞液之间的浓度差而产生的。

扩散过程进行得快慢可用扩散通量来度量。扩散通量即单位面积和单

位时间内扩散传递的物质的量，其单位为 $mol/(m^2 \cdot s)$。扩散通量与浓度梯度成正比，即

$$J = -D\frac{dc}{dx}$$

式中，J 为物质扩散通量［$kmol/(m^2 \cdot s)$］；D 为扩散系数（m^2/s）；$\frac{dc}{dx}$ 为物质的浓度梯度（c 为浓度，x 为距离）。

在食品腌制过程中，腌制剂的扩散速度与扩散系数成正比。扩散系数是指当浓度梯度为一个单位时，扩散物质通过单位截面积的扩散速度。扩散系数的大小与温度、介质性质等有关。扩散系数随温度的升高而增加，温度每增加 1℃，各种物质在水溶液中的扩散系数平均增加 2.6%（2.0%～3.5%）。扩散系数本身还与腌制剂的种类有关，一般来说，溶质分子越大，扩散系数越小。由此可见，不同种类的腌制剂在腌制过程中的扩散速度是不相同的，如不同糖类在糖液中的扩散速度由大到小的顺序是：葡萄糖>蔗糖>饴糖中的糊精。浓度差越大，扩散速度也随之增加，但溶液浓度增加时，其黏度也会增加，扩散系数随黏度的增加而降低。因此，浓度对扩散速度的影响还与溶液的黏度有关。在缺少实验数据的情况下，扩散系数可按下面的公式计算：

$$D = \frac{RT}{6N_A \pi d\mu}$$

式中，R 为气体常数［$8.314J/(K \cdot mol)$］；N_A 为阿伏伽德罗常数（$6.023 \times 10^{23} mol^{-1}$）；$T$ 为温度（K）；d 为扩散物质微粒直径（m）；μ 为介质黏度（$Pa \cdot s$）。

二、溶液的渗透

渗透是指溶剂从低浓度处经过半透膜向高浓度溶液扩散的过程，溶液渗透压示意图如图 7－1 所示。半透膜是只允许溶剂通过而不允许溶质或一些物质通过的膜。羊皮膜、细胞膜等均是半透膜。溶剂的渗透作用是在渗透压差的作用下进行的。

渗透压是由于半透膜两边溶液浓度差引起的压强，溶液的渗透压的计算公式为

$$p = \frac{\rho RTc}{100M}$$

式中，p 为渗透压（Pa 或 kPa）；ρ 为溶剂的密度（kg/m^3 或 g/L）；R 为气体常数；T 为绝对温度（K）；c 为溶液质量浓度（mol/L）；M 为溶质的分子

质量（g 或 kg）。

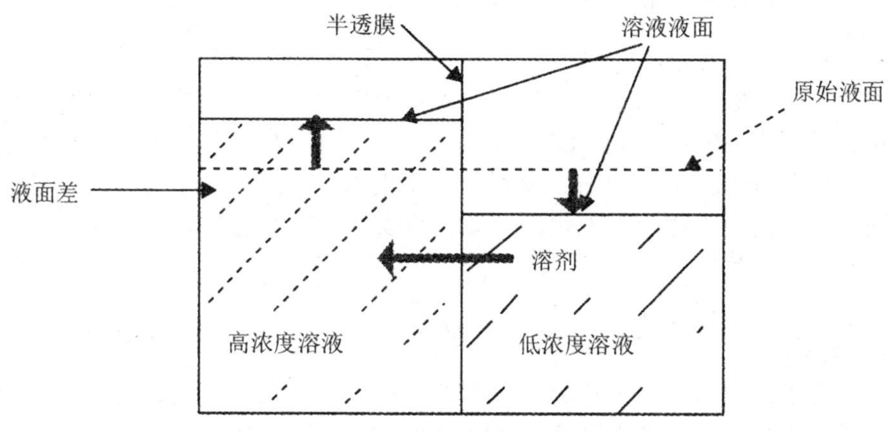

图 7－1　溶液渗透压示意图

由公式可知，渗透压与温度及浓度成正比，而与溶质分子质量成反比。进行食品腌制时，腌制的速度取决于渗透压。为了提高腌制速度，应尽可能提高腌制温度和腌制剂的浓度。但在实际生产中，很多食品原料如在高温下腌制，会在腌制完成之前出现腐败变质。因此应根据食品种类的不同，采用不同的温度，肉类食品须在 10℃以下（大多数情况下要求在 2 ～ 4℃）进行腌制。渗透压与溶质分子质量成反比，如用食盐和糖腌渍食品时，为了达到同样的渗透压，糖的浓度比食盐的浓度要大一些。

在食品的腌制过程中，食品组织外的腌制液和组织内的溶液浓度会借溶剂渗透和溶质的扩散而达到平衡。所以说，腌制过程其实是扩散与渗透相结合的过程。

三、腌制剂的作用

腌制使用的腌制剂除食盐、糖类外，在肉类制品中还常用硝酸盐（或亚硝酸盐）、抗坏血酸盐、异抗坏血酸盐和磷酸盐等。在腌制蛋加工中，还可以利用碱和醇进行腌制。

（一）食盐

食盐是盐渍最基本的成分，在盐渍中具有增味和防腐的作用。食盐的防腐作用主要是通过抑制微生物的生长繁殖来实现的。5%NaCl 溶液能完全抑制厌氧菌的生长，10%NaCl 溶液对大部分细菌有抑制作用，但一些嗜盐菌在 15%NaCl 溶液中仍能生长。

1. 食盐溶液对微生物细胞具有脱水作用

食盐溶液具有很高的渗透压，其主要成分是 NaCl，在水溶液中离解为 Na^+和 $C1^-$。1%食盐溶液可以产生 61.7kPa 的渗透压，而大多数微生物细胞内的渗透压为 30.7 ～ 61.5kPa。食品腌制时，腌制液中食盐的浓度大于 5%，因此腌制液的高渗透压，对微生物细胞产生强烈的脱水作用，导致质壁分离，抑制微生物的生理代谢活动，造成微生物停止生长或者死亡，从而达到防腐的目的。

2. 食盐能降低食品的水分活度

水分子聚集在 Na^+和 Cl^-周围，形成水合离子。食盐浓度越高，形成的水合离子也越多，这些水合离子呈结合水状态，导致微生物能利用的水分减少，生长受到抑制。饱和食盐溶液（26.5%），由于所有的水分被离子吸附形成水合离子，导致微生物不能在其中生长。

3. 食盐溶液对微生物产生一定的生理毒害作用

溶液中的 Na^+、Mg^{2+}、K^+和 Cl^-，在高浓度时能和原生质中的阴离子结合产生毒害作用。酸能加强钠离子对微生物的毒害作用。一般情况下，酵母菌在 20%的食盐溶液中才会被抑制，但在酸性条件下，14%的食盐溶液就能抑制其生长。

4. 食盐溶液中氧含量降低

食品腌制时使用的盐水或渗入食品组织内形成的盐溶液浓度大，氧在盐溶液中的溶解度比水中低，盐溶液中氧含量减少，造成缺氧环境，一些好气性微生物的生长受到抑制。

在肉类腌制时，食盐能促使硝酸盐、亚硝酸盐、糖向肌肉深层渗透。肉品中含有大量的蛋白质、氨基酸等具有鲜味的成分，常常要在一定浓度的咸味下才能更突出地表现出来。

（二）糖

1. 腌制食品中常用糖的种类

（1）白砂糖。白砂糖中蔗糖含量在 90%以上，为粒状晶体，根据晶粒大小可分为粗砂、中砂和细砂 3 种。

（2）饴糖。饴糖又称米稀或麦芽糖浆，是一类用谷物作为原料，经淀粉酶或大麦芽的作用，把淀粉水解为糊精、麦芽糖及少量葡萄糖得到的产品。饴糖色泽淡黄而透明，能代替部分白砂糖使用，可起到防止晶析的作用。饴糖的甜度为蔗糖的50%左右。

（3）淀粉糖浆。淀粉糖浆又称葡萄糖浆或化学稀。它是由淀粉加酸或酶水解制成，主要成分是葡萄糖、麦芽糖、果糖和糊精，甜度是蔗糖的50%～80%。也可起到防止晶析的作用。

（4）果葡糖浆。果葡糖浆是将淀粉经酶法水解制成葡萄糖，用异构酶将葡萄糖异构化制成含果糖和葡萄糖的糖浆，甜度是蔗糖的80%～100%。

（5）蜂蜜。蜂蜜主要成分是果糖和葡萄糖，两者占总量的66%～77%，蜂蜜甜度与蔗糖相近，但由于其价格昂贵，只在特种制品中使用。

2. 糖的特性与应用

果蔬糖制加工中所用的糖主要是砂糖，其特性与加工条件控制和制品品质密切相关。

（1）糖的溶解度与晶析。当糖制品中液态部分的糖在某一温度下浓度达到饱和时，即可呈现结晶现象，称为晶析，也称返砂。一般来讲，返砂降低了糖的保藏作用，影响制品的品质和外观。但有的时候果脯蜜饯加工中也可利用这一性质，适当地控制过饱和率，给有些干态蜜饯上糖衣，如冬瓜条、糖核桃仁等。糖制加工中，为防止返砂，常加入部分饴糖、蜂蜜或淀粉糖浆，可抑制结晶。也可在加工过程中促使蔗糖转化，防止制品结晶。

（2）蔗糖的转化。蔗糖在水中转化为葡萄糖与果糖，在纯水中反应速率极慢，为使蔗糖水解反应加速，常以酸为催化剂。蔗糖适当的转化可以提高砂糖溶液的饱和度，增加制品含糖量抑制晶析，防止返砂。当溶液中转化糖含量达30%～40%时便不会返砂。蔗糖的转化还可增加渗透压，减少水分活度，提高制品的保藏性，增加风味与甜度。但一定要防止过度转化而增加制品的吸湿性，致回潮变软，甚至返砂。糖液中有机酸含量为0.3%～0.5%时，足以使糖部分转化。

（3）糖吸湿性。糖制品吸湿以后，降低了糖浓度和渗透压，因而削弱了糖的保藏作用，引起制品的败坏和变质。糖吸湿性各不相同，果糖的吸湿性最强，其次是葡萄糖和蔗糖。各种结晶糖吸水达15%以后，便开始失去结晶状而成为液态。纯结晶蔗糖的吸湿性很弱，商品砂糖因含有少量灰分等非糖杂质，因而吸湿性增强。当砂糖中灰分含量低于0.02%，空气相对湿度低于60%时，砂糖呈结晶状。利用果糖、葡萄糖吸湿性强的特点，糖制品中含有适量的转化糖有利于防止制品返砂，但含量过高又会使制品吸湿回软，造成霉烂变质。

（4）糖的甜度。糖的甜度影响着糖制品的甜味和风味，糖的甜度随糖液浓度和温度的不同而变化。糖浓度增加，甜味增加，增加的程度因糖的种类而异。糖液浓度为10%时，蔗糖和转化糖等甜；浓度小于10%时，蔗糖甜于转化糖；浓度大于10%时，则相反。

温度对甜度也有一定的影响，50℃条件下，糖液浓度为5%或10%时，果糖与蔗糖等甜；低于50℃时，果糖甜于蔗糖；高于50℃时，结果相反。

（5）糖液的沸点温度。糖液的沸点温度随糖液浓度的增加而升高，随海拔的增加而降低。此外，浓度相同而种类不同的糖液，沸点也不相同。通常在糖制果蔬过程中，需利用糖液沸点温度的高低，掌握糖制品所含的可溶性固形物的含量，判断煮制浓缩的终点，以控制时间的长短。

由于果蔬在糖制过程中，蔗糖部分被转化，加之果蔬所含的可溶性同形物也较复杂，其溶液的沸点并不能完全代表制品中的含糖量，只大致表示可溶性固形物的多少。因此，在生产之前要做必要的实验。

3. 糖在腌制食品中的作用

食品中的糖同样可以降低水分活度，减少微生物生长、繁殖所能利用的水分，并借渗透压导致细胞质壁分离，还具有降低腌制液中氧含量，从而抑制微生物的生长活动。蔗糖在水中的溶解度高，25℃时饱和溶液的浓度可达67.5%，产生高渗透压。蔗糖分子中含有许多羟基，可以与水分子形成氢键，从而降低了溶液中自由水的量，水分活度也因此而降低。浓度为67.5%的饱和蔗糖溶液，水分活度可降到0.85以下。糖也有降低溶液氧气含量的作用。

糖渍时，由于高渗透压下的质壁分离作用，微生物生长受到抑制甚至死亡。糖的种类和浓度决定了其所抑制的微生物的种类和数量。1%～10%的糖溶液一般不会对微生物起抑制作用。50%的糖溶液会阻止大多数酵母的生长，65%的糖溶液可抑制细菌，而80%的糖溶液才可抑制霉菌。虽然60%的蔗糖溶液可抑制许多腐败微生物的生长，然而，自然界却存在许多耐糖的微生物，如耐糖酵母菌可导致蜂蜜腐败。因此，用糖渍方法保藏加工的食品，主要应防止霉菌和酵母的影响。[1]

---

[1]不同种类的糖，抑菌效果不同。一般糖的抑菌能力随相对分子质量增加而降低。如抑制食品中葡萄球菌所需要的葡萄糖浓度为40%～50%，而蔗糖为60%～70%。相同浓度下的葡萄糖溶液比蔗糖溶液对啤酒酵母和黑曲霉的抑制作用强。葡萄糖和果糖对微生物的抑制作用比蔗糖和乳糖大。因为葡萄糖和果糖的相对分子质量为180，而蔗糖和乳糖为342。相同浓度下分子质量越小，含有分子数目越多，渗透压越大，对微生物的抑制作用也越大。

糖类在肉制品加工中还具有调味作用，糖和盐有相反的滋味，在一定程度上可缓和食品的咸味。还原糖（葡萄糖等）能吸收氧而防止肉制品变色，具有助色作用；糖能为硝酸盐还原菌提供能源，使硝酸盐转变为亚硝酸盐，加速NO的形成，使发色效果更佳。糖可提高肉制品的保水性，增加出品率；利于胶原膨润和松软，增加肉的嫩度。糖和含硫氨基酸之间发生美拉德反应，产生醛类等羰基化合物及含硫化合物，增加肉的风味。在需要发酵成熟的肉制品中添加糖，有助于发酵的进行。

（三）肉品腌制的辅助腌制剂

1. 硝酸盐和亚硝酸盐

在腌肉中少量使用硝酸盐已有近千年的历史。在腌制过程中，硝酸盐可被还原成亚硝酸盐，因此，实际起作用的是亚硝酸盐。其作用主要表现为以下几点。

（1）具有良好的发色作用。原料肉的红色，是由肌红蛋白所呈现的一种感官性状。由于家畜品种不同及肉的部位的差异，其含量也不一样。一般来说，肌红蛋白占70%～90%，血红蛋白占10%～30%。肌红蛋白是表现肉颜色的主要成分。

（2）抑制腐败菌的生长。亚硝酸盐在肉制品中，对抑制微生物的繁殖有一定的作用，其效果受pH值所影响。当pH值为6时，对细菌有一定的作用；当pH值为6.5时，作用降低；当pH值为7时，则完全不起作用。亚硝酸盐与食盐并用可增强抑菌作用，另一个非常重要的作用是亚硝酸盐可以防止肉毒杆菌的生长。

（3）具有增强肉制品风味作用。亚硝酸盐对于肉制品的风味有两方面的影响：产生特殊腌制风味，这是其他辅料所无法取代的；防止脂肪氧化酸败，以保持腌制肉制品独有的风味。

2. 磷酸盐

磷酸盐的作用主要是提高肉的保水性，其主要作用机制如下。

（1）提高pH值。磷酸盐呈碱性，加入肉中可以提高肉的pH值，从而增加肉的持水性。例如，焦磷酸钠1%的水溶液的pH值为10.0～10.2，三聚磷酸钠2.1%水溶液的pH值约为9.5。当肉的pH值在5.5左右时，已接近蛋白质的等电点，此时，肉的持水性最差。所以在肉制品加工中，要设法偏离这个酸度。偏离的方法有两种：一是继续加酸，使pH值低于蛋白质的等电点，这时的pH值至少低于5.5，肉的持水性会提高；二是加入碱性物质，使肉的 pH 值高于蛋白质的等电点，也能使肉的保水性提高。

（2）增加离子强度。多聚磷酸盐是多价阴离子化合物，即使在较低的浓度下也具有较高的离子强度，使处于凝胶状态的球状蛋白的溶解度显著增加（盐溶现象）而达到溶胶状态，提高了肉的持水性。

（3）解离肌动球蛋白。焦磷酸盐和三聚磷酸盐有解离肌肉蛋白质中的肌动球蛋白的功能，可将肌动球蛋白离解成肌球蛋白和肌动（肌凝）蛋白。肌球蛋白的增加也可提高肉的持水性。

研究证实，在几种磷酸盐中，以三聚磷酸盐和焦磷酸盐的效果为最好，但只有当三聚磷酸盐水解形成焦磷酸盐时，才起到有益作用。焦磷酸钠被酶分解失去其效用。因此，焦磷酸盐最好在腌制以后搅拌时加入。加入磷酸盐后，pH 值升高，对发色有一定影响。过量使用会有损风味，使呈色效果不佳。故磷酸盐用量要慎重，应控制在 0.1%～0.4%。

3. 抗坏血酸钠和异抗坏血酸钠

它们在肉的腌制过程中主要有以下作用。

（1）抗坏血酸盐可以同亚硝酸发生化学反应，增加 NO 的形成，以加快发色速度，缩短腌制时间。例如，在法兰克福香肠加工中，使用抗坏血酸盐可使腌制时间减少 1/3。

（2）抗坏血酸盐有利于高铁肌红蛋白还原为亚铁肌红蛋白，从而加快了腌制的速度。

（3）抗坏血酸盐具有抗氧化性，因而能稳定腌肉的颜色和风味。

（4）在一定条件下抗坏血酸盐具有减少亚硝酸形成的作用。

抗坏血酸盐被广泛应用于肉制品腌制中。已有研究表明用 550mg/kg 的抗坏血酸盐可以减少亚硝酸的形成，但确切的机制还未知。目前，许多腌肉都同时使用 120mg/kg 的亚硝酸盐和 550mg/kg 的抗坏血酸盐。通过向肉中注射 0.05%～0.10%的抗坏血酸盐能有效地减轻由于光线作用而使腌肉褪色的现象。

第二节　典型腌制食品生产工艺

一、果脯蜜饯的加工

蜜饯是我国特产的食品，果品或蔬菜在糖液中慢慢熬煮，使糖分渗入组织中而形成高浓度的糖分，接近无水状态，并基本保持果品或蔬菜的原形。蜜饯可直接食用，耐久贮。因原料处理方法不同，有附糖浆、包糖衣、附糖结晶和干燥，也包括不加糖而直接使果实脱水制得，如柿饼、葡萄干等。

(一) 果脯蜜饯加工

1. 工艺流程（图 7－2）

果脯蜜饯的加工工艺流程：

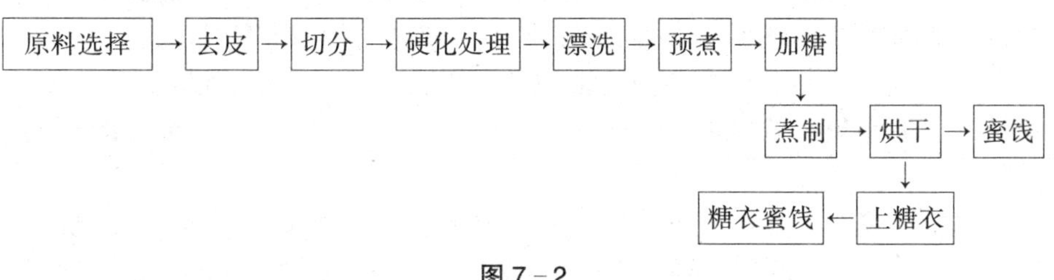

图 7－2

2. 操作步骤

(1) 原料预处理。不同的蜜饯制品对原料的要求和处理不尽相同，目的是便于糖煮和提高产品品质。

①原料的选择、清洗、去皮和切分。选择大小和成熟度一致的新鲜原料，剔除霉烂变质、生虫的次果，按不同制品的要求进行去皮、去核、切分等处理，以利糖煮时糖的渗入。对于果形较大，外皮粗厚的种类，应除外皮，适当切分和去核；枣、李、梅等果实小，不必去皮和切分，只在果面划缝和刺孔，金橘和小红橘类的蜜饯，以食用果皮为主，也不用去皮、切分，同样需要划缝和刺孔。

②硬化处理。原料的硬化处理是为了提高果肉的硬度，增加耐煮性，防止软烂。常用的硬化剂有消石灰、氯化钙、明矾、亚硫酸氢钙、葡萄糖酸钙等稀溶液。❶

③硫化处理。为了使糖制品色泽明亮，常在糖煮之前进行硫处理，既可防止制品氧化变色，又能促进原料对糖液的渗透。❷

④染色。某些蜜饯类如樱桃和青梅等在加工过程中常失去原有色泽，

❶原理是上述物质中的金属离子能与果蔬中的果胶物质生成不溶性的果胶酸盐类，使果肉组织致密坚实，耐煮制。硬化剂使用时要防止过量引起部分纤维素的钙化，导致制品质地粗糙。根据需要，在糖煮前应加以漂洗，除去剩余的硬化剂。

❷方法是用 0.1%～0.2%的硫黄熏蒸处理或用 0.10%～0.15%的亚硫酸溶液浸泡处理数分钟即可。经硫处理的原料在糖煮前应充分漂洗，以除去剩余的亚硫酸溶液，二氧化硫的残留量达到国家标准，残留量不得超过 0.35g/kg。

另作为配色用的蜜饯如青红丝、红云片等，要求具有鲜明的色泽，都需人工染色，以增进制品的感官品质。染色的方法是将原料浸于色素液中着色，或将色素溶于稀糖液中，在糖煮的同时完成染色。染色用色素必须符合我国《食品添加剂使用卫生标准》(GB 2760)。

⑤果坯腌制。为避免新鲜原料腐烂变质，常将其腌制为果坯保存，以延长其加工时间。腌制程度以果实呈半透明为宜，取出晒制成干坯或仍作水坯保存。原料经腌制后，所含成分会发生很大变化，所以只适用于少数蜜饯，如凉果等。果坯的腌制过程为腌渍、曝晒、回软和复晒。

(2) 加糖煮制。加糖煮制是蜜饯加工的主要工序，作用是使糖分更好地渗透到果实里。煮制时间的长短、加糖的浓度和次数应以果实的种类、品种而异。

(3) 烘烤与上糖衣。蜜饯制品需要在糖煮以后烘烤。将果实从浸渍的糖液中捞出，沥干糖液，铺散在竹箅或烘盘中，送入 50 ~ 60℃的烘房内烘干。烘房内温度不易过高，以防糖分结块或焦化。烘干后的果脯蜜饯应保持完整和饱满状态，不皱缩、不结晶、质地致密柔软，水分含量为 18% ~ 20%。

(4) 整理与包装。蜜饯在干燥过程中往往由于收缩而变形，甚至破裂，干燥后需加以整理（形）。例如，蜜枣、橘饼等形体扁平的制品，在干燥后期需要将其压扁，使外观整齐一致，也便于包装。

(二) 蜜饯加工方法实例

1. 苹果脯

(1) 工艺流程（图 7 - 3）。

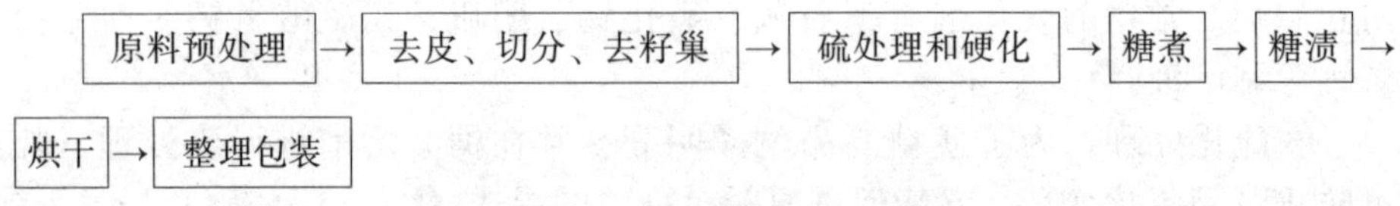

图 7 - 3　苹果脯生产工艺流程

(2) 操作要点。

①原料选择。选用果形圆整、果心小、肉质疏松和成熟度适宜的原料。

②硫化与硬化。将果块放入 0.1%的氯化钙和 0.2% ~ 0.3%的亚硫酸氢钠混合液中浸泡 4 ~ 8h，固液比为(1.2 ~ 1.3) : 1。

③糖煮。40%的糖液 25kg，加热煮沸，倒入果块 30kg，旺火煮沸后添加上次浸渍后剩余糖液 5kg，煮沸。如此重复 3 次，30 ~ 40min，以后每隔

5min 加糖一次。前两次分别加砂糖 5kg，第三、第四次加入 5. 5kg，第五次 6kg，第六次 7kg，各煮 20min。果块透明即可出锅。

④糖渍。趁热起锅，将果块连同糖液倒入缸中浸渍 24 ～ 28h。

⑤烘干。于 60 ～ 66℃温度条件下烘烤 24h。

⑥整理包装。烘干后用手捏成扁圆形，剔除黑点、斑疤等再包装。

⑦成品规格。含水量 18%～ 20%，含糖量 65%～ 70%。

2. 柿脯

（1）工艺流程（图 7 – 4）。

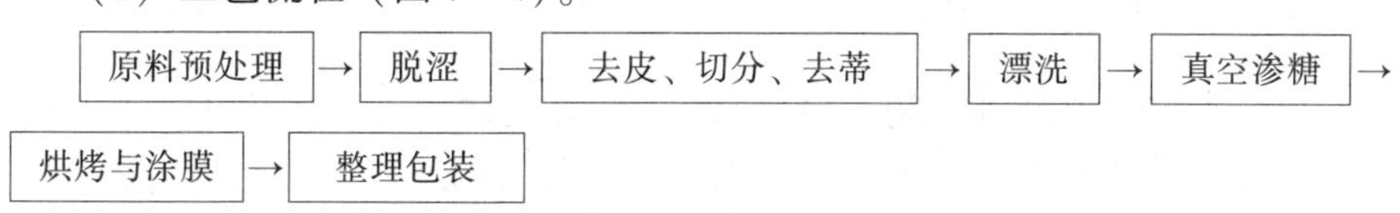

图 7 – 4　柿脯生产工艺流程

（2）操作要点。

①原料选择。选用七八成成熟度，果皮呈橘黄或橙黄色，果肉较硬的鲜柿为原料。

②脱涩。目前多采用 CO_2 脱涩或温水脱涩两种方法。也可以采用冷冻、解冻交替进行的方法进行脱涩，这种方法制品不易复涩，而且更易渗糖。

③漂洗。切分后的柿片应立即投入 0. 2%的柠檬酸水溶液中漂洗。

④真空渗糖。分 3 次抽空处理，糖液浓度分别为 20%、49%、60%，抽空 5min，真空度 93. 3kPa，而后破除真空度，浸渍 12h。为防止制品返砂，所用砂糖最好预先经过转化处理。

⑤烘烤与涂膜。在 55 ～60℃下烘烤 24h，然后涂膜，涂膜液为 2%的果胶与 60%的转化糖液等量混合所得。涂膜后再烘烤 4 ～ 5h，到不粘手为止。

⑥包装。柿饼包装采用去氧或充氮包装更佳。

⑦成品规格。含水量 20%～ 22%，含糖量 60%～ 65%。

二、腌制蔬菜的加工工艺

（一）方便榨菜加工

榨菜属于地方土特产，其中涪陵榨菜以脆、嫩、鲜、香的传统风味而著称。

1. 工艺流程（图 7－5）

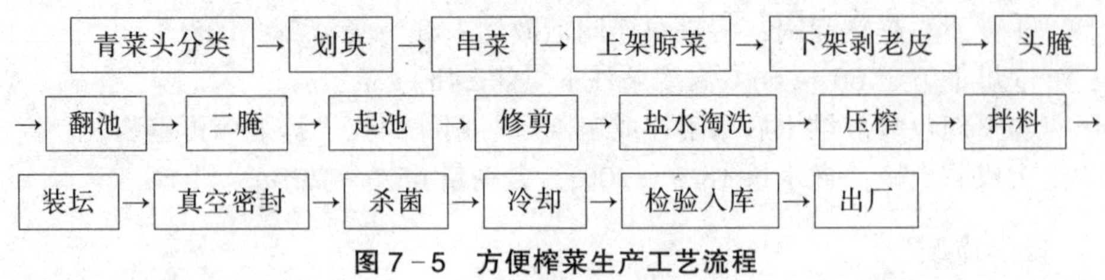

图 7－5　方便榨菜生产工艺流程

2. 操作要点

（1）分类。个体重 150 ～ 350g 的，可整个加工。个体重 350 ～ 500g 的，应齐心对破加工。个体重 500g 以上的，应划成 3 ～ 4 块，做到大小基本一致，竖划老嫩兼顾，青白均匀，防止食用时口感不一。个体重 150g 以下及斑点、空心、硬头、箭杆、羊角、老菜等应列为级外菜。个体重 60g 以下，不能作为榨菜，只能和菜尖一起处理。

（2）串菜。穿菜时大小分别穿串，青面对白面，使有间隙通风。

（3）晾架风干。每 50kg 菜需搭架 6.5 ～ 7.0 叉菜架，大块菜晾架顶，小块菜晾底层，架脚不得摊晾菜串，力求脱水均匀。在 2 ～ 3 级风情况下，一般须晾晒 7d，平均水分下降率为：早菜 42%、中菜 40%、晚期尾菜 38%。

（4）下架。坚持先晾先下，要求菜头周身活软，无硬心，严格掌握干湿程度，适时下架。

（5）剥皮去根。砍掉过长根茎，剥尽茎部老皮。

（6）头腌。头腌每 100kg 用盐 4kg，拌和均匀下池，层层压紧排气，早晚追压。

（7）翻池二腌。分层起池，调整上、下、中边的位置。二腌用盐 7%～8%，拌和揉搓须均匀。

（8）修剪。用剪刀挑尽老筋、硬筋、修剪飞皮菜匙、菜顶尖锥，剔去黑斑、烂点和缝隙杂质，防止损伤青皮、白肉。修剪整形时，二次剔出混入的次级菜。

（9）淘洗。当天修剪整形的菜头，必须当天用清盐水仔细淘洗 3 次。

（10）压榨。采用压榨机压榨水分，不但工作效率高，而且压榨后的菜头含水率能控制在 72%～74%，口感清脆，易保存。

（11）拌料。每 100kg 榨菜用辣椒面 1.10 ～ 1.25kg、混合香料粉 0.12 ～ 0.2kg、花椒 0.3 ～ 0.5kg、食盐 4.5 ～ 5.5kg。香料粉配方为：八角

50%、甘草25%、干姜20%、胡椒5%。要求磨细拌匀，过64目筛。

（12）装坛。每坛分5次装入，五压五杵，层层压紧，用力均匀，防止捣烂菜块，直到压出卤水。装坛时严防泥沙异物混入。“五次装入”是指头层10kg、二层12.5kg、三层7.5kg、四层5kg、五层1.0～1.5kg，并用手摆成向外的环形，填塞孔隙并压紧。

（13）封装出厂。产品出厂前，必须重新进行质量检查、测重、压紧排卤、换扎口叶，才封水泥盖，加好口印，标明等级、质量、出厂日期。

方便榨菜是在传统坛装榨菜生产技术的基础上，将腌制好的榨菜坯去皮、改形、脱盐、调味、称重、装袋、抽气、密封、杀菌、冷却而制成的多风味、多品种、清洁卫生、开袋可食、携带方便、保存期长的小包装榨菜。方便榨菜可做成片状、丝状、粒状等。改形后，应将榨菜放入漂洗机中用洁净自来水漂洗2～3次，直至口感微成为止，同时去碎末、杂质，用甩干机甩干或榨去多余水分，再进入拌料步骤。拌料后的榨菜进行装袋，可以人工装袋，也可采用机械灌装。榨菜杀菌采用水浴杀菌，一般50g袋装榨菜杀菌温度95℃，杀菌15～20min。

方便榨菜味道可按如下配方调配成不同口味（以100g白块菜计）。①本味：辣椒末1.2～1.5g，香料末0.12～0.20g。②五香味：香料末0.20～0.25g，白糖2～3g，白酒0.5～11.0g。③鲜味：味精0.10～0.15g，白糖3～4g，乙酸0.1g。④甜香味：白糖5～6g，香料末0.10～0.15g，白酒0.5～11.0g。⑤怪味：辣椒末1g，花椒末0.02～0.03g，胡椒末0.08～0.10g，白糖4g。其中香料末的配比为：八角45%、白芷3%、沙姜15%、桂皮8%、干姜15%、甘草5%、砂头4%、白胡椒5%。

（二）泡菜加工

泡菜是一种风味独特的乳酸发酵蔬菜制品，原料多样，制作简便，成本低廉，食用方便，具有良好的感官品质和适宜的口味等优点。因世界上喜食泡菜的人群非常庞大，且所喜风味差异很大，因此泡菜种类也非常多，名称上很复杂。根据其风味特征大体上可分为3种：保持原有风味的一般泡菜，酸度较高，通常称为酸泡菜；具有甜味或淡甜味的甜泡菜；具有酸辣甜咸混合风味的五味泡菜。可以用来腌制泡菜的蔬菜很多，如萝卜、白菜、莴苣、竹笋、黄瓜、茄子、甜椒及嫩姜等。泡菜可直接食用，也可作配菜，也可经杀菌处理后长期保存。

1. 工艺流程（图 7－6）

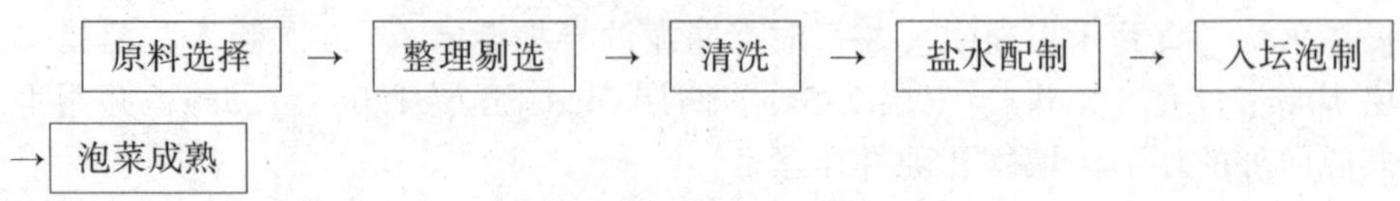

图 7－6 泡菜生产工艺流程

2. 操作要点

（1）原料选择和处理。各种应季的蔬菜，如白菜、甘蓝、萝卜、辣椒、芹菜、黄瓜、菜豆、莴笋等质地坚硬的根、茎、叶、果均可作为制作泡菜的原料。泡制前将各种蔬菜的老根、黄叶剥除，洗净晾干，切成条（块），待用。

（2）泡菜坛的准备。泡菜坛是一种坛口凸起，坛口周围有一圈凹形托盘（即水槽，可盛水），扣上扣碗可以密封的坛子。在水槽加上水后，它就可以完全隔绝外面的空气进来，而且发酵产生的气泡也可以通过水槽排出去。它可以使泡菜在缺氧的情况下加速发酵，产生大量乳酸，有些泡菜坛还有一个内盖，用于阻挡水槽里的水蒸气进入。如没有泡菜坛，也可用别的容器代替，但要求容器口大而密封严密，不能透气，但是做出来的味道没有专业泡菜坛好。

（3）盐水配制。可选择硬度较高的水，可更好地保持泡菜的脆度，也可加入适量的保脆剂。将水烧开，按 6%～8%加入食盐，水量为坛子容量的 10%～20%，不宜太多。待盐完全溶解后，放入适量配料（2. 5%白酒、2. 5%黄酒、1%甜醪糟、2%红糖及 3%干红辣椒），配料可以根据各自不同的口味适当添加，倒入泡菜坛中（以卤水淹到坛子的 3/5 为宜），待卤水完全冷却后，再放入菜块。

（4）入坛腌制。原料入坛腌制后，应注意坛口的密封性。

（5）泡菜成熟。在 20 ～25℃的温度下 2 ～3d 即可完成，冬天需较长的时间。

三、金华火腿的加工工艺

中国的金华火腿、意大利的帕尔玛火腿与西班牙的伊比利亚火腿，一直有着“世界三大火腿”的美誉。金华火腿产于浙江省金华地区诸县。早在 1200 余年前的唐朝，金华民间百姓在劳动中就总结出一种保存鲜肉的工艺，并逐步演化成制作火腿的民间技艺。金华火腿皮色黄亮、形似琵琶、肉色红润、香气浓郁，以色、香、味、形“四绝”蜚声国内外。

（一）金华火腿加工工艺流程（图7－7）

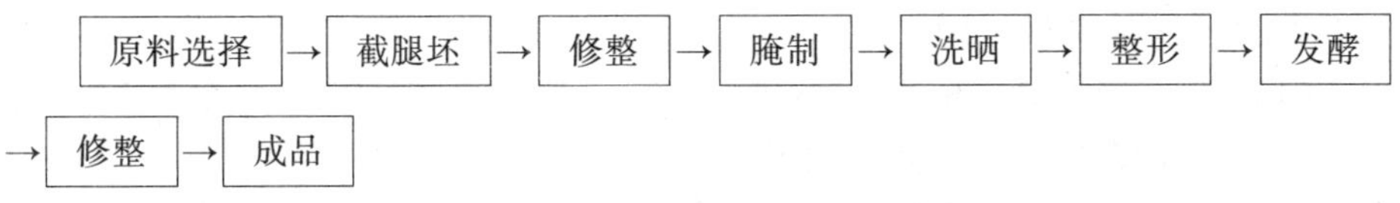

图7－7　金华火腿加工工艺流程

（二）金华火腿工艺要点

1. 原料的选择（选腿）

选择鲜腿是腌制火腿过程中重要的一环，因火腿品质的好坏与原料的好坏有密切关系，没有新鲜优质的原料，就很难制成优质的火腿。因此，必须慎重选腿，选腿的标准如下。

（1）质量。鲜腿质量以5～8kg，平均6kg左右最为适宜。如过大时，不易腌透，或腌制不均匀；过小时，肉质太嫩，水分过多，腌制中失重较大，因此肉质既咸又硬，不易成熟，滋味很差。

（2）皮薄。腌制火腿的鲜腿，皮越薄越好，因皮薄不仅能使盐分快速渗入，还可使优质可食部分加多，故皮的厚度以2mm左右为最好。

（3）新鲜。冬天宰后24h以内的鲜腿（指江浙一带），肌肉鲜红，肉质柔软，皮色白润；超过24h以后则肉色逐渐变暗，肉质变硬，皮面干燥，颜色变黄；超过3d，则肉面干枯，呈暗色，肉质软化；再继续下去则纤维松懈，甚至发生腐臭，这种原料绝不可用来制造火腿。

（4）肥膘要薄。火腿的香味，主要由肌肉中蛋白质的分解而形成，脂肪作用不大。同时如肥肉过多，盐分不易渗入，容易遭受腐败变质的危险。所以选腿时膘要薄，色要白。

（5）腿形。我国火腿注重腿形，以选择脚爪纤细，小腿细长者为佳。

2. 修腿

修腿前，先用刮毛刀刮去皮面上的残毛和污物，使皮面光滑清洁。然后用削骨刀削平耻骨（俗称分水骨），修整坐骨，除去尾椎，斩去脊骨，使肌肉外露，再把过多的脂肪和附在肌肉上的浮油割去，将腿边修成弧形，腿面平整。再用手挤出大动脉内的瘀血，最后使猪腿成为整齐的柳叶形。

3. 腌制

修腿以后即可用食盐和硝石进行腌制，腌制时需上盐 6 ～ 7 次，其程序如下（以 5kg 重鲜腿为例）。

（1）第一次上盐。俗称上小盐。目的是使肉中的水分、瘀血排出。其方法是在肉面撒上一层薄薄的食盐。用盐量为：每 5kg 重的鲜腿用盐 100g 左右，上完盐后，将腿整齐堆叠，一般正常气候下可堆叠 12 ～ 14 层，天气越冷，应堆叠越高。

（2）第二次用盐。又称上大盐。即在上小盐的翌日作第二次翻腿上盐。在上盐以前用手压出血管中的瘀血，然后 5kg 重的腿用盐 250g 左右，必要时在三签头上稍放些硝酸钾（一般冬季不用硝），用盐后仍将腿整齐堆叠。

“三签头”是火腿上肌肉最厚的 3 个部位。腌制时常常因为没有腌透而发生腐败变质。因此，在腌制时必须特别注意加重敷盐量。此外，在评定火腿品质时，用 3 根竹签分别插入这 3 个部位，拔出闻味来评定品质。

（3）复三盐。经两次上盐后，过 6d 左右再行第三次上盐。按腿的大小，并检查三签头上的余盐多少和腿质的硬软程度，来决定盐量的增减，这次用盐 100 ～ 150g。

（4）复四盐。第三次上盐后，再过 7d 左右，进行第四次上盐。这次上盐的目的，是通过上下翻堆而得到调节腿温，并检查三签头上盐的溶化程度。如大部分已溶化需再补盐，并去掉腿皮上的粘盐，以防止腿的皮色。发白无亮光。这次用盐约 75g。

（5）复五盐、复六盐。这两次上盐的间隔时间也都是 7d 左右。第五次、第六次复盐的目的，主要是将火腿上下翻堆。并检查盐的溶解程度。大型腿（6kg 以上）如三签头上无盐时，应适当补加，小型腿则不必再补。

鲜腿腌制时应按大、中、小分别堆放，遇气温不正常时，应将门窗紧闭，天气过冷时可在腌制室内适当加温。每次翻堆时，应轻拿轻放，堆叠整齐。擦盐要用力均匀，腿皮上切忌用盐和避免粘盐，以防腿皮发白。如遇暴冷暴热和雷雨等天气应及时翻堆和掌握盐度。气候乍热时，可把腿摊开，并将腿上陈盐全部刷去，重新上盐。

4. 洗晒及整形

（1）洗腿。洗腿前先用冷水浸泡，浸泡时间应根据腿的大小和咸淡来决定，一般需浸 2h 左右。浸腿时，肉面向下，全部浸没，不要露出水面。洗腿时按脚爪、爪缝、爪底、皮面、肉面和腿尖下面，顺肉纹依次洗刷干净，不要使瘦肉翘起，然后刮去皮上的残毛和糊腻，再浸漂在水中，进行洗刷，最后用绳吊起送往晒场挂晒。

（2）挂晒。将腿挂在晒架上，用刀刮去剩余的细毛和污物，大约 4h 后，皮面已基本干燥。此时若作为商品出售，可在腿的皮面上加印厂名及商标。再继续挂晒 4h 左右，腿面已变硬，内部尚软，即可开始整形。

（3）整形。整形可分三个部分：一在大腿部（即腿身），用两手从腿的两侧往腿心部用力挤压，使腿心饱满，成橄榄形；二在小腿部，先用木槌敲打膝部，再用核骨凳（即凳面带有圆孔的长凳），将小腿插入凳孔，轻轻攀折，使小腿正直，至膝踝无皱纹为止；三在脚爪部，将脚爪加工成镰刀形。

整形后再继续曝晒，并趁内部尚未变硬以前，接连整形（每天整 1 次）2 ～ 3 次。曝晒 4 ～ 5d 后，表面已经干燥，形状固定。此时腿重为鲜腿重的 85% ～ 90%，腿皮呈黄色或淡黄色，皮下脂肪洁白，肌肉呈紫色，腿面各处平整，内外坚实，表面油润，此时曝晒工序即可结束。

5. 晾挂、发酵

火腿经洗晒后，虽然大部分水分已经蒸发，但在肌肉的深厚处还没有达到足够的干燥程度，因此必须经过晾挂发酵过程，一方面使水分继续蒸发，另一方面使肌肉中的蛋白质、脂肪等发酵分解，使肉色、肉味、香气更为完善。

火腿送入发酵室后，把腿逐只挂在木架上，通常开始发酵时已进入初夏，气候转热，除水分逐渐蒸发外，在腿的表面会发生绿色霉菌（俗称油花），这是干燥和咸淡适中的标志。这些霉菌所分泌的酶，使腿中蛋白质分解，从而使火腿产生香味和鲜味。如果腿面发生黄霉时（俗称水花），是晒腿不足，腿肉湿润的标志，这种腿容易生蛆甚至腐烂。因此，火腿发酵的好坏，跟火腿的质量有很大关系。

火腿在送入发酵室晾挂前，应逐只检查腿的干燥程度和有否虫害和虫卵，腿在上架时，应注意把大、中、小腿分类悬挂。腿与腿之间按大小留出 5 ～ 7cm 的间隔，需注意不要相互碰撞，并经常检查。火腿的发酵时间，一般为 2 ～ 3 个月。

火腿经晾挂发酵后，水分逐渐蒸发，腿身逐渐干燥，肌肉收缩，腿骨外露，必须再经修整，俗称修燥刀。修整前先刷去绿色霉菌，再进行劈骨修肉。修整的内容为：修平耻骨、修整股关节、修平坐骨，并修整腿皮。修整的标准，要求达到腿正直，两分均匀，使腿身呈橄榄形。经修整后的火腿，随手轻撒白色糠灰，撒好后仍将腿依次上挂，使其继续发酵。

6. 落架和堆叠

经过修整和发酵后的火腿，根据干燥程度，分批落架。落架时刷去糠灰，再按照腿的大小分别堆叠在腿床上。每堆高度不超过 15 只，腿肉向上，腿皮向下。每隔 5 ~ 7d 上下调换一次，检查有无虫害，并用火腿滴下的原油涂抹腿面，使腿质滋润，此时即成新腿，如堆叠过夏就称为陈腿，风味更好。过夏后火腿的质量约为鲜腿重的 70%。

（三）金华火腿等级标准

火腿经晾挂、发酵及堆藏以后，即可按照等级标准分等出售，等级标准如下。

特级：每只重 2.5 ~ 4.0kg。皮平整，脚爪细，腿心丰满，油头（即腿尖）小，无裂缝，式样美观整洁。

一级：每只重 2.25 ~ 4.50kg。腿样整洁，油头较小，无虫蛀及鼠咬伤痕。

二级：每只重 2 ~ 5kg。腿脚较粗，味稍咸，皮稍厚，式样整齐，无虫蛀鼠咬伤痕。

三级：每只重 2 ~ 5kg。腿脚粗胖，刀工路粗，稍有虫蛀伤痕。

四级：每只重 2.75 ~ 5.00kg。脚粗皮厚，骨外露，式样差，稍有异味和虫蛀伤痕。

第三节 烟熏食品加工工艺

一、烟熏方法

烟熏方法根据供烟方式可分为直接烟熏法、间接烟熏法和液体熏制法；根据熏制温度可分为冷熏法、温熏法、热熏法和焙熏法；根据熏制速度可分为快速熏制法和慢速熏制法等。

（一）直接烟熏法

让木材在烟熏室内产烟，直接对制品进行烟熏的方法。根据熏房所保持的温度，又可分为以下几种。

1. 冷熏法

在 30℃以下进行烟熏的方法（15 ~ 30℃），此法一般用于制作不进行加热工序的制品，如带骨火腿、培根、生干香肠等的烟熏。这种烟熏方法的缺点是烟熏时间长（1 ～ 3 周）、重量损失大，但是由于干燥程度高、失重大，提高了保存性，增加了风味。在温暖的地区，由于气温的关系，这种方法较难实施。

2. 温熏法

在 30 ～ 50℃条件下进行烟熏的方法，该温度超过了脂肪熔点，所以脂肪容易流出，而且部分蛋白质开始凝固，因此肉质变得稍硬。这种方法用于熏制脱骨火腿等，烟熏后再进行蒸煮，由于这种烟熏法的温度条件有利于微生物生长，如果烟熏时间过长，有时会引起制品腐败。通常烟熏时间限制在 5 ～ 6h，最长不超过 2 ～ 3d。

3. 热熏法

在 50 ～ 80℃范围内进行烟熏的方法，一般在实际操作中烟熏温度大多在 60℃左右，在此温度范围内，蛋白质几乎全部凝固，因此，熏后的制品，表面硬度高，而内部仍含有较多水分，富有弹性，可用于急速干燥、附着烟味，但接近一定限度，就很难进行干燥，烟味也很难附着，因此，烟熏时间不必太长，最长不超过 5 ～ 6h。因为在短时间内就可取得较好的烟熏效果，故可以提高工作效率，但这种烟熏方法难以产生浓郁的烟熏香味。

4. 焙熏法

焙熏法是温度超过 80℃的烟熏方法，有时温度可升至 140℃，可同时完成熟制过程，用此法熏制的制品不必再进行加热加工就可以直接食用，烟熏时间不必太长。

（二）间接烟熏法

间接烟熏是一种不在烟熏室内发烟，而是用烟雾发生器产烟后将烟送入烟熏室，对制品进行熏制的方法。其特点是熏房温度、湿度容易控制，产烟量易掌握，可减少 3，4 –苯并芘的产生和作用。按烟的发生方法和烟熏室内的温度条件可分为以下几种。

1. 燃烧法

将木屑倒在电热燃烧器上使其燃烧，再通过风机送烟的方法，是将发烟和熏制分在两处进行的方法，烟的生成温度与直接法相同，所产生的烟是通过风机与空气一起送入烟熏室内，所以烟熏室内的温度基本上由烟的温度和混入的空气温度决定。这种方法一般依靠空气流动将烟灰附着在制品上。

2. 湿热分解法

这种方法是将水蒸气和空气适当混合，加热到 300 ~ 400℃后，使热气通过木屑进行热分解而产烟。因为烟和蒸汽是同时流动的，因此变成潮湿的高温烟。一般送入烟熏室内的烟温度约 80℃。故在烟熏室内熏烟之前制品要进行冷却，冷却可使烟凝缩，附着在制品上，因此也叫凝缩法。

3. 流动加热法

这种方法是用压缩空气使木屑飞入反应室内，在反应室 300 ~ 400℃的过热空气作用下，使浮游于反应室内的木屑热分解，产生的烟随气流进入烟熏室。由于气流速度较快，灰化后的木屑残渣很容易混于其中，需通过分离器将两者分离。

4. 二步法

这种方法的理论依据是熏烟成分受烟中的碳酸和有机酸所控制，其量取决于热分解时的温度和以后的氧化条件，这个方法是将产烟分为两步，第一步是将氮气或二氧化碳等气体加热至 300 ~ 400℃，使木屑产生热分解，第二步是将 200℃的烟与加热的氧或空气混合，送入烟熏室，这样，在 300 ~ 400℃的高温中，产生的烟就可以完全不氧化，以后在 200℃左右的温度下，使其氧化、缩合，从而得到碳酸及有机酸含量较高的安全烟。

5. 炭化法

将木屑装入管子，用调整为 300 ~ 400℃的电热炭化装置使其炭化，产生出烟，由于空气被排除了，因此产生的烟状态与低氧下的干馏一样。这种烟是干燥浓密状态下得到的。

（三）快速熏制法

根据使用的物质和设备特征，快速熏制法还可以分为液熏法和电熏法。

1. 液熏法

液熏法是将燃烧木材产生的烟收集起来，使其通过水，烟不断产生并反复循环被水吸收，使有毒的 3，4 –苯并芘等有害物质通过水排出，有用物质留于水中，进行浓缩后制成烟熏液，再加以利用的方法。这种烟熏液中主要含有熏烟中的主要成分，包括酚、有机酸、醇和羰基化合物，烟熏液中有毒物质少，成分比较稳定，使用简便，污染度低，很受生产企业欢迎。

烟熏液进一步处理，可得不同用途的产品，如以植物油为原料萃取上述烟熏液，可以提取出酚类，这种产品不具备形成颜色的性质，该产品已经被广泛应用于肉的加工；另外，也可采用在表面活性剂溶液萃取烟熏液，得到能水溶的烟熏香味料，在美国培根肉就用这种产品作为添加剂。

烟熏液使用时可通过蒸散吸附、浸渍、喷淋、添加等多种方式达到目的，蒸散吸附是将烟熏液加热，使其蒸发，吸附于制品上；浸渍喷淋法是将制品浸于烟熏液中一定时间，再将表面干燥而达到目的的一种方法；喷淋法是将烟熏液按比例喷淋于食品表面，风干或烘干即可；添加法是将烟熏液直接按一定比例添加到制品中达到目的的一种方法。

2. 电熏法

电熏法是应用静电进行烟熏的一种方法，这类烟熏的操作方法很多，如将制品以5cm间隔排开，相互连上正负电极，一边送烟，一边施加15～30kV的电压使制品本身作为电极进行电晕放电，这样，烟的粒子就会急速吸附于制品表面，烟的吸附大大加快，烟熏时间仅需要传统方法的1/20。

二、烟熏设备

食品烟熏特别是肉类制品的烟熏，一般都使用专门的烟熏炉进行。目前，生产企业使用较多的有两种形式。

（一）直接烟熏装置

直接烟熏采用的是一种较简单的烟熏炉，这种设备只有烟熏一种功能，一般容量不大，只在小型加工企业使用，如图7-8所示。

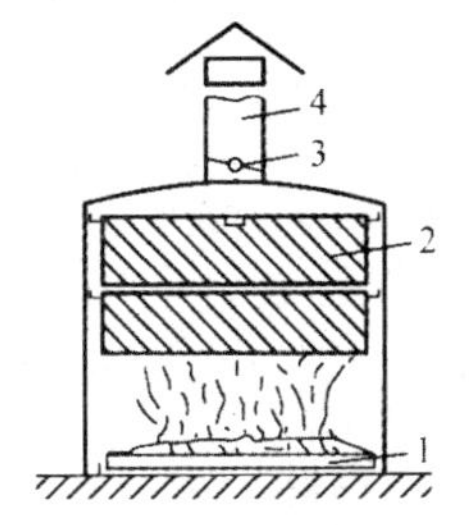

图7-8　直接烟熏装置

1—产烟装置　2—食物吊架或小车　3—调节阀门　4—烟囱

直接烟熏装置是在烟熏室内燃烧木材，使其产生烟雾，利用风扇或空气自然对流的方法，把烟分散到室内各处。常见的有单层烟熏炉、小车烟熏室等。一般都是从烟熏室底部产烟，对上层制品进行烟熏。如果是依靠空气自然对流的方式，烟在烟熏室内流动和分散，存在温度差、烟流不均、原料利用率低、操作方法复杂等缺陷。

（二）多功能烟熏装置

目前使用较多的是集蒸煮、烟熏、烘烤于一体的三用设备，如图 7 - 9 所示，设备主体是一个可容纳载物车的大容器，内部通有与外部相关设备相连的蒸汽管道、供烟管道以及电加热管，根据不同用途调整使用。设备型号可按容量区分，常用的有单门单车型、单门二车型、二门四车型等，设备的类型所含烟熏车的数量可以根据生产需要实际定制到六车、八车甚至十二车，一般随着烟熏车数量增加，设备的自动化程度也更高、造价相应也高。目前，在国内主要以二车型、四车型为最多。

图 7 - 9　多功能烟熏装置

这种设备不在烟熏室内发烟，是将烟雾发生器产生的烟通过管道，在鼓风机作用下强制送入烟熏室内，对制品进行烟熏，一般用于加工全熟或半熟产品。该设备既能控制烟熏过程，还能控制熟制温度以及制品的含水量。在鼓风机作用下，烟熏房烟及空气能均匀流动，还能调节相对湿度。

三、烟熏食品的安全性

烟熏制品是味道好、保存性也好的食品，但从熏烟成分的分析结果看，人们对它的安全性较为关注。

熏烟中含有多种成分，如果被大量摄取对健康无益，如甲醇和甲醛等有害物质，此外，酚类、酮类、醛类等作为杀菌剂、保鲜剂等，如大量添加到食品中，对人体健康无益。

（一）多环芳香族烃

多环芳香族烃是指两个以上苯环连在一起的化合物，是发现最早且数量最多的致癌物，在目前已知的500多种主要致癌物中，多环芳香类化合物占200多种。在熏烟中多环芳香族烃有25种以上，其中的苯并芘和二苯蒽是广为人知的致癌物质。苯并芘是多环芳香类化合物中毒性最大的一种，也是所占比例较大的一种。

多环芳香族烃是由于木材的不完全燃烧产生的。在熏制过程中，熏烟中的苯并芘等物质会附着在制品的表面，如烟熏制品表面黑色的焦油中就含有大量的苯并芘等多环芳香族烃化合物。研究表明，苯并芘不仅是一种强致癌物，可诱发皮肤、肺和消化道癌症，还是一种很强的致畸、致突变和内分泌干扰物，并具有一定的神经毒性。

（二）其他有害成分

熏烟中的甲醛及甲醇也对人体具有一定的危害性。甲醛是易溶于水的无色气体，具有强烈的刺激性气味，具有杀菌、防腐作用，是熏制品保存性好的原因之一。微量甲醛的慢性毒性虽不明显，但其0.3%水溶液对消化酶的功能有破坏作用，市售熏液的甲醛含量为0.6～450mg/kg。甲醛已被发现对人的眼睛及上呼吸道具有毒性，目前已有充足的人体和动物试验证明甲醛也具有致癌性。

甲醇是引起工业酒精中毒的主要原因，甲醇的中毒量因人而异，一般为5～10g，甲醇在醇类中毒性较强的原因是它在体内的存留时间稍长就会变成毒性很强的甲酸，市售熏液中的甲醇含量为0.007%～1.6%。

四、典型烟熏制品

烟熏食品的范围极广，畜禽类有熏肉及火腿、香肠等；水产品中有各种鱼类、贝类；乳制品主要有奶酪；还有鸡蛋的烟熏制品。

（一）熏肉

熏肉的加工方法与培根相似，在我国农村加工较为普遍，其中有许多名特产品，如湖北恩施熏肉、北京熏肉、济南熏肉，本节以湖北恩施熏肉为例进行介绍。

湖北恩施熏肉的特点是：色泽棕黄，肉质鲜嫩结实，风味独特，具有浓郁的熏制香味。

1. 工艺流程（图 7－10）

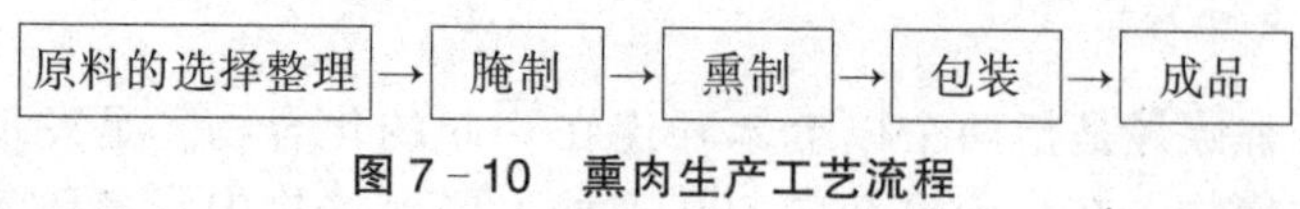

图 7－10 熏肉生产工艺流程

2. 操作要点

（1）原料的选择。整理选择新鲜健康猪肉，修平骨骼，切成 1.5 ～ 2.5kg 的肉块。

（2）腌制。用占肉重 5%～7%的食盐分 3 次上盐，第 1 次用 1%～2%上出水盐，在肉坯四周抹擦，然后层层堆放（同火腿）；第 3 天上大盐（数量多），用 2%～3%的盐，同时倒层，在骨大肉多处多上盐；第 7 ～ 8 天将剩余盐全部用完；再腌 3 ～ 4d 即成，共腌制 10 ～ 12d。

（3）熏制。把腌好的肉吊挂在熏房内，距地面 1 ～ 2m，产烟进行熏制。传统方法是把木材分成几堆，分布于熏房各处，使温度均匀。先用文火，逐渐加大，最后在明火上加一层柏树枝再盖上谷壳让其产烟，进行熏制，或按所需香味再添加其他燃料。常用的有核桃壳、花生壳、油菜籽等。温度保持在 40℃左右，保持 6 ～ 7d 即成。

（4）贮藏方法。除真空包装外，可在库房中堆垛贮藏或放在木架上贮存（参考火腿）。要求库房温度要低，同时要避开阳光、通风、防潮。在贮藏过程中，制品会有发酵作用，产生良好风味。

（5）食用方法。熏肉食用时蒸、煮、炖均可。食用前先把表面烟尘抖落，然后温水浸泡 30min，刮洗干净烟尘、油污等。然后切成 100 ～ 150g 的块蒸熟再切片食用，或切成 150 ～ 250g 块煮熟后切片食用，也可炖汤。

（二）熏香肠

我国市场销售的熏香肠大多是引入国外技术生产的，属灌肠类制品，这类制品的特点是适于工业化生产，有较规范的生产工艺，成套设备和流水线作业；风味偏于清淡、鲜嫩，香料特殊；注重选料和营养；多添加质量改良剂，产品质量均一，稳定；多经烟熏、熟制过程；注重包装，携带方便。

1. 工艺流程（图 7－11）

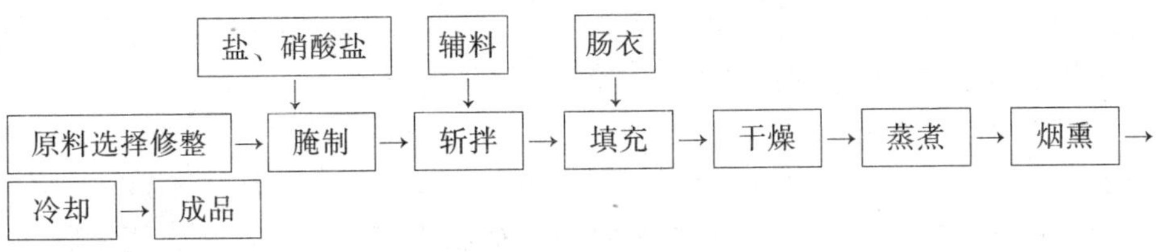

图 7－11 熏香肠生产工艺流程

2. 操作要点

（1）原料选择修整。选健康无病动物肉，单独或混合使用均可。肥肉均用猪皮下脂肪，把原料肉剔骨、去皮、去瘀血和粗大筋腱等，肥瘦分开，切成 0.5 ～ 1kg 的肉块，洗净备用。

（2）配方。哈尔滨红肠是我国生产最早的灌肠，来源于立陶宛，又叫里道斯灌肠。

配方一：瘦肉 75kg、猪肥膘 25kg；淀粉 6%（占肉重比例，下同），硝酸钠 0.04%，精食盐 3%，花椒粉 0.075%，黑胡椒粉 0.05%，大蒜末 0.3%，味精 0.08%。

配方二：猪瘦肉 35kg，牛（马、兔）肉 35kg，猪肥膘 30kg，干淀粉 10kg；食盐 3%（占前几项合计重比例，下同），硝酸钠 0.04%，大蒜 0.3%，黑胡椒粉 0.08%，味精 0.1%。

（3）腌制。把食盐、硝酸盐混匀，或分别用水化开，与准备好的肉块拌匀，然后在 0 ～ 4℃下腌制 24 ～ 48h，肥瘦肉分开腌制。腌制时间由肉块大小和室温高低来决定，以切开瘦肉有 80% 成鲜红色、手感坚实、富有弹性、肥肉坚实、切面色泽均匀为止。

（4）制馅。把腌好的瘦肉用 4 ～ 6mm 孔径筛板的绞肉机绞碎，在此过程中机械会产热，使肉温升高，要加一些冰屑进行降温。腌好的肥肉切成 0.6 ～ 1cm^3的小丁。

为提高肉馅的保水性和黏着性，可将腌制好的瘦肉全部或部分进行斩拌，用斩拌机或拌馅机进行，斩拌过程也要加一些冰屑以降温，要求温度低于 10℃，斩拌 5 ～ 8min 使肉成糜状。

最后用水把淀粉溶匀，先和瘦肉在拌馅机中拌匀，再把肥肉和其他配料加入拌匀。拌到肥肉分布均匀，无明显水样感，肉馅有弹性、坚实即可，肉温要控制在 10℃以下。

（5）填充（灌肠）。根据产品需要选择好肠衣（一般用猪小肠衣），清洗干净后套在灌嘴上，把馅装在灌肠机中装入肠衣。

（6）干燥（烘烤）。目的是让肠体表面干燥、柔韧，肉馅色泽鲜艳，去除肠衣异味。烘烤时烘房温度要保持在65～85℃，烘30～40min，当肠表面干燥、肠衣半透明、有沙沙声、肉馅红色显出为止。

（7）熟制。目的是杀菌、熟制、组织状态稳定。有两种方法，水煮和汽蒸，多用水煮。当水温达85～90℃时下锅，并保持在78～80℃，当肠中心温度达72℃时即可。一般熟制时间根据肠衣直径大小而定，猪小肠20～30min，羊小肠15～20min，牛大肠35～40min。煮时不能让肠体相互靠拢，以使受热均匀。煮好后，要立即出锅冷却，沥干水分。此为非烟熏产品。

（8）烟熏。目的是让肠内水分减少，表面干燥有光泽，使肉红色透出，并产生特殊风味，增强防腐性。熏制时将熏房温度控制在50～80℃，采用直接烟熏、间接烟熏法或液熏法均可，熏制到肠体表面干爽，成均匀黄棕色即可。为增加烟熏风味，也可将烟熏液在制馅时适量添加，再进行其他方法烟熏。

（9）冷却包装。熏制后需将制品降温，可采用自然降温或冷却降温法，自然降温是将制品吊挂在晾肠架上，置于干净卫生的房间内进行降温，使制品温度降至与环境温度相同即可；冷却降温是将制品置于0～4℃冷却间冷却降温，使制品温度降至4℃左右即可。降温后按照产品最终规格要求进行包装，一般采取真空包装方式。

（10）贮藏。包装后的制品应在4℃左右条件下贮藏或销售；不包装的制品吊挂贮藏，在8℃以下，湿度75%～78%的条件下可吊挂贮藏72h左右。

（三）熏鸡

以辽宁北镇的沟帮子熏鸡为例。

1. 工艺流程（图7－12）

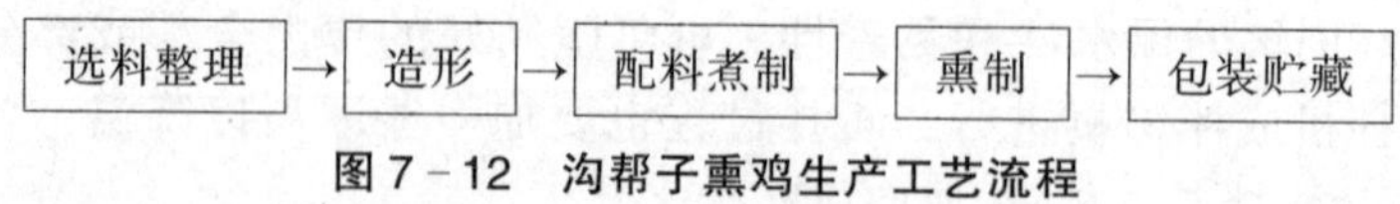

图7－12 沟帮子熏鸡生产工艺流程

2. 操作要点

（1）选料。整理选用健康无病鸡，宰杀放血后，烫毛，燎去小毛，肛门与腹部结合处横开一小口，取出全部内脏，宰杀后即胴体重量1～1.5kg

为好。用水浸泡 1 ～ 2h，去除残留的血液，待鸡胴体发白后将胴体清洗干净。

（2）造形。从鸡胴体大腿根处把腿骨敲断，用剪刀将肋骨（软）从腹腔内剪断，然后把鸡腿盘入腹腔，头从侧面拉压到左翅下。

（3）配料。鸡胴体 100kg；食盐 2 ～ 2.5kg，花椒 50g，八角 50g，鲜姜 100g，桂皮 50g，肉蔻 20g，砂仁 20g，丁香 50g，山奈 50g，白芷 50g，陈皮 50g，胡椒末 8g，味精 10g。

（4）煮制。若第一次煮制需将配料加倍使用，将香辛料装入小布袋，在水中熬煮 1 ～ 2h 制成卤汤；如果有用过的老汤，则取上清液使用。把鸡体放入卤汤中煮制，火力适中，既要煮熟，又不能把皮煮裂。小鸡煮制 1h，老鸡煮制 2h 左右，捞起沥干表面水分并降温。

（5）熏制。熏制前先在鸡体表面涂抹一层芝麻油，再涂糖水（糖水比 3∶7），表面干燥后收入烟熏室进行烟熏，采用热熏法，熏制 10 ～ 20min，熏成红棕色即成。

（6）包装。贮藏制品冷却后按产品规格包装，一般采用真空包装。包装后的制品应在 4℃左右条件下贮藏或销售。

（四）培根的加工

培根是英语 Bacon 的译音，意思是烟熏咸猪肋条肉，是世界著名肉制品之一，其基本特征是：表皮油润金黄，质地坚实；肌肉干硬，具有适口的咸味和浓厚的烟熏味。

培根按照取料部位不同分为大培根、排培根和奶培根 3 种。

1. 工艺流程（图 7－13）

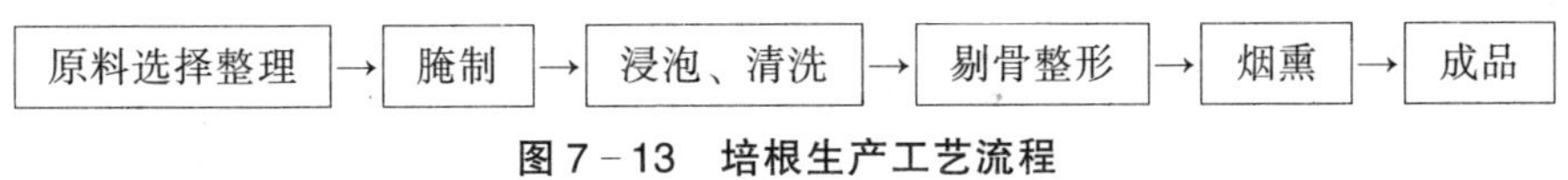

图 7－13　培根生产工艺流程

2. 操作要点

（1）原料选择整理。

①大培根：在猪的半胴体上截取第 3 根肋骨至最后 1 个腰椎中间的整块肉，割掉奶脯部分，要求肥膘最厚处在 3.5 ～ 4cm 为宜。每块肉重5 ～ 10kg。

②排培根和奶培根：取第 5 肋骨至最后 1 个荐椎之间的整块肉，沿背脊下 13 ～ 14cm 处水平切开，上半部分为排培根原料，下半部分割除奶脯为

奶培根原料。排培根要求膘厚 2.5 ～ 3cm，奶培根 2.5cm。

原料选好后，用刀把四周修割整齐成直线，割去腰肌和横隔膜。

（2）低温腌制。腌制时在 0 ～ 2℃下进行，先干腌再湿腌。

①干腌：每块肉坯用食盐和亚硝酸盐混合物（100kg 肉用 3.5 ～ 4.0kg 食盐，5g 硝酸钠拌匀，奶培根减半），均匀抹擦在肉坯表面，腌制 24h。

②湿腌：把干腌后的肉坯再用质量分数 16% ～ 17% 的食盐溶液（每 100kg 溶液中加 70g 硝酸钠）浸泡，浸泡 2 周左右，中间翻 3 ～ 4 次缸。

（3）浸泡、清洗。把腌好的肉块在 25℃左右的清水中浸泡 3 ～ 4h，一是让肉表面油污溶解，便于清洗修割；二是把表面盐分洗掉，防止熏制后出现"盐花"；三是使组织变软，便于剔骨整形。

（4）剔骨、整形。要求用刀尖轻轻划开骨面上的骨膜，然后用手慢慢将骨骼扳出，不能把肌肉刺破，以免水浸入不便久藏。

整形是把残毛和油污刮尽，把四边整成直线。然后吊挂沥水 6 ～ 8h，待表面干爽便可进行烟熏。

（5）烟熏。先把熏房温度预热到 60 ～ 70℃，然后把肉挂入，进行熏制，熏时温度先高后低，熏 8h 后便可取出，冷却后即为成品，出品率 85% 左右。

（5）贮藏。可分割包装后贮藏，也可吊挂、平放贮藏，0 ～ 4℃下可贮藏 1 ～ 2 个月。

第八章　果蔬制品加工工艺研究

果蔬原料种类繁多，果蔬制品的加工工艺也多种多样。因此，果蔬制品的种类极其多，果蔬制品在我国食品工业中占有极其重要的地位，果蔬制品加工工艺在食品科学与技术学科中也占有重要的地位。当代的果蔬加工制品除了传统意义上的保藏作用之外，更主要的是突出其色、香、味等感官品质特性，以及适合不同人群食用的各种营养功能品质。本章主要围绕果蔬原料及加工产品、果蔬的罐头制品、果蔬汁产品、果蔬糖制品、果蔬腌制品、果蔬干制品、果酒产品的原料选择要求、加工工艺及主要的产品质量问题展开讨论。

第一节　果蔬加工保藏的原理

一、果蔬干制原理

我国干制历史悠久，干制品如红枣、木耳、香菇、黄花菜、葡萄干、柿饼等，都是畅销国内外的传统特产。随着干制技术的提高，营养会更接近鲜果和蔬菜，因此果蔬干制前景看好，潜力很大。

果蔬产品的腐败多数是由微生物繁殖的结果。微生物在生长和繁殖过程中离不开水和营养物质。果品蔬菜既含有大量的水分，又富有营养，是微生物良好的培养基，特别是果蔬受伤、衰老时，微生物大量繁殖，造成果蔬腐烂。另外果蔬本身就是一个生命体，不断地进行新陈代谢作用，营养物质被逐渐消耗，最终失去食用价值。

果蔬干制是借助于热力作用，将果蔬中水分减少到一定限度，使制品中的可溶性物质达到不适于微生物生长的程度。与此同时，由于水分下降，酶活性也受到抑制，这样制品就可得到较长时间的保存。

二、果蔬腌制原理

果蔬腌制原理主要是利用食盐的高渗透压作用、微生物的发酵作用、蛋白质的分解作用及其他一系列的生物化学作用，抑制有害微生物的活动和增加产品的色、香、味。

有害微生物在蔬菜上的大量繁殖和酶的作用，是造成蔬菜腐烂变质的主要原因，也是导致蔬菜腌制品品质败坏的主要因素。食盐的防腐保藏作用，主要是它具有脱水、抗氧化、降低水分活性、离子毒害和抑制酶活性等作用。

三、果酒酿造原理

（一）酒精发酵及其产物

酒精发酵是非常复杂的一系列生化反应，有许多中间产物生成，需大量的酶参与，这一过程的反应步骤很多，但其主要机制是糖酵解途径，总体可以分为4步。

己糖的磷酸化作用，最后形成1，6-二磷酸果糖；1，6-二磷酸果糖裂解，形成在异构酶作用下可以互相转化的3-磷酸甘油醛和磷酸二羟基丙酮；3-磷酸甘油醛经过一系列变化，形成丙酮酸；在无氧条件下，丙酮酸经过脱羧，还原产生酒精。

（二）酒精发酵的主要副产物

1. 甘油

在无氧条件下，酵母菌的正常发酵产物为酒精，但在特定的条件下，酵母也可进行甘油发酵。在葡萄酒酿造中，由于添加二氧化硫，就迫使一部分乙醛不能作为氢的受体而被还原成酒精，从而使磷酸二羟基丙酮代替乙醚，最后形成少量的甘油。在葡萄酒中，甘油含量为1～6g/L。它一方面具有甜味，另一方面使葡萄酒具有圆润感。

2. 高级醇

高级醇指碳原子数超过2的脂肪族醇类。这些高级醇的混合物也叫杂醇油，是酒精发酵的主要副产物。在葡萄酒中含量很低，但它们是构成葡萄酒酒香的主要物质，在葡萄酒中主要有异丙醇、异戊醇等，形成途径以氨基酸脱氨及脱羧为主，不同的酵母菌种、葡萄组成、发酵条件等都影响这一类物质的形成。

3. 醋酸

醋酸主要由乙醛经过氧化还原作用而生成，是葡萄酒挥发酸的主要成分。葡萄酒中含量过高，就会具酸味。

4. 乳酸

乳酸主要来源于酒精发酵和苹果酸-乳酸发酵，在葡萄酒中，其含量一般低于1g/L。

此外，在葡萄酒发酵过程中，还产生很多的副产物，如琥珀酸、乙醛、丙酸、乙酸酐、2，3-二羟基丁酸、乙醇酸、香豆酸、3-羟基丁酮等。这些成分量少，却都是呈味物质，给葡萄酒带来一定的风味。

(三) 酯类及其形成

果酒中酯的生成有2个途径，即陈酿和发酵过程中的酯化反应和发酵过程中的生化反应。

(四) 果酒的氧化还原作用

氧化还原作用与葡萄酒的芳香和风味关系密切，在不同阶段需要的氧化还原电位不一样，在成熟阶段，需要氧化作用，以促进单宁与花色苷的缩合，促进某些不良风味物质的氧化，使易氧化沉淀的物质沉淀除去。在酒的老化阶段，则希望处于还原状态为主，以促进酒的芳香物质产生。

氧化还原作用还与酒的破败病有关，即葡萄酒暴露在空气中，常会出现浑浊、沉淀、褪色等现象。如铁的破败病与Fe^{2+}浓度有关，Fe^{2+}被氧化为Fe^{3+}，电位上升，同时也就出现了铁破败病。

(五) 果酒发酵微生物

果酒酿造的成败和品质的好坏与微生物的活动有密切的关系，首先决定于参与发酵的微生物种类。果酒酿制需选用优良的酵母菌进行酒精发酵，防止杂菌的参与。葡萄酒酵母不仅是葡萄酒酿制的优良酵母，也可作为苹果、柑橘及其他果酒的酿制菌种。

第二节　果蔬加工前的原料预处理技术

一、拣选

将混在原物料中的异物或不合格原料进行选择并剔除，见下页表8-1，通常挑选不合格物料会在输送带上进行手工完成，但是对于一些含水量过高的可食用性物料会增加特有的磁选装置，来防止带铁或合金物质对加工机械的损坏。

表 8-1 原料中常见的污染物

污染物类型	举　例
金属	含铁或不含铁的金属、碎屑
无机物	泥土、机油、石头、油脂
植物	树叶、细枝、杂草、种子、果壳、果皮
动物	毛发、骨头、血液、粪便、小昆虫、虫卵
化学制品	杀虫剂、农药、除草剂
微生物	霉菌、细菌、酵母、真菌
微生物产物	变色、变味、毒素

二、分级和清洗

（一）分级

分级即对农产品原料按照大小、色泽以及质量和成熟度进行分门别类，以便于农产品的加工过程进行各项单元操作，并且能够一定程度地降低农产品原料消耗，使得农产品的后期加工和各自工序能够获得一致性，对产品质量形成有效的保障。

（二）清洗

清洗是对农产品残留化学药物清除和减少微生物含量的有效措施，通常情况下，农产品和食品原料的清洗有化学方法和物理方法两种，其中常用的化学清洗剂包括清洁剂和表面活性剂等化学物质，常用的物理清洗方式包括浸泡、刷洗、鼓风、搅动、喷淋、振动、摩擦等。

三、去皮

许多农产品进行加工过程和相应单元操作过程中，不得不将其粗厚的外皮去除。去皮方式有热力去皮、化学去皮和机械去皮。其中机械去皮方式包括擦皮机去皮和旋皮机去皮两种，擦皮机的去皮原理是利用摩擦力将农产品进行去皮操作，而旋皮机则是将农产品原料至于旋皮机下进行转动去皮。

四、去心和去核

在加工时有的原料需要去心和去核以保证进一步的加工，去心和去核一般是人工用不锈钢小刀剔除。如苹果、梨等水果需要去心，桃、杏、枇杷等水果需要去核。

五、热烫

热烫是用热水或者蒸汽（一般温度在 80 ～ 100℃之间）对原料进行高温处理以保证原料质量的处理方法。热烫能破坏原料组织里的酶，防止营养物质的氧化损失和酶促褐变；能使原料细胞原生质凝固，造成细胞质壁分离，增加细胞的通透性；能排出组织中的部分空气和水，使原料体积缩小，组织变软而富有弹性，从而提高透明度。还能减轻某些原料的不良风味并杀灭原料表面附着的一部分微生物和虫卵。

六、护色

在农产品加工过程中加工制品变褐这一现象称为褐变。褐变影响产品外观，降低其营养价值。褐变可分为酶促褐变（生化褐变）和非酶褐变（非生化褐变）。

第三节　果蔬加工工艺

一、果蔬干制工艺研究

（一）干制方法

食品干制方法分为天然干燥法和自然干燥法两类。天然干燥法是利用太阳的辐射使食品中的水分蒸发出去，或者利用寒冷天气使食品中的水分冻结，再通过冻融循环而除去水分的干燥方法。人工干燥法则是利用特殊的装置调节干制工艺条件，使食品的水分脱除的干燥方法。❶

❶人工干燥方法依热交换方式和水分除去方式不同，又可分成常压对流干燥法、真空干燥法、辐射干燥法和冷冻干燥法等。

1. 自然干制

自然干制法包括晒干和风干等自然方法。晒干是指直接利用太阳光的辐射能进行干燥的过程。风干是指利用湿物料的平衡水蒸气压与空气中的水蒸气压的压差进行脱水干燥的过程。晒干过程中通常包含风干作用。

2. 人工干制

人工干制方法是利用特殊的装置来调节干燥工艺条件，去除食品中水分的干燥方法。按其干燥原理、工艺、流程，大致分为空气对流干燥、接触干燥、冷冻干燥以及利用辐射能干燥。

（二）苹果干制

苹果、梨、蓝莓、蘑菇这类果实有较高的水分含量，其干燥工艺采用渗透脱水。以苹果果实为例简要介绍脱水渗透干燥的工艺流程。

1. 工艺流程（图 8－1）

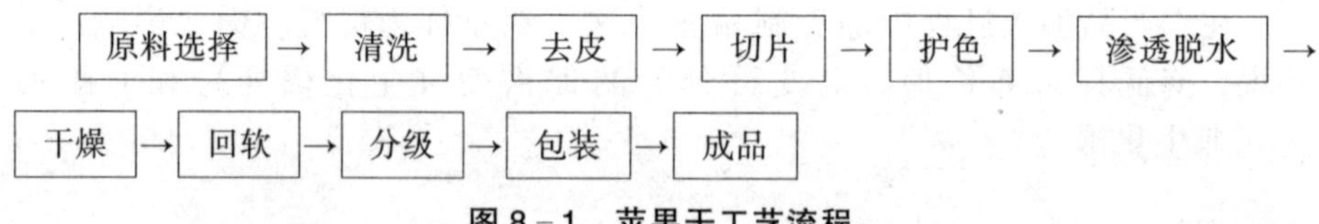

图 8－1 苹果干工艺流程

2. 工艺要点

（1）原料选择。宜选用肉质致密，皮薄心小，单宁含量少，干物质含量高，酸甜度适中，充分成熟，果型中等的品种，以晚熟或中熟品种为宜，如金冠、小国光、大国光、金帅、红星等。

（2）去皮。采用手工、机械去皮或者碱液去皮。碱液去皮时，氢氧化钠的浓度为 8%～12%，碱液的温度为 90～95℃，碱液处理 1～2min。

（3）切片。先将苹果对半剖开、去心后，横切成 5～7mm 的薄片。

（4）护色。将苹果薄片迅速浸入 3%～5%的盐水或者 0.2%～0.3%亚硫酸钠溶液护色，防止氧化变色。用清水洗净，摊到竹筛上沥干水分。

（5）渗透脱水。将苹果置于 50～70°Bé 蔗糖溶液中，处理温度 40～60℃，高渗透液持续用中速搅拌，以使高渗透液的浓度和温度在各处均匀一致。渗透液和果实的比例为 8∶1（质量比）。处理 2～3h，使苹果的含水量下降到 50%左右。

（6）干燥。将沥干水分的苹果片置于微波真空冷冻干燥机中进行干燥。切片产品水分控制在20%以下。

（7）回软。为使干制苹果各部分含水量均衡，质地呈适宜柔软状态，可在储藏室的密闭容器内堆放14～21d。

（8）分级。根据产品的质量分为优级、一级、二级等。

（9）包装。苹果干可用木箱、纸箱、塑料薄膜食品袋进行包装，谨防受潮。

（三）葡萄干干制

对于生产大批量且对干燥产品含湿量要求不严格的产品，如葡萄干、柿饼、黄花菜等，可应用厢式或者隧道式干燥。

以葡萄干的厢式干燥和隧道式干燥为例介绍其工艺流程。

生产葡萄干的原料必须是成熟的果实，葡萄干内的含水量只有15%～25%，其果糖的含量高达60%，非常甜。葡萄干在我国已有悠久的历史，是畅销国内外的著名产品。

1. 工艺流程（图8－2）

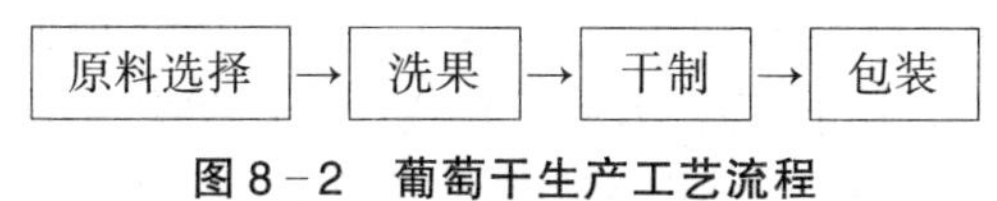

图8－2　葡萄干生产工艺流程

2. 操作要点

（1）原料选择。干制的葡萄鲜果，宜选择固形物含量高，风味色泽好，酶褐变不严重，成熟度适宜，果粒皮薄，肉质软，含糖量在20%以上的无籽品种。

（2）洗涤去污。一般用1.5%～4.0%的氢氧化钠溶液洗涤，洗除果皮上所附着的蜡质、有害微生物，同时又可消毒，并使果皮出现细小的裂缝，以利于水分蒸发，促进干燥。

3. 干制

必须具有良好的加热保温、通风散水设备，同时还要有良好的卫生条件，这样可大大缩短干燥时间。

（四）香菇干制

脱水果蔬作为一种新兴的食品种类越来越受到人们的青睐。采用冷冻干燥技术加工水果和蔬菜可以使果蔬长期保存和便于长途运输，并且具有很高的营养价值，复水性好的特点。近十年来，国内外市场上冻干脱水蔬菜的需求量逐年增加，而我国的冻干水果和蔬菜加工业也正是在这种需求持续大幅增长的促进下得到迅猛发展的。

采用真空冷冻干燥技术加工香菇，克服了传统方法干制香菇存在的产品不卫生、不美观、营养物质损失严重的缺陷，能最好地保存香菇的色、香、味、形及营养成分，产品复水性好。

1. 工艺流程（图 8－3）

香菇原料 → 预处理 → 冻结升华 → 干燥解析 → 出机 → 包装 → 入库

图 8－3　香菇干生产工艺流程

2. 工艺要点

（1）预处理。新鲜的香菇采摘后首先应按分级标准进行验收分级，然后进行防褐变处理，通常可以进行漂烫，或在柠檬酸或者亚硫酸钠稀溶液中浸泡 2min，然后沥干切片，厚度为 6 ～ 10mm。

（2）共晶点和共熔点的测定。在冻干之前，采用电阻测量装置测定香菇的共晶点和共熔点。开启前箱冷冻电磁阀，启动压缩机，香菇的温度下降，当温度降至－22℃时，电阻突然增大，此时为共晶点温度，表示香菇水分几乎全部冻结为冰。然后给加热管通电，当温度上升至－18℃左右，电阻值突然减小，此时为香菇的共熔点。

（3）冻结。冻结速度是一个重要的工艺参数，冻结速度不同会产生不同粒度的冰晶，而直接影响升华干燥速度和风味物质的保留。香菇平均冻结速度应为 1℃/min 左右，冻结时间约为 90min，冻结终了温度在－30℃左右，确保无液体存在。否则，干燥过程会出现营养流失、体积缩小等不良现象。

（4）升华干燥。升华干燥时加热温度不能过快或者过量，否则香菇温度过高，超过共熔点，冰晶融化，会影响质量，一般控制香菇料温度在－20 ～ 25℃，时间为 4 ～ 5h。

（5）解析干燥。升华干燥后，香菇中仍含有少部分的结合水，较牢固，必须提高温度才能达到产品所要求的水分。

（6）包装。因干香菇含水量极低，易吸潮，出机后应及时真空包装或者充氮气包装。

二、果蔬腌制工艺研究

（一）果蔬腌制品的分类

我国果蔬腌制品有近千个品种，因所采用的果蔬原料、辅料、工艺条件及操作方法不同或不完全相同，而生产出各种各样风味不同的产品。因此分类方法也各异。一般比较合理的分类方法是按照生产工艺进行分类的，所以在此仅介绍按生产工艺分类。

1. 盐渍菜类

盐渍菜类是一种腌制方法比较简单、大众化的果蔬腌制品，只利用较高浓度的盐溶液腌制而成，如咸菜。有时也有轻微的发酵或配以各种调味料和香辛料。根据产品状态不同有：

（1）湿态。由于蔬菜腌制中，有水分和可溶性物质渗透出来形成菜卤，伴有乳酸发酵，其制品浸没于菜卤中，即菜不与菜卤分开，所以称为湿态盐渍菜，如腌雪里蕻、盐渍黄瓜、盐渍白菜等。

（2）半干态。这种方法在民间经常可见，将经过腌制的食材晾晒，使其成为半干的状态，经常可见的有白菜、萝卜干等，都是使用这种方法。

这种方法的原理主要是因为蔬菜脱水，抑制了微生物的生长所需要的水分，微生物就不会再生长。

（3）干态。这种方法同半干态的方法相比较而言，干态方法是将食材经过反复的晾晒，使其完全脱水，含水量低于平衡水量，食材就不会腐败，在民间可见的有梅干菜、干木耳等。

2. 酱菜类

酱菜类是以蔬菜为主要原料，经盐渍成蔬菜咸坯后，浸入酱或酱油内酱渍而成的蔬菜制品，如扬州酱黄瓜、北京八宝菜、天津什锦酱菜等。

3. 糖醋菜类

糖醋菜类是将蔬菜盐腌制成咸坯，经过糖和醋腌渍而成的蔬菜制品，如武汉的糖醋藠头、南京的糖醋萝卜、糖醋大蒜等。

4. 盐水渍菜类

将菜类浸泡在盐水和香辛料混合而成的溶液里面，常见的成品主要是袋装为主，如在市场中经常见到的榨菜等。

5. 清水渍菜类

这种方法是以新鲜的蔬菜为原料，用清水生渍或熟渍，经乳酸发酵而制的成品。这种方法主要用于家庭中，不适合在市场上使用，因为保存期较短。常见的有酸白菜等。

6. 菜酱类

主要是以蔬菜为主，经过特殊处理后，加入调味料即可。如在市场上我们经常可以看到的“老干妈”等。

（二）常用的腌制方法

蔬菜通常采用盐腌法，按照用盐方式不同，可分为干腌法、湿腌法和混合腌制法。湿腌法比干腌法腌制的产品含盐量少而含水量多。

1. 干腌法

干腌法是将食盐直接撒于食品原料表面，利用食盐产生的高渗透压使原料脱水，同时食盐化为盐水并渗透到食品组织内部，或者以重物压在食品顶部以加速盐水渗透并使其在原料内部分布均匀。

2. 湿腌法

湿腌法是将食品原料浸没在盛有一定浓度食盐溶液的容器中，利用溶液的扩散和渗透作用使食盐溶液均匀地渗入原料组织内部。当原料组织内外溶液浓度达到动态平衡时，即完成湿腌的过程。

湿腌法采用的盐水浓度在不同的食品原料中是不一样的。蔬菜腌制时的盐水浓度一般为5%～15%，以10%～15%为宜。

3. 混合腌制

混合腌制是采用干腌法和湿腌法相结合的一种腌制方法。湿腌法混合加工可增加贮存时的稳定性，防止产品过度脱水，避免营养物质过分损失。这种方法应用最为普遍。

（三）咸菜加工工艺

咸菜是最常见的腌制品，种类繁多，各地每年均有大量加工，四季均可进行，以冬季为主，加工方式各有千秋。适用的蔬菜有芥菜、雪里蕻、白菜、萝卜、辣椒等，尤以前三种最常用。国内外知名的有榨菜、冬菜、芽菜、大头菜、梅干菜等。榨菜是以茎用芥菜为原料的腌制品，1898 年重庆涪陵邓炳臣用木榨法压去菜块水分腌制青菜头而得名。目前，我国出口的低盐榨菜，是四川坛装榨菜（高盐）经过脱盐、杀菌制成的新型方便食品，销往东南亚、美国、日本等地，年出口量达2000t。冬菜，因在10月下旬到11月上旬腌制而得名，有四川冬菜和天津冬菜两种。四川冬菜，以芥菜（俗称青菜头）为原料，主产区在南充和资中；天津冬菜以大白菜为主要原料，工艺简单，色金黄，清香，风味独特，可以生吃。

1. 工艺流程（图8－4）

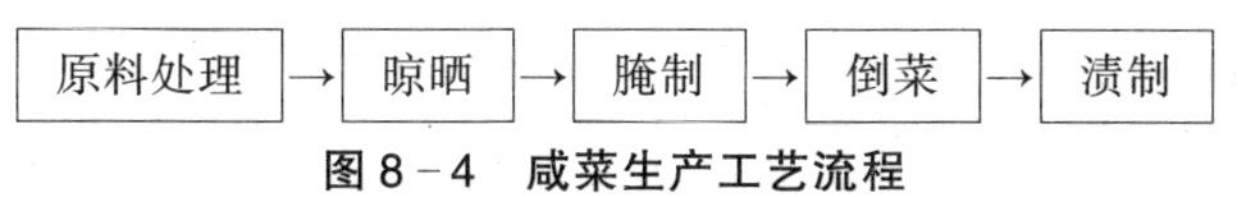

图8－4　咸菜生产工艺流程

2. 工艺要点

（1）原料处理。腌制蔬菜于每年小雪前后采收，削去菜根，剔除边皮黄叶，备用。

（2）晾晒。经处理的菜在日光下晒1～2d，减少部分水分，并使菜质变软，便于操作。

（3）腌制。将晾晒后的净菜依次排入缸（池）内，按每100kg净菜加食盐6～10kg。加盐量依保藏时间的长短和所需口味的咸淡而定。腌制按一层菜一层盐的方式，并层层搓揉或踩踏，进行腌制。

（4）倒菜。为了使食盐均匀地接触菜体，使上下菜渍均匀，并尽快散发腌制过程中产生的不良气味，刚开始腌制的3～5d，每天倒菜1～2次。

（5）渍制。经倒菜后进行封缸，进入渍制，冬季为1个月左右，以腌至菜梗或片块呈半透明而无白心为标准。成品色泽嫩黄，鲜脆爽口。一般可贮存3个月。

（四）酱菜加工工艺

酱菜一般是取腌渍后的咸坯菜，去咸排卤后酱渍。酱渍包括用酱或酱油加工两种。用酱腌制者在腌制期间可耐久存；而用酱油者则快速易调味。我国各地方的名产酱菜多用甜酱腌制，而近年来罐装酱菜及一般酱菜多用酱油腌制。北方酱菜多用甜酱，成品略带甜味；南方酱菜多用豆酱，咸味略重。各地酱菜均有传统制品，北京“六必居”酱菜、扬州什锦酱菜等皆为名品。优良的酱菜除有所用酱料的色、香、味外，还应保持蔬菜固有的形态和品质。

（五）糖醋渍菜类加工工艺

糖醋菜是将选用的蔬菜原料先用稀盐水或清水进行一定时间的乳酸发

酵，以利于排除原料中的不良风味，逐步提高食盐浓度浸渍及增强蔬菜组织的透性。大多数糖醋菜含醋酸1%以上，并与糖、香料配合调味，因此可以较长时间保存，如糖醋大蒜、糖醋酥姜等。

三、果蔬酿造工艺研究

（一）果酒酿造分类

1. 果酒分类

果酒是果汁经过发酵而成的饮料，这种饮料含有较低的酒精度数。果酒的种类有很多，分类方法不是统一的，本书根据制作方法将果酒分为以下五类。

（1）发酵的果酒。顾名思义，这种方法是果汁经过酒精发酵而成的，常见的有葡萄酒、苹果酒等。

（2）蒸馏果酒。是将发酵好的果酒再经过蒸馏所得，如白兰地等。

（3）配制果酒。又称露酒，是指将果实或果皮、鲜花等用酒精或白酒浸泡取露，或用果汁加酒精，再加糖、香精、色素等食品添加剂调配而成的果酒。其酒名与发酵果酒相同，但制法各异，品质也有差异。

（4）起泡果酒。酒中含有二氧化碳的果酒。以葡萄酒为酒基，再经后发酵酿制而成的香槟酒为其珍品，我国生产的小香槟、汽酒亦属此类。

（5）加料果酒。以发酵果酒为酒基，加入植物性芳香物或药材等制成。例如加香葡萄酒，将芳香的花卉或果实用蒸馏法或浸渍法制成香料，加入酒内，赋予葡萄酒独特的香气。也可将人参、丁香或鹿茸等名贵中药材或其提取物加入葡萄酒中，使酒对人体具有滋补和防治疾病的功效。这类酒有味美思、人参葡萄酒、参茸葡萄酒等。

由于以果品为原料制得的酒类，以葡萄酒的产量和类型最多，现将葡萄酒的主要分类方法介绍如下，其他种类可参照划分。

2. 按颜色分类

（1）红葡萄酒。红葡萄酒是带皮发酵而成的酒，酒液中含有丰富的维生素、有机盐等，可防止动脉硬化和血小板凝结等功效。葡萄酒的主要颜色为宝石红、石榴红等。

（2）白葡萄酒。用白葡萄或红皮白肉的葡萄分离取汁发酵酿造而成，酒的颜色近似无色、浅黄、金黄、禾杆黄等。

（3）桃红葡萄酒。用红葡萄短时间浸提分离发酵酿制而成。酒的颜色分为桃红色或浅玫瑰红色。

3. 按含糖量分类

（1）干葡萄酒。含糖量(以葡萄糖计,下同)小于等于4.0g/L的葡萄酒。
（2）半干葡萄酒。含糖量4.1～12.0g/L的葡萄酒。
（3）半甜葡萄酒。含糖量12.1～50.0g/L的葡萄酒。
（4）甜葡萄酒。含糖量大于等于50.1g/L的葡萄酒。

（二）果酒酿造工艺

葡萄酒是我国市场上最典型的果酒，在此以葡萄酒为例叙述果酒的酿造工艺。

1. 工艺流程

果酒酿造工艺流程图如图8－5所示。

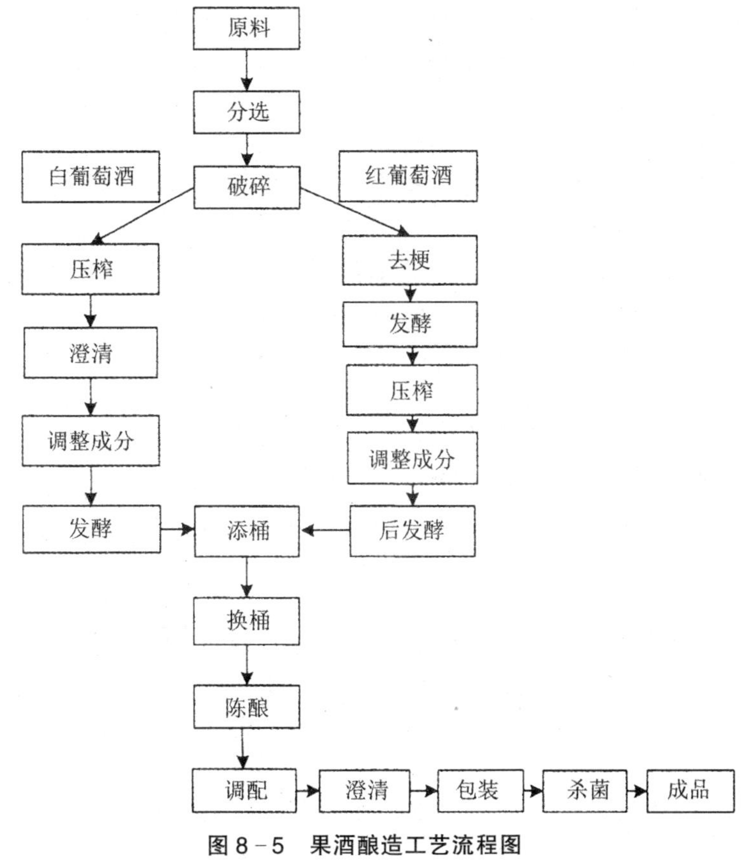

图8－5 果酒酿造工艺流程图

2. 操作要点

（1）原料的选择。葡萄的酿酒适性好，任何葡萄都可以酿出葡萄酒，但只有适合酿酒要求和具有优良质量的葡萄才能酿出优质葡萄酒。

（2）发酵液的制备与调整。发酵液的制备与调整包括葡萄的选别、破碎、除梗、压榨、澄清和汁液改良等工序，是发酵前的一系列预处理工艺。为了提高酒质，进厂葡萄应首先进行选别，除去霉变、腐烂果粒；为了酿制不同等级的酒，还应进行分级。

①破碎与去梗。将果粒压碎使果汁流出的操作称破碎。❶ 破碎后应立即将果浆与果梗分离，这一操作称除梗。酿制红葡萄酒的原料要求除去果梗。除梗可在破碎前，也可在破碎后，或破碎去梗同时进行，可采用葡萄破碎去梗送浆联合机。

②压榨与澄清。压榨是将葡萄汁或刚发酵完成的新酒通过压力分离出来的操作。红葡萄酒带渣发酵，当主发酵完成后及时压榨取出新酒。白葡萄酒取净汁发酵，故破碎后应及时压榨取汁。澄清是酿制白葡萄酒的特有工序，不溶性物质在发酵中会产生不良效果，以便取得澄清染汁发酵。

③二氧化硫处理。二氧化硫处理就是在发酵液或酒中加入二氧化硫，以便发酵能顺利进行或有利于葡萄酒的贮藏。使用的二氧化硫有气体二氧化硫、液体亚硫酸及固体亚硫酸盐等。其用量受很多因素影响，原料含糖量越高，结合二氧化硫的含量越高，用量略增。

④葡萄汁的成分调整。为了克服原料因品种、采收期和年份的差异，而造成原料中糖、酸及单宁等成分的含量与酿酒要求不相符，必须对发酵原料的成分进行调整，确保葡萄酒质量并促使发酵安全进行。

（3）酒精发酵。

①酒母的制备。酒母即经扩大培养后加入发酵罐的酵母液，生产上需经扩大后才可加入，分别称一级培养（试管或三角瓶培养）、二级培养、三级培养，最后用酒母桶培养。酒母制备既费工费时，又易感染杂菌，如有条件，可采用活性干酵母。这种酵母活细胞含量很高、贮藏性好，并且使用方便。

②主发酵及其管理。将发酵罐送入发酵容器到新酒出池（桶）的过程称主发酵或前发酵。主发酵阶段主要是酒精生成阶段。葡萄酒发酵有自然发酵和人工发酵两种形式。为提高酒的品质，大型葡萄酒厂普遍采用人工

---

❶破碎便于压榨取汁，增加酵母与果汁接触的机会，利于红葡萄酒色素的浸出，易于二氧化硫均匀地应用和物料的输送，同时氧的溶入增加。

培养的酒母发酵。

③分离和后发酵。主发酵结束后，应及时出桶，以免酒脚中的不良物质过多地渗出，影响酒的风味。分离时先不加压，将能流出的酒放出，这部分称为自流酒。然后等二氧化碳逸出后，再取出酒渣压出残酒，这部分酒称为压榨酒。压榨酒 20%左右，除酒度较低外，其余成分较自流酒高。最初的压榨酒（占 2/3）可与自流酒混合，但最后压出的酒，酒体粗糙，不宜直接混合，可通过下胶、过滤等净化处理后单独陈酿，也可作白兰地或蒸馏酒精。压榨后的残渣，还可供作蒸馏酒或果醋。

（4）苹果酸–乳酸发酵（MLF）。新酿成的葡萄酒在酒精发酵后的贮酒前期，有些酒中又出现二氧化碳逸出的现象，并伴随着新酒混浊，酒的色泽减退，有时还有不良风味出现，这一现象即苹果酸–乳酸发酵（MLF）。原因是酒中的某些 MLF 乳酸菌（如酒明串珠菌）将苹果酸分解成乳酸和二氧化碳等。其主要反应机制如下：

$$\text{L-苹果酸}\xrightarrow{\text{NAD}\longrightarrow\text{NADH}}\text{L-乳酸}+CO_2$$

葡萄酒酿造中是否应用苹果酸–乳酸发酵，应根据以下因素来决定。

①葡萄酒种类。对于红葡萄酒、起泡酒应进行苹果酸–乳酸发酵，白葡萄酒大多不进行苹果酸–乳酸发酵，以免损坏其优雅的果香。桃红葡萄酒视色泽偏向而定，偏向于红葡萄酒的类型可采用，偏向于白葡萄酒的类型不需要，因经苹果酸–乳酸发酵后，鲜红的色泽会变为暗红色。甜型葡萄酒不进行苹果酸–乳酸发酵，因大量残糖会严重损害其品质。

②葡萄的含酸量。对于含酸量较高的葡萄和含酸量较高的年份或地区，可用苹果酸–乳酸发酵作为降酸手段；但在葡萄酸度太低时，则应抑制苹果酸–乳酸发酵。

③葡萄品种。对于果味过于浓郁的葡萄，经苹果酸–乳酸发酵可减少一部分果香，使葡萄酒的香气更加完美；对于果香不足的葡萄，则不能进行苹果酸–乳酸发酵。

（5）葡萄酒的陈酿。新酿成的葡萄酒混浊、辛辣、粗糙、不适宜饮用。必须经过一定时间的贮存，以消除酵母味、生酒味、苦涩味和二氧化碳刺激味等，使酒质清晰透明、醇和芳香。这一过程称为酒的老熟或陈酿。

陈酿过程分为 3 个阶段：成熟阶段、老化阶段和衰老阶段。

贮存期的管理主要包括：

①添桶。由于酒中二氧化碳的释放、酒液的蒸发损失、温度的降低及容器的吸收渗透等原因造成贮酒容器液面下降现象，形成的空位有利于醛酵母的活动，必须用同批葡萄酒添满。

②换桶。为了使贮酒桶内已经澄清的葡萄酒与酒脚分开，应采取换桶

措施，因为酒脚中含有酒石酸盐和各种微生物，与酒长期接触会影响酒的质量。同时新酒可借助换桶的机会放出二氧化碳，溶进部分氧气加速酒的成熟。换桶的时间及次数因酒质不同而异，品质不好的酒宜早换桶并增加换桶次数。一般在当年 11 ～ 12 月进行第一次，第二次应在第二年 2 ～ 3 月进行，11 月换第三次，以后每年一次或两年一次。换桶时宜在气温低无风的时候进行。第一次换桶宜在空气中进行，第二次起宜在隔绝空气下进行。

③下胶澄清。葡萄酒经较长时间的贮存与多次换桶，一般均能达到澄清透明，若仍达不到要求，其原因是酒中的悬浮物质（如色素粒、果胶、酵母、有机酸盐及果肉碎屑等）带有同性电荷，互相排斥，不能凝聚且又受胶体溶液的阻力影响，悬浮物质难于沉淀。为了加速这些悬浮物质除去，常用下胶处理。

④葡萄酒的冷热处理。自然陈酿葡萄酒需要 1 ～ 2 年，甚至更长时间，为了缩短酒龄，提高稳定性，加速陈酿，可采取冷热处理。冷处理可加速酒中胶体及酒石酸氢盐的沉淀，使酒液澄清透明，苦涩味减少。处理温度以高于酒的冰点 0.5℃为宜。处理时间视冷却方法和降温速度而定，一般 4 ～ 5 天，最多 8 天。热处理可以促进酯化作用，加速蛋白质凝固，提高果酒稳定性，并具杀菌灭酶作用。但可加速氧化反应，对酿造鲜爽、清新型产品并不适宜。热处理的温度和时间尚无一致意见，有人认为，无论甜或干葡萄酒，以 50 ～ 55℃处理 25 天效果较好。冷热交互处理比单一处理效果更好，生产上已广泛应用。

（5）成品调配。成品调配主要包括勾兑和调整两个方面。勾兑即原酒的选择与适当比例的混合；调整则是指根据产品质量标准对勾兑酒的某些成分进行调整。

（6）过滤。过滤主要包括：滤棉过滤法、硅藻土过滤法、薄板过滤法和微孔薄膜过滤法。

①滤棉过滤法。滤棉用精选木浆纤维加入 1% ～ 5%石棉制成，其孔径常在 15 ～ 30μm。过滤前须经洗涤、杀菌并制成一定形状的棉饼。过滤开始后，将过滤机的进酒管与贮酒罐相连，过滤时要求压力稳定，一罐酒最好一次滤完。

②硅藻土过滤法。硅藻土是多孔性物质，1g 硅藻土具有 20 ～ 25m^2的表面积。过滤前，先将一部分硅藻土混入葡萄酒中作为助滤剂。根据酒液混浊程度，每百升葡萄酒中加入硅藻土 40 ～ 120g，在滤板上形成 1mm 左右厚度的过滤层，能阻挡和吸附葡萄酒中混浊粒子。

③薄板过滤法。过滤用薄板是由精制木材纤维和棉纤维，掺入石棉和硅藻土压制而成的薄板纸，它的密度和强度均较大，孔隙可据实际应用而

选定，也可以从大孔径到小孔径串联使用，一次过滤，效果较好。

④微孔薄膜过滤法。微孔薄膜是采用合成纤维、塑料和金属制成的孔径很小的薄膜，常用的材料有醋酸纤维酯、尼龙、聚四氟乙烯、不锈钢或钛等。薄膜厚度仅为130～154μm，孔径0.5～14μm。微孔过滤一般用做精滤，选择孔径0.5μm以下的薄膜过滤可有效地除去酒中的微生物，实现无菌灌装。

（8）杀菌、装瓶。葡萄酒常用玻璃瓶包装，优质葡萄酒均采用软木塞封口，要求木塞表面光滑，无疤节和裂缝，弹性好，大小与瓶口吻合。低档葡萄酒采用螺纹扭断盖。装瓶时，空瓶先用2%～4%的碱液，在30～50℃的温度下浸洗去污，再用清水冲洗，后用2%的亚硫酸液冲洗消毒。

葡萄酒杀菌分装瓶前杀菌和装瓶后杀菌。装瓶前杀菌是将葡萄酒经巴氏杀菌后再进行热装瓶或冷装瓶；装瓶后杀菌，是先将葡萄酒装瓶，密封后在60～75℃下杀菌10～15min。

杀菌装瓶后的葡萄酒，再经过一次光检，合格品即可贴标、装箱、入库。软木塞封口的酒瓶应倒置或卧放。

第九章　饮料加工工艺研究

本章在了解澄清型果蔬汁、混浊型果蔬汁、浓缩果蔬汁、浓缩果浆、发酵果蔬汁、碳酸饮料、固体饮料的特点及基本生产工艺的基础上，对各类饮料的关键加工技术进行介绍。

第一节　果蔬汁饮料加工工艺

果蔬汁饮料是指以新鲜果蔬为原料，经过物理方法（如压榨、浸提等）提取而得到的汁液，或以该汁液为原料，加入水、糖、酸及香精色素等制成的产品。产品中含有果蔬所含有的矿物质、维生素、糖、酸等多种可溶性营养成分和膳食纤维等不溶性物质，是一种具有果蔬的芳香，营养丰富、风味良好，十分接近天然果蔬的饮品，深受广大消费者欢迎，也是饮料中保持强劲发展势头的饮品之一。

不同种类的果蔬汁饮料不仅营养成分有所不同，其状态及风味也有差异，如澄清型饮料澄清透明、赏心悦目，混浊型饮料果肉细微均匀、浑厚浓郁。不同饮料特有的加工方法赋予了它们特有的风味。

一、澄清型果蔬汁饮料生产工艺

（一）基本生产工艺

澄清型果汁及其饮料的特点就是在整个保存期内要保持该类果汁特有的澄清透明度，要保证这一点，在生产澄清型果汁的过程中要除去新鲜榨出汁中的全部悬浮物，还要除去容易产生沉淀的胶粒，这需要借助特定的澄清过滤工艺来实现，这也是这类饮料的技术关键。在此仅介绍澄清型果汁的基本生产工艺。

1. 工艺流程

澄清型果蔬汁基本生产工艺流程如图 9－1 所示。

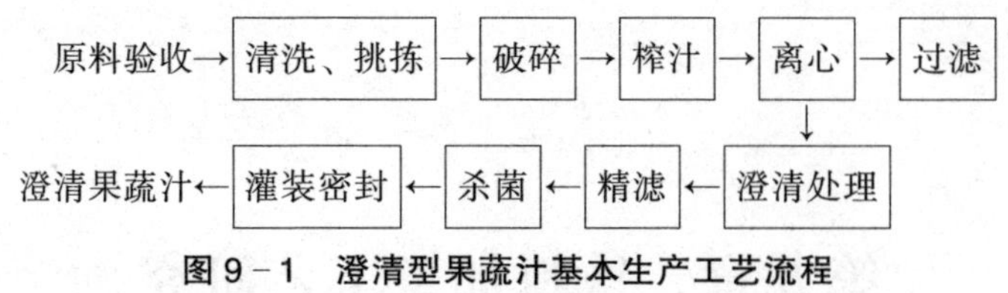

图9-1 澄清型果蔬汁基本生产工艺流程

2. 工艺要点

（1）原料选择：果蔬汁加工时应该选用多汁、甜酸比适宜、芳香纯正浓郁、色泽鲜艳、风味宜人、出汁率高、成熟、清洁、新鲜和健康的原料。采用干果原料时，干果应该无霉烂果或虫蛀果。

（2）清洗：原料的清洗是果蔬汁加工的必须工序，清洗可以去除果蔬表面的尘土、泥沙、微生物、农药残留以及携带的枝叶等。生产时经常需要对果蔬原料进行多次清洗，对于农药残留较多的原料可用1%柠檬酸或0.1%～0.2%脂肪酸系列洗涤剂浸泡清洗，然后再用清水强力喷淋冲洗。果蔬的清洗方法可分为手工清洗和机械清洗两大类。为提高果蔬原料的清洗消毒效果与效率，已经将臭氧、超声波等技术加以应用。

果蔬原料的清洗用水经过滤和适当的消毒处理，可以循环利用。但必须指出，对于浆果类水果的加工不需要清洗这道工序。

（3）破碎：由于果蔬的汁液都存在于果蔬的组织细胞内，只有打破细胞壁，细胞中的汁液和可溶性固形物才能出来，因此取汁之前，必须对果蔬进行破碎处理，以提高出汁率，对于果皮较厚、果肉致密的果蔬原料来说，破碎更为重要。

原料的破碎程度要适宜，过大或过小均会对后续工序或饮料质量产生不良影响。破碎物料的块太大，出汁率低；破碎过度果块太小，造成压榨时外层的果汁很快地被压榨，形成一层厚皮，使内层果汁流出困难，也会降低出汁率，同时会使榨汁时间延长，榨汁压力增高，而且汁中混浊物质含量大，给澄清操作带来困难。

原料的破碎程度要根据果蔬品种、取汁的方式、设备以及汁液的性状和要求而定。采用压榨取汁的果蔬，例如苹果、梨、菠萝、芒果、番石榴以及某些蔬菜，其破碎颗粒以3～5mm为宜；草莓和葡萄等以2～3mm为宜；樱桃以5mm较为合适。破碎时由于果肉组织接触氧气，会发生氧化反应，破坏果蔬汁的色泽、风味和营养成分等，需要采用一些措施防止氧化反应的发生，如破碎时喷雾加入维生素C或异维生素C等。榨汁前对破碎后的果蔬原料进行热处理也可提高出汁率和产品的品质。因为加热使细胞原生质中蛋白质凝固，改变细胞结构，同时使果肉软化，果胶部分水解，降低了果蔬汁黏度；另外，加热抑制多种酶类的活性，如果胶酶、多酚氧化酶、脂肪氧化酶、过氧化氢酶等，从而不使产品发生分层、变色、异味等不良变化；对于一些含水溶性色素的果蔬，加热有利于色素的提取，如杨梅、山楂、红色葡萄等；柑橘类果实中，宽皮柑橘加热有利于去皮，橙类有利于降低精油含量；胡萝卜等具有不良风味的果蔬，加热有利于去除不良风味。

果蔬经破碎后，为了提高出汁率，生产中有时需要加入酶制剂对果蔬浆料进行处理，以分解果胶。

（4）取汁：果蔬的取汁工序是果蔬汁饮料加工中的又一重要工序，取汁方式不但影响出汁率而且还影响果蔬汁产品品质和生产效益。果蔬取汁的方式视原料的品种、质构特性而异，一般像苹果、梨等多汁的果蔬原料采用压榨法取汁，而像山楂等少汁却果胶含量高的果蔬以及干果常采用浸提法取汁。果蔬的出汁率可按下列公式计算：

$$出汁率 = \frac{汁液质量}{果蔬质量} \times 100\%（压榨法）$$

$$出汁率 = \frac{汁液质量 \times 汁液可溶性固形物含量}{果蔬质量 \times 果蔬可溶性固形物含量} \times 100\%$$

（5）粗滤：粗滤是除去分散于果蔬汁中的较大颗粒或悬浮粒的过程。除打浆法之外，其他方法得到的果蔬汁液中含有大量的悬浮颗粒，如果肉纤维、果皮、果核等，它们的存在会影响产品的外观质量和风味，需要及时去除。粗滤可在榨汁过程中进行或单机操作，生产中通常使用振动筛进行粗滤，果蔬汁一般通过 0.5mm 孔径的滤筛即可达到粗滤要求。对果蔬汁粗滤后还需澄清与过滤，对于混浊汁和带肉饮料则需要均质与脱气。

（6）杀菌：目前果蔬汁的杀菌仍然以热杀菌为主。加热杀菌可以改善饮料品质和特性、提高饮料中营养成分的可消化性和可利用率、延长饮料贮存期，是保证饮料安全的最重要手段。饮料加热杀菌条件是否适当直接关系到饮料的质量。必须根据饮料的种类及配料中关键组分的耐热性等因素选定合理热杀菌条件。

热杀菌方法有常压杀菌、高温杀菌和超高温杀菌等。常压杀菌指饮料经 100℃以下的杀菌处理，主要应用于 $pH<4.5$ 的酸性饮料的杀菌。饮料的高温杀菌指饮料经 100℃以上的杀菌处理，主要应用于 $pH>4.5$ 的低酸性饮料的杀菌。这类饮料因酸度较低，能被各种致病菌、芽孢菌、产毒菌及其他腐败菌污染。考虑到这些有害菌其芽孢的耐热性较强，故必须采用高温杀菌的手段。通常超高温杀菌的杀菌温度在 135℃以上，时间在 3 ～ 15s，根据具体的饮料品种而定。

（7）灌装密封：果蔬汁及其饮料通常有热灌装和冷灌装两种灌装方法。热灌装是指将物料先按工艺要求进行热杀菌（根据物料的具体状况可采用UHT杀菌或HTST杀菌），然后在一定的温度下趁热灌装密封的工艺。热灌装按灌装时温度的不同又分为中温灌装和热灌装两种工艺：热灌装通常要求热杀菌后的物料在85～90℃下进行灌装、密封，然后倒瓶，再冷却；中温灌装一般要求在70～80℃下进行灌装、密封。密封后的饮料可以根据需要进行二次杀菌、冷却，也可以采用倒瓶1min后直接冷却的工艺。

热灌装工艺具有高效、节能的效果，而且多采用UHT或HTST杀菌，升温和降温迅速，可有效地减少产品的受热时间，最大限度地保存产品风味和营养成分。

采用热灌装工艺时要特别注意：①容器的耐温性，尤其是热灌装用的塑料容器，其耐热程度不能低于灌装温度；②在灌装前包装容器须经过清洗和消毒；③热灌装后必须及时密封，以保证热灌装效果。

采用热灌装工艺的饮料在常温下流通销售，产品保质可达1年以上。

冷灌装广义的概念是灌装温度低于40℃灌装工艺，它包括常温灌装和无菌冷灌装。常温灌装即物料在灌装前不进行杀菌，在自然温度下灌装、密封后再进行杀菌和冷却，即传统的非碳酸饮料灌装方式。无菌冷灌装是指物料先进行热杀菌（多采用UHT杀菌）并立即冷却到工艺要求的温度（一般为25℃），然后在无菌条件下进行灌装密封。

无菌冷灌装是目前最为先进的一种灌装技术，其技术关键在于保证灌装封口后的饮料达到商业无菌的要求。为保证无菌冷灌装的效果，必须满足3个无菌状态的基本要求，即物料经过超高温瞬时杀菌达到商业无菌后保持无菌状态；包装材料和密封容器要处于无菌状态；灌装设备达到无菌状态。热杀菌后的物料输送、灌装和封盖均必须在无菌环境下完成。

（二）典型澄清型果蔬汁饮料生产

苹果清汁是最典型的澄清型饮料，也是这类产品中产量最大的饮料，下面以苹果清汁为例介绍澄清型果蔬汁饮料的生产工艺。

1. 工艺流程

苹果清汁生产工艺流程如图9－2所示。

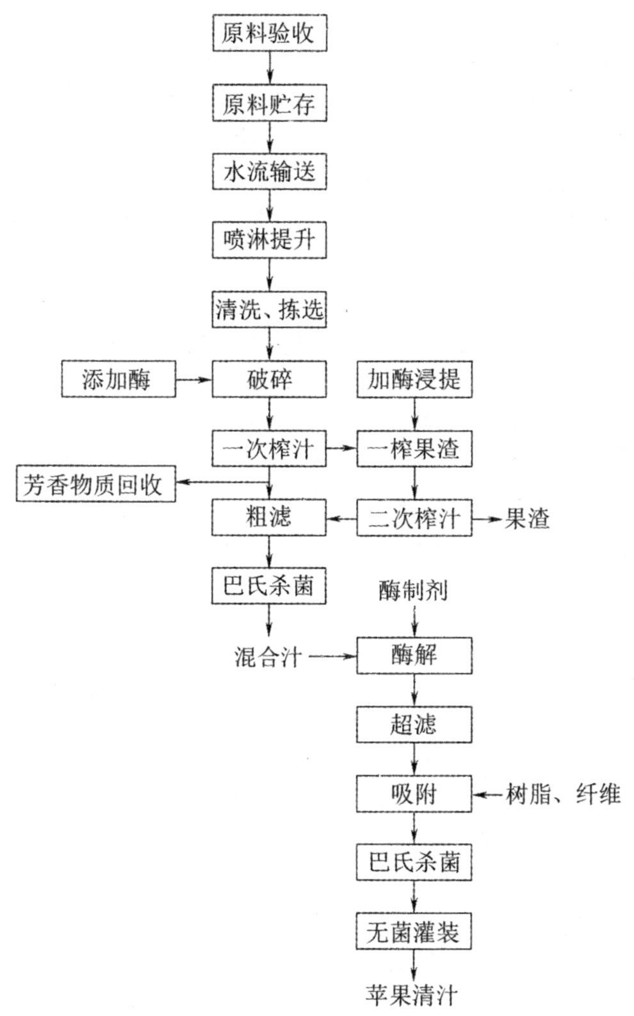

图 9-2 苹果清汁生产工艺流程

2. 工艺要点

(1) 原料验收。参照国标《鲜苹果》(GB/T 10651—2008)“品质基本要求”的规定，根据苹果供需合同或协议进行验收，选用符合要求的苹果。

(2) 清洗、输送与挑选。苹果通过果槽（渠）依靠水的流动输送，同时使苹果得到充分的浸泡，并在具有一定压力的水喷淋下进行初步清洗；苹果提升至拣选台，在拣选台上随着苹果的滚动将霉烂果、变质果、杂质拣选挑出，拣出的烂苹果等杂质用螺旋提升机输送出车间。此工序保证拣选之后烂果率控制在 2%以下。合格苹果在浮洗机中随水流动翻转，得以充分地浸泡、清洗后，苹果进入消毒池进行消毒清洗。可用浓度为 5 ～ 8mg/L 的二氧化氯消毒，原料果消毒后在滚杠输送机上用高压喷淋水冲淋洗净。

（3）破碎。将清洗干净的苹果用破碎机破碎为 3 ～ 5mm 的果浆粒，根据工艺需要添加果浆酶。果浆用泵通过不锈钢管道输送进入果浆罐。

（4）压榨。对破碎后的果浆进行一次压榨，压榨后果蔬汁进入一级过滤工序，果渣在本机内进行加水萃取并进行二次压榨、粗滤。将两次压榨过滤后的混浊汁送入原汁罐备用。

（5）预巴氏杀菌。原汁在（98±2）℃（或按工艺通知单执行）的巴氏灭菌装置中维持 30s，有杀灭部分微生物、钝化酶的活性防止褐变、使淀粉糊化利于淀粉酶的作用。

（6）酶解澄清。杀菌后的原汁冷却至 50 ～ 55℃后送至酶解罐，按工艺要求加酶进行 60 ～ 90min 酶解。以碘试剂做淀粉检测、酒精做果胶检测，根据检测结果（检测为阴性）判定酶解终点。

（7）精滤。酶解彻底后的果汁先经 120 目的管道过滤器进行二次过滤，并泵入超滤原汁罐备用。

（8）超滤。二次过滤后的果汁通过超滤膜进行精滤，超滤装置的膜孔径≤0. 02μm。经过超滤除去果汁中的水不溶性物质和分子大于 0. 02μm 的物质（包括微生物等）。过滤后的果汁浊度≤0. 4NTU，澄清、透明无杂质。超滤后的果汁泵入超滤清汁罐备用。

（9）吸附脱色。超滤清汁通过树脂柱吸附除去果蔬汁中的单宁、酚类物质等，以提高清汁色值、避免混浊。吸附终点清汁指标：色值>65%、酸度<0. 04%。经过树脂吸附脱色后的清汁泵入暂存罐备用。

（10）巴氏杀菌。将吸附脱色后的清汁送入巴氏灭菌装置，在（96±2）℃（工艺通知单的要求）的温度下，维持 6s 以上（通过控制泵速，泵速≤1500r/h）以杀灭细菌、大肠菌群、致病菌。灭菌后的清汁由管道送入冷却装置迅速降至灌装要求温度。

（11）无菌灌装。待灌装清汁经过 300 目的金属管道过滤器送入无菌灌装机进行无菌灌装。检验合格后贴标入库。

二、混浊型果蔬汁饮料生产工艺

混浊型果蔬汁及其饮料含有一定的果肉，要求果肉均匀稳定地分散在果汁中，并在整个保存期内保持均一的稳定状态，要保证这一点，不仅需要在配方设计时添加一定的稳定剂，还需要通过均质等特殊工艺来实现，这也是混浊型饮料生产的关键技术。在此仅介绍混浊型果蔬汁及其饮料的基本生产工艺过程。

（一）基本生产工艺

1. 工艺流程

混浊型果蔬汁及其饮料的基本生产工艺流程如图9－3所示。

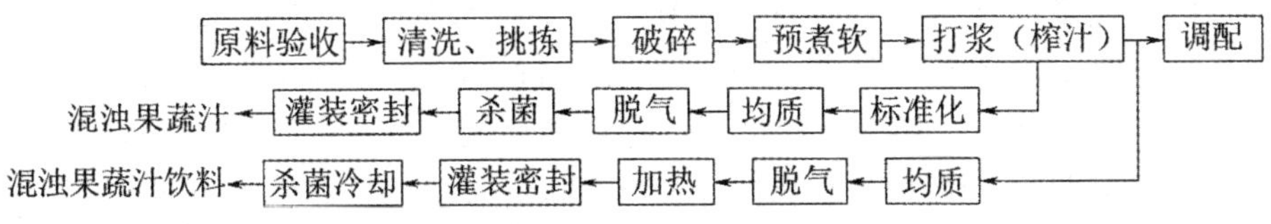

图9－3　混浊型果蔬汁及其饮料生产工艺流程

2. 工艺要点

（1）原料选择、清洗挑选和破碎。原料选择、清洗挑选和破碎的要求参见澄清型果蔬汁技术要点。

（2）取汁。生产混浊型果蔬汁时取汁的方法有压榨和打浆两种，根据成品饮料的要求及原料的特性选择取汁方法。压榨取汁的具体内容参见澄清型饮料的工艺要点。

打浆是通过打浆机将破碎的果蔬原料刮磨粉碎并分离出果核、果籽、薄皮等而获得果（蔬）原浆。原浆的细度可以通过选用不同的打浆机筛网的孔径实现。在果蔬汁的加工中这种方法适用于果蔬浆和果肉饮料的生产，如草莓汁、芒果汁、桃汁、山楂汁等。果蔬原料经过破碎后需要立即在预煮机进行预煮，钝化果蔬中酶的活性，防止褐变，然后进行打浆，生产中一般采用三道打浆，筛网孔径的大小依次为1.2mm、0.8mm、0.5mm，经过打浆后果肉颗粒变小有利于均质处理。如果采用单道打浆，筛眼孔径不能太小，否则容易堵塞网眼。

（3）离心。混浊型果蔬汁要求含有一定的果肉，常用离心机分离多余的果肉，以保证混浊型果蔬汁的品质。一般通过卧式螺旋离心机来完成，利用离心力的原理实现果蔬汁与果肉的分离。

（4）调配。生产混浊型果蔬汁饮料时，根据成品果蔬汁含量的要求进行调配。

物料调配是饮料生产中决定饮料口味、色泽等品质的关键工序，必须严格按工艺要求进行操作与检验。物料调配的方法与过程及调配物料的品质参数视饮料的种类而异，但其基本要求是一致的，主要有：调配用水必须符合饮料用水标准；固体原辅料过筛、溶解和过滤后方可使用；要根据饮料的品种严格按工艺配比进行调配，如果汁饮料中果汁的含量、防腐剂等食品添加剂的含量等；调配分批进行，每批调配量视饮料品种而异，如果蔬汁饮料生产一般一次配料 500 ～ 2000kg；每批物料在调配过程中都需要进行在线品质指标（如糖度、酸度等参数）的检测及口味、色泽等感官品质的鉴定，检验合格才能送入下道工序；调配时注意调配均匀的同时要避免混入过多空气而影响后道工序操作，如使果汁饮料的脱气操作时间延长等。在调配时要特别注意调配顺序，物料调配通常遵循以下几个原则：调配量大的先调入，如糖液、水等；配料容易发生化学反应的应分别加入，如酸和防腐剂；黏度大、起泡性原料较迟调入，如乳浊剂、稳定剂等；挥发性的原料最后调入，如香精、香料等。一般添加顺序为：糖液、适量水、防腐剂液、甜味剂液、酸味剂液、果汁、色素、香精，最后加水定容。

（5）均质。均质是混浊型果蔬饮料生产的特有操作、必需工序，不经均质的混浊饮料，由于果蔬汁中的悬浮果肉颗粒较大，产品不稳定，在重力的作用下果肉会逐渐沉淀而失去混浊度，影响产品的外观质量。均质的效果与均质压力、均质温度、均质次数、物料的特性及一级均质阀和二级均质阀压力的分配等因素有关，需要根据原料的特性而定。一般均质压力为 18 ～ 20MPa，均质温度为 50 ～ 65℃，可多次均质，实际生产中最多采用 2 次均质。

（6）脱气。脱气操作就是脱除果蔬汁中的氧、氮和二氧化碳等气体。这些气体的脱除既可以减少和防止果汁中色素、维生素 C、香气成分和其他物质的氧化，防止品质下降；又因为除去附着于果汁中悬浮微粒上的气体，抑制微粒上浮，使果汁保持良好的外观；还能防止或减少装罐和杀菌时产生气泡，保证杀菌效果；对于采用金属包装的饮料来说还可以有效减少金属罐内壁的腐蚀。脱气时易造成挥发性芳香物质的损失，因此，必要时可进行芳香物质的回收。

脱气方法主要有真空脱气、酶法脱气（加入葡萄糖氧化酶等）和加入抗氧化剂法脱气等。在生产中最常用的是真空脱气。

（二）典型混浊型果蔬汁饮料生产工艺

橙浊汁是最典型的混浊型饮料，也是最受消费者欢迎的大众饮料，下面以橙浊汁为例介绍混浊型饮料的生产工艺。

1. 工艺流程

橙浊汁工艺流程如图 9－4 所示。

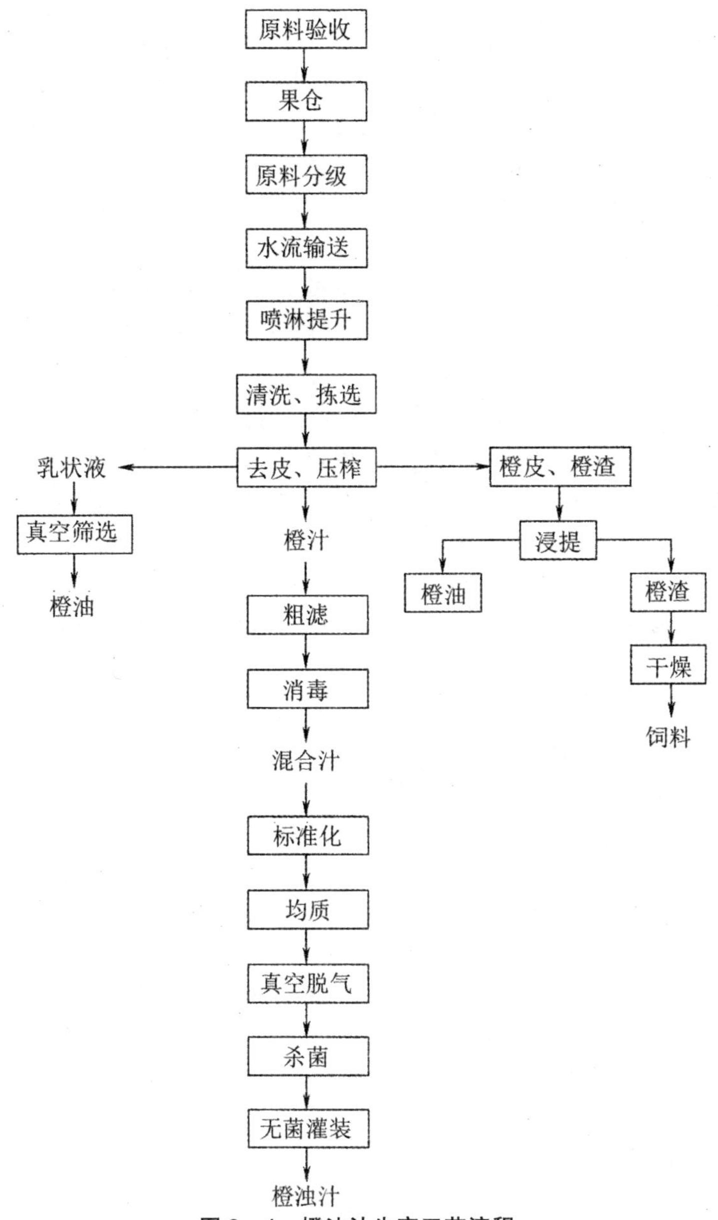

图 9-4　橙浊汁生产工艺流程

2. 工艺要点

(1) 原料选择。制汁用鲜橙可参照农业行业标准《锦橙》（NY/T 697—2003）中的规定，或根据鲜橙供需合同或协议进行验收，选用符合要求的鲜橙。

一般感官上要求同一品种或相似品种，果形呈椭圆形，果蒂完整，果蒂平齐，形状整齐；果面清洁，果实新鲜饱满，无萎蔫现象；肉质细嫩，种子平均数小于8粒，风味正常；无腐果、裂果、重伤果；理化指标要求果肉松脆，汁液丰富，出汁率高，滋味浓重，糖、酸含量高。如国家标准（NY/T 697—2003）中规定了鲜橙的质量要求：可溶性固形物（%）>9.5，固酸比≥8∶1。

（2）清洗、输送与挑选。橙通过果槽（渠）依靠水的流动输送，同时使橙得到充分浸泡并在具有一定压力（喷淋压力0.3MPa）的水喷淋下清洗；螺旋提升机将橙提升至拣选台。在拣选台上随着橙的滚动将霉烂果、变质果、杂质拣选挑出，此工序保证拣选之后烂果率控制在2%以下。挑选合格的橙在浮洗机中随水流动翻转，得以充分浸泡、清洗后，送入消毒池进行消毒清洗。可用浓度为5～8mg/L二氧化氯消毒，原料果消毒后在滚杠输送机上用高压喷淋水冲淋洗净。

（3）压榨。一级压榨：甜橙、柠檬柚、柠檬严格分级后用FMC压榨机和布朗锥汁机取汁，宽皮橘用螺旋压榨机、刮板式打浆机及安迪生特殊压榨机取汁。

二级压榨：取汁后，残留的果渣占果实质量的40%～50%，这些残渣中含有丰富的可溶性糖、酸、果胶、粗脂肪、粗纤维、维生素、氨基酸和矿物质等营养成分。然而，迄今中国对柑橘果渣的利用相对较少，除极少量柑橘果渣用于陈皮（凉果）等加工外，多作为废弃物处理，既浪费资源，又污染环境。果渣经果胶酶处理后，进行二次压榨，可提高柑橘出汁率，减少资源浪费和环境污染。酶用量为200μg/L，酶解时间为120min，酶解温度为53℃，渣水比为1∶1。

果渣排放：二级压榨后的果渣由螺旋输送器送出车间，连续排放，运出工厂用作生产高蛋白发酵饲料、生物酶制剂、乙醇等。

粗滤：一次压榨汁和二次压榨汁混合后经0.3mm筛孔进行粗滤，要求果蔬汁中含果浆3%～5%，果浆太少，色泽浅，风味平淡；果浆太多，则容易产生沉淀。

（4）调整混合。按混浊果蔬汁饮料标准调整，原汁添加量为12%～15%，白砂糖用量为10%左右，复合酸（柠檬酸和苹果酸）添加量为0.15%左右，还原胶0.1%，CMC－Na0.1%，最终产品中可溶性固形物含量为12%～14%，含酸量为0.15%～0.2%。

（5）均质。均质是柑橘汁加工的必需工艺，均质压力为20MPa左右。

（6）脱油和脱气。柑橘汁经脱油和脱气后，应保持精油含量在0.15%

～0.25%，脱油和脱气可使用同一台设备。

（7）无菌灌装。采用 FBR 无菌灌装机，果蔬汁经管道输送至无菌灌装机，利用灌装机灌装头腔室温度≥95℃的灭菌条件将果蔬汁灌入无菌包装容器中，灌装重量通过质量流量计来控制。要求：下线产品温度≤25℃；灌装净重量符合《质量包装商品净含量计量检验规则》（JJG 1070—2005）净重要求。

（8）贴标、铅封。每桶灌装满后，用蘸有 75%酒精的干净毛巾擦干净无菌袋表面的水珠，操作工检查合格后，折叠好无菌袋和保护袋，盖上桶盖，对包装进行铅封。在钢桶外壁的标识框内贴上标签。

（9）贮存。包装好的产品贮存在≤5℃洁净卫生的库房，并在产品堆放点放置明确的标识牌。

（10）出厂前检查。产品出厂前由目视检查包装物是否干净卫生、包装容器应平整、无掉漆、无破损、无锈迹、无碰痕、无污物；检查包装有无破损、果蔬汁渗漏，桶圈、铅封齐全，标签字迹清晰、位置端正等不合格情况。

浓缩果蔬汁是采用物理方法从果汁中除去一定比例的水分，加水复原后具有果蔬汁应有特征的制品。由于部分水分的脱除使浓缩果蔬汁具有了体积小、包装和运输费用省、产品质量稳定和不添加防腐剂却具有较长保藏期的特点，使其在饮料中所占的比例日益增大，尤其是饮料生产加工向主剂化生产发展，浓缩果蔬汁的需要随之增加。在国际贸易中，浓缩果蔬汁比较受欢迎，生产量和贸易量也在逐年增加。常见的果蔬浓缩汁产品有浓缩苹果汁（70～72°Bx）、浓缩橙汁（65°Bx）、浓缩菠萝汁（65°Bx）、浓缩葡萄汁（65～70°Bx）、浓缩胡萝卜汁（30°Bx）以及浓缩番茄浆（28～30°Bx）等。

三、浓缩果蔬汁生产工艺

（一）浓缩果蔬汁基本生产工艺

浓缩果蔬汁生产工艺流程见图 9－5。

由图 9－5 可知，浓缩果蔬汁生产浓缩前的工序与前面所述果蔬汁是一样的。具体内容参照前述两类饮料的生产工艺。

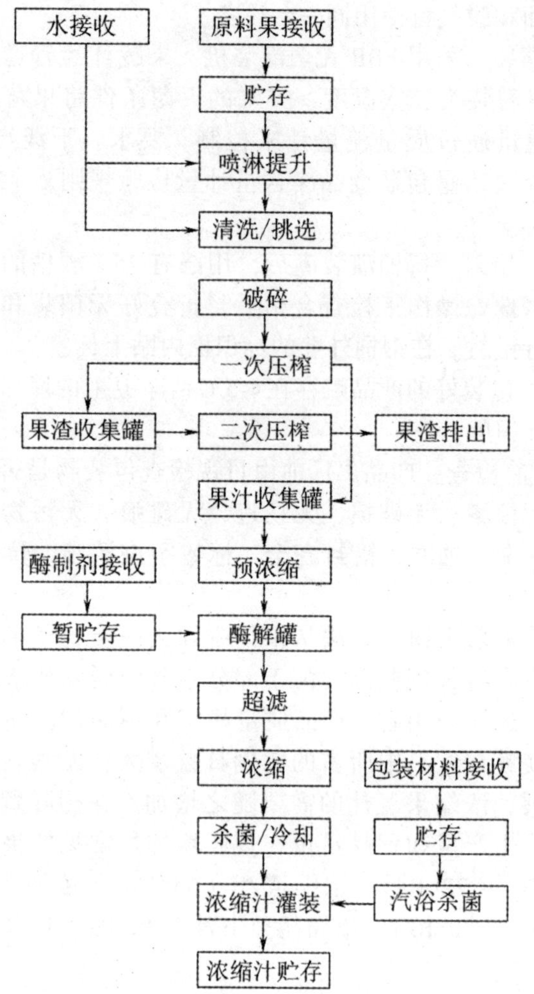

图 9－5　浓缩果蔬汁生产工艺流程

（二）典型浓缩果汁生产

1. 工艺流程

浓缩苹果清汁是我国农产品加工的关键产业，浓缩苹果汁的主要生产工艺流程见图 9－6。

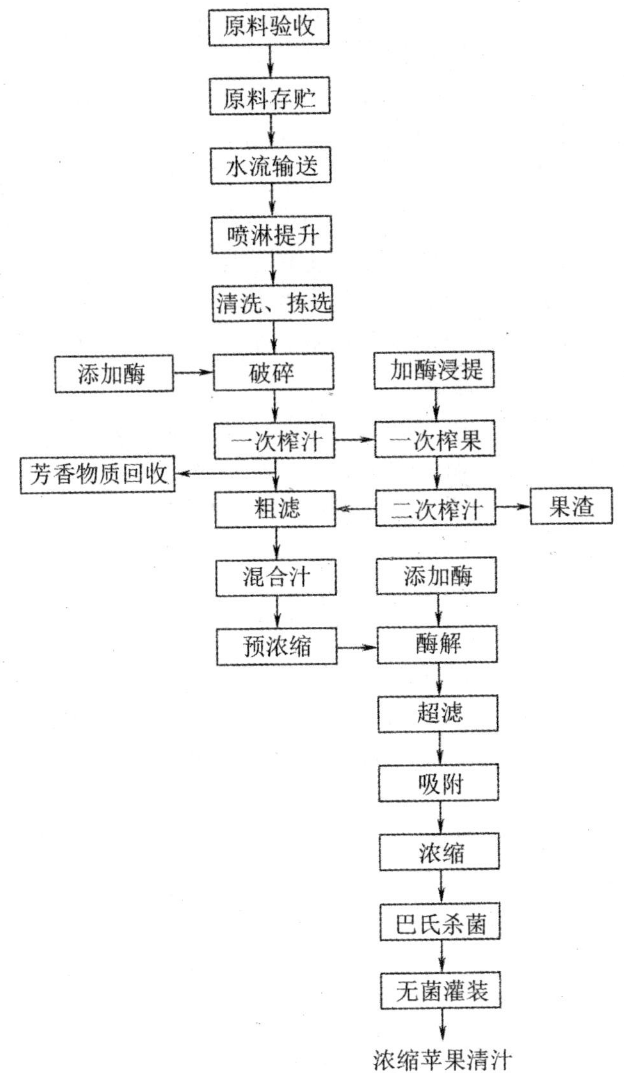

图 9－6　浓缩苹果汁生产工艺流程

2. 工艺要点

（1）原料验收。参照国标《鲜苹果》（GB/T 1065—2008）“品质基本要求”的规定，或根据苹果供需合同或协议进行验收，选用符合要求的苹果。

（2）清洗、输送与挑选。苹果通过果槽（渠）依靠水的流动输送，同时使苹果得到充分浸泡，并在具有一定压力的水喷淋下初步清洗；苹果提升至拣选台，在拣选台上随着苹果的滚动将霉烂果、变质果、杂质拣选挑出，拣出的烂苹果等杂质用螺旋提升机输送出车间。此工序保证拣选之后烂果率控制在2%以下。合格苹果在浮洗机中随水流动翻转，得以充分浸泡、清洗后，苹果进入消毒池进行消毒清洗。可用浓度为5～8mg/L二氧化氯消毒，原料果消毒后在滚杠输送机上用高压喷淋水冲淋洗净。

（3）破碎。将清洗干净的苹果用破碎机破碎为3～5mm的果浆粒，根据工艺需要添加果浆酶。果浆用泵通过不锈钢管道输送进入果浆罐。

（4）压榨。对破碎后的果浆进行一次压榨，压榨后果蔬汁进入一级过滤工序，果渣在本机内进行加水萃取并进行二级压榨、粗滤。将两次压榨过滤后的混浊汁送入原汁罐备用。

（5）预浓缩。将两次压榨过滤后的混浊汁进行适度浓缩。

（6）酶解澄清。预浓缩后的果汁送至酶解罐，按工艺要求加酶进行60～90min酶解。以碘试剂做淀粉检测、酒精做果胶检测，根据检测结果（检测为阴性）判定酶解终点。

酶解彻底后的果汁先经120目的管道过滤器进行二次过滤，并泵入超滤原汁罐备用。

（7）超滤。二次过滤后的果汁通过超滤膜进行精滤，超滤装置的膜孔径≤0.02μm。经过超滤除去果汁中的水不溶性物质和分子大于0.02μm的物质。过滤后的果汁浊度≤0.4NTU，澄清、透明无杂质。超滤后的果汁泵入超滤清汁罐备用。

超滤清汁通过树脂柱吸附除去果蔬汁中的单宁、酚类物质等物，以提高清汁色值、避免后混浊。吸附终点清汁指标：色值>65%、酸度<0.04%。经过树脂吸附脱色后的清汁泵入暂存罐备用。

（8）浓缩。脱色后果汁进入五效管式或四效板式蒸发器进行浓缩，浓缩至可溶性固形物为70.0～70.4°Bx。

（9）杀菌、冷却。浓缩后的果汁按工艺要求进行杀菌和冷却，一般巴氏杀菌条件为≥85℃的条件下保持30s，使所有致病微生物含量达到标准要求。

（10）灌装密封。浓缩苹果清汁包装材料有：无菌袋、塑料袋、钢桶。相关部门检验合格后使用。

采用无菌袋灌装，无菌灌装温度控制在≤35℃；钢桶用螺丝紧固，密封完好无渗漏，符合《包装容器钢桶》（GB325—1991）标准，检验合格后贴标入库。

四、浓缩果浆生产工艺

（一）基本生产工艺

1. 工艺流程

浓缩果浆生产工艺流程见图 9－7。

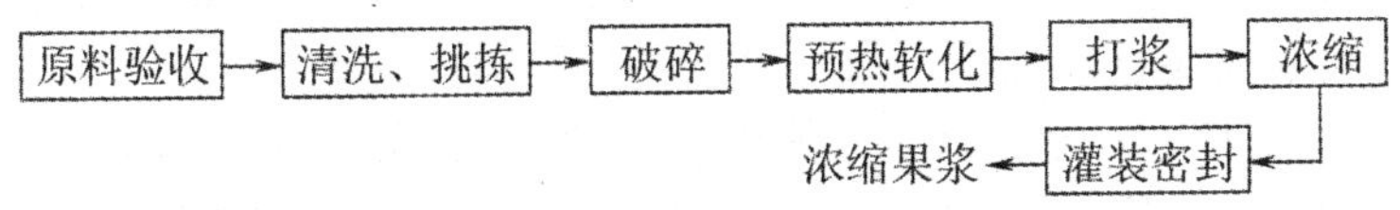

图 9－7 浓缩果浆生产工艺流程

2. 工艺要点

由图 9－7 流程可知浓缩果浆的生产工艺是经混浊果汁的前处理获得果浆后再加以浓缩而成，所以在此不再重复表述。

浓缩果浆的浓缩程度一般不如浓缩清汁高，具体浓缩程度视原料鲜果的特性、成分组成等而异，如浓缩杏浆，一般浓缩 2 ～ 3 倍。

（二）典型浓缩果浆生产

1. 浓缩桃浆生产工艺流程

浓缩桃浆生产工艺流程见图 9－8。

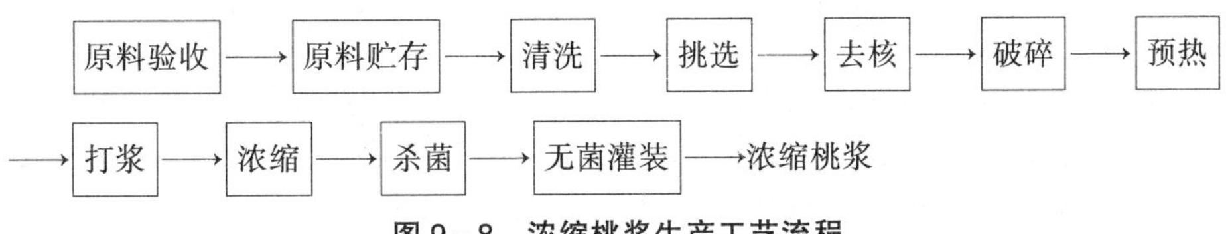

图 9－8 浓缩桃浆生产工艺流程

2. 工艺要点

（1）原料验收。选用符合相关标准或合同要求的清洁的新鲜桃。

（2）清洗。清水清洗以去除或减少原料桃表面的微生物、尘埃、残存农药及泥土等。注意清洗用水的卫生。

（3）挑选。剔除霉变、腐烂、病虫害等果实。

（4）去核。挑选合格的桃送入去核工序，去除桃核。可用去核机也可采用人工去核。

（5）破碎。将去核后的桃肉进行破碎（3～5mm），以便后续预热、打浆操作。

（6）预热。破碎后的桃肉进行预热，一般预热温度为90～95℃，时间为15～30s。

（7）打浆。预热后的桃肉立即送入打浆机进行打浆处理，一般采用上双道打浆，细度为0.5mm、0.8mm。

（8）浓缩。多采用两双效真空浓缩，浓缩至工艺规定的程度。如浓缩黄桃浆一般浓缩终点控制在可溶性固形物达到30～32°Bx。

（9）杀菌冷却。浓缩后的桃浆多采用管式换热器加热，经102～105℃、10～30s杀菌，并急速冷却至38～40℃，输送至无菌灌装工序。

（10）无菌灌装。浓缩桃浆与其他浓缩产品一样，多采用无菌大包装。灌装是要保证无菌效果。灌装后要及时进行外包装。

五、发酵果蔬汁饮料生产工艺

发酵果蔬汁饮料指以新鲜果蔬菜为主要原料，用压榨或浸提等方法取得的汁液，以此汁液为基质通过接种有益微生物发酵再经过调配而获得的饮品。发酵果蔬汁饮料不仅含有果蔬菜汁中原有营养与疗效成分，而且赋予了发酵制品特有的风味及功能，越来越受到消费者的青睐。

（一）发酵果蔬汁饮料加工常用的微生物

发酵果蔬汁饮料加工常用的微生物主要为细菌和酵母菌。

1. 细菌发酵果蔬汁饮料

发酵果蔬汁饮料常用的细菌主要包括乳酸菌和醋酸菌两类发酵菌种。

（1）乳酸菌。乳酸菌以在发酵过程中产生乳酸而得名。发酵饮料常用的乳酸菌有乳酸杆菌、链球菌、明串珠菌以及双歧乳杆菌。

（2）醋酸菌。醋酸菌有周生鞭毛醋酸杆菌和极生鞭毛酸杆菌两类。前者能把乙醇氧化成醋酸，并进一步把醋酸氧化成二氧化碳和水；后者只能把乙醇氧化成醋酸。

2. 酵母菌生产果蔬汁饮料

酵母菌生产果蔬菜发酵饮料所使用的酵母菌要求产酒精能力低，一般不使用普通的酵母菌，而使用特种酵母菌，目前使用的主要是克鲁维酵母属的乳酸克鲁维酵母和脆壁克鲁维酵母。这类酵母产生酒精的能力很低，产品风味好。这些克鲁维酵母可以单独使用也可以混合使用。

（二）果蔬汁乳酸发酵饮料的生产工艺

1. 工艺流程

果蔬汁发酵饮料生产工艺流程见图9－9。

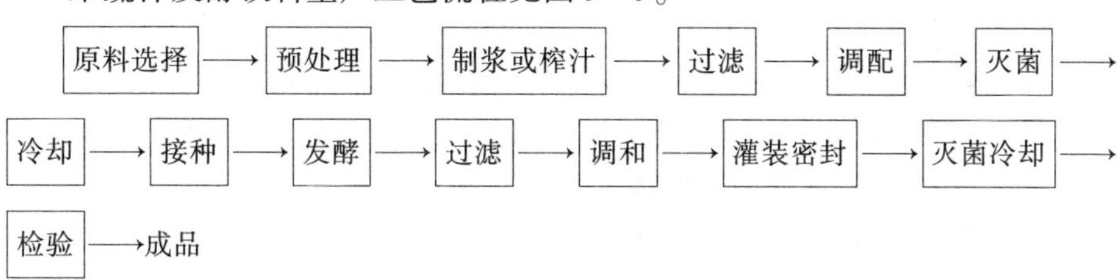

图9－9　果蔬汁发酵饮料生产工艺流程

2. 工艺要点

（1）原料要求。用于制汁的原料应是成熟度高、新鲜度好、气味芳香、色泽稳定、汁液丰富、取汁容易且取汁率高、酸味适度、无病虫害、无霉变的果蔬。同时，为了提高发酵蔬菜汁成品的风味，增强营养价值，应选择几种质地、色泽相近的果蔬菜混合汁进行发酵。例如，可将胡萝卜、番茄与南瓜混合制汁，将萝卜、甘蓝与冬瓜混合制汁，将芹菜、苹果与豆角混合制汁，可以互相搭配调和营养，而且易于乳酸菌发酵。

（2）原料预处理。原料预处理主要包括清洗、破碎、加热和酶处理等过程，要求与方法同前所述。要特别注意的是通常蔬菜种类多、食用部位及物理特性各异，形状及表面状况复杂多变，清洗较水果困难。清洗设备也要根据原料的性质、形状适当选择，如胡萝卜可采用滚筒式洗涤机洗涤。

（3）调配。为保证发酵效果，对于营养组成不足的蔬菜汁需要进行合理调配，调配方式可以直接添加相应的营养素，如葡萄糖和脱脂奶粉以补充碳源和氮源；也可通过果蔬汁的混合实现。

（4）灭菌。果蔬菜汁在发酵前必须进行加热灭菌，以杀灭杂菌，保证果蔬汁的发酵效果。加热温度一般不低于90℃，灭菌后的果蔬汁应急速冷却降至发酵温度。

（5）接种与发酵。按工艺要求在无菌的状态下接入工作发酵剂进行发酵，接种量一般为果蔬菜汁总量的4%～5%。发酵温度一般在30～40℃，具体以所选用的菌种而定。发酵的终点通常为发酵液的酸度达到1.5%左右。

（6）调和。调和的目的在于使果蔬菜汁发酵饮品具有一定品质，通过合理调和可以改进风味、改善色泽、增加营养，以适应消费者的口味，满足消费者的需求。常用的调和用添加物有糖、酸、着色剂、稳定剂等，具体根据发酵汁状态与特性、成品发酵饮料的规格与要求而定。

（7）灌装与杀菌。对于非活菌性发酵果蔬汁饮料的灌装和杀菌与其他非碳酸饮料一样，可以采用先杀菌后热灌装（中温灌装、热灌装）的方式，也可采用常温灌装后热杀菌的方式，或采用无菌灌装工艺。参考杀菌条件为：酸性和高酸性蔬菜汁，80～85℃，保持30min，或高温瞬时杀菌，快速加热汁温至（93±2）℃，维持15～30s；低酸性蔬菜汁，可采用超高温瞬时杀菌，120℃以上的温度下保持3～5s。

活菌性发酵果蔬汁饮料与活菌性饮料相似，灌装密封后在4℃的温度下冷藏保存。

六、典型发酵果蔬汁生产工艺

以发酵芹菜复合饮料为例介绍发酵果蔬汁饮料基本工艺。

（一）工艺流程

发酵芹菜复合饮料基本生产工艺流程见图9－10。

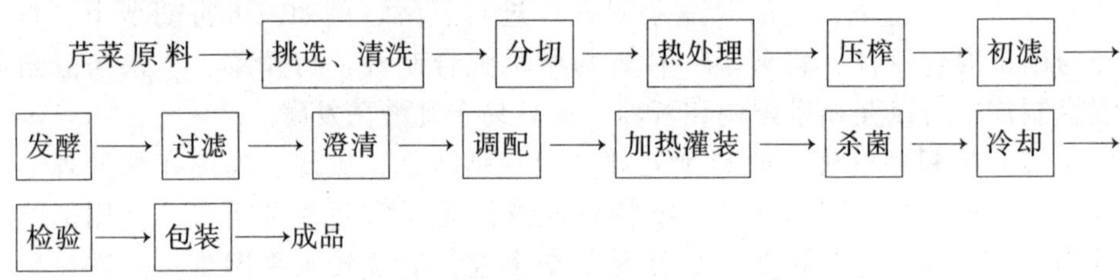

图9－10 发酵芹菜复合饮料生产工艺流程

（二）工艺要点

（1）原料与处理。选择叶茎完整的新鲜芹菜清洗干净，沥水后进行热烫。

（2）榨汁。热榨后的芹菜添加适量水进行二次榨汁，合并芹菜汁后过滤。

（3）发酵。过滤后的芹菜汁添加适量蔗糖后加热杀灭杂菌，然后冷却至发酵温度，接种后在40℃条件下发酵24h。

（4）调配。发酵芹菜汁添加量30%～50%，再配以适量果汁（如苹果汁10%～20%），再以蔗糖、柠檬酸等调整适宜的糖酸比即可。

（5）杀菌、灌装和冷却。90℃杀菌 10s 后，即刻热灌装、密封冷却。

第二节　碳酸饮料加工工艺

一、碳酸饮料加工工艺类型

（一）现调式碳酸饮料工艺

碳酸饮料俗称汽水，即在一定条件下充入二氧化碳气体的饮料，其在饮料中占有很大的比例。碳酸饮料的生产有现调式和预调式两种，现调式工艺是先将配好的调味糖浆灌入包装容器，然后再灌装碳酸水调和成汽水。其工艺流程见图 9－11。

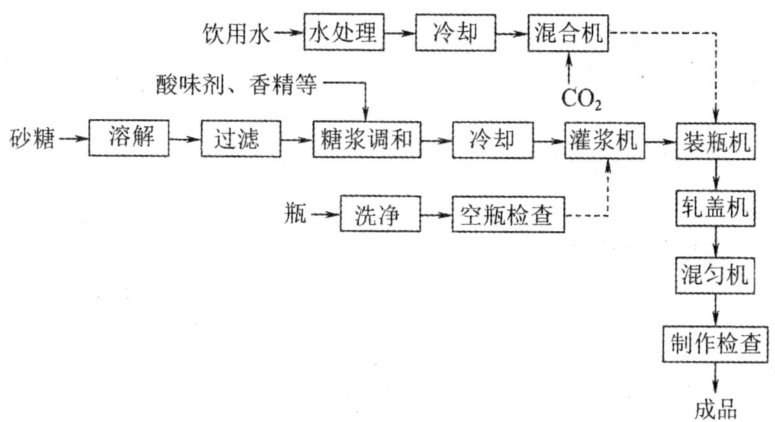

图 9－11　现调式碳酸饮料生产工艺流程

（二）预调式碳酸饮料工艺

预调式工艺是将调味糖浆和水先按一定比例混合，再经冷却碳酸化后一次灌入包装容器中的生产工艺。其工艺流程见图 9－12。

从图 9－12 中可以看出，在装瓶前有三条支线，即水处理和碳酸化、调味糖浆制备及空瓶处理。从上述两种工艺流程看，现调式工艺需灌装两次（碳酸水与调味糖浆分别灌装），又称二次灌装工艺；而预调式只需灌装一次（碳酸水与调味糖浆事先按比例调和后灌装），所以又称一次灌装工艺。

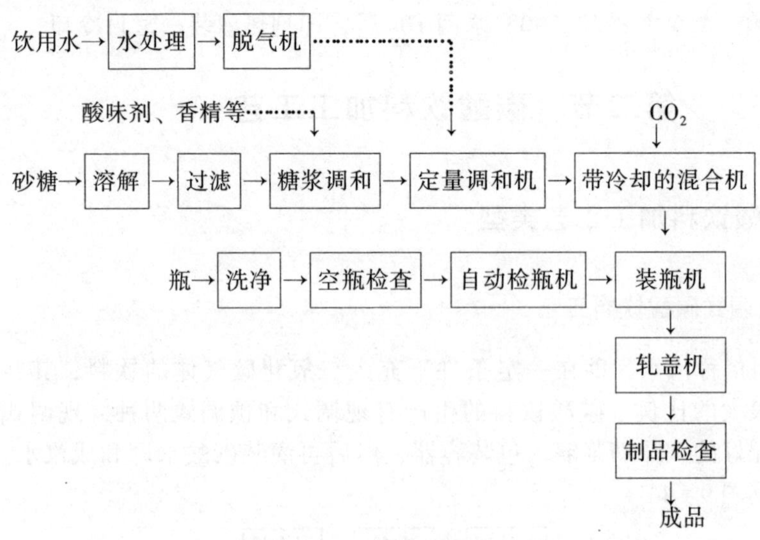

图9－12　预调式碳酸饮料生产工艺流程

二、碳酸饮料的生产工艺特点

（一）现调式碳酸饮料生产工艺的特点

现调式工艺是一种古老的调和方式，目前仍在使用，但比较少，一般用于含有果肉的汽水或小型生产线。它的特点是：

（1）设备结构简单。现调式用的是加料机，而预调式需用调和机，加料机比调和机结构简单得多。

（2）糖浆、碳酸水各有自己的管路，易于清洗。

（3）糖浆损失少，在灌装机有漏水的情况下，只漏掉碳酸水而不损失糖浆。

（4）灌碳酸水时容易产生气泡沫，因为通常糖浆的温度高于碳酸水。

（5）汽水含气量降低。因为灌装比例为1∶4或1∶5，当糖浆与碳酸水混合成汽水后总容量增加而二氧化碳量不变，含气量自然就降低。

（6）汽水的质量有差异，因为现调式，每瓶灌入的糖浆是定量的，而碳酸水则是以灌到瓶口的某一高度为准，由于瓶子容量的不一致或灌装液面高低的不一致等会导致汽水的质量有差异。例如，液面高了，碳酸水相对灌得就多，汽水的色、味就淡。

（二）预调式碳酸饮料生产工艺的特点

目前预调式工艺是汽水厂（尤其是大型汽水厂）采用的生产工艺，它的特点是：

（1）糖浆和水的比例失误小，准确度高，产品质量一致。

（2）灌装时起泡小。

（3）只需控制一次含气量。

（4）应用局限性，不适合生产带果肉的汽水。

除上述两种生产工艺外，人们设计了各种组合方式。主要有：

（1）按一般预调式组合各机，当灌装带果肉汽水时，在调和机上装一个旁通，使糖浆按比例泵入另一管线（不与水混合），与碳酸化后的碳酸水在混合机末端连接，再进行灌装。

（2）按一般预调式组合各机，但在调和机以后（即水与糖浆调和好后）加一个旁通，采用注射式混合器进行碳酸化（冷却可在脱气罐中加一个易清洗的冷却器），然后进行灌装。

（3）只使用调和机的比例泵部分，不进行调和。水以注射式混合器进行预碳酸化，然后与糖浆共同进入易清洗的碳酸化罐进行最后的碳酸化，再灌装。

（4）水先在混合机中进行碳酸化，然后与糖浆分别进入调和机中，按比例调和后进行灌装。

第三节　固体饮料加工工艺

一、固体饮料概述

依据国标《饮料通则》（GB/T 10789—2015），固体饮料是将食品原料、食品添加剂等加工制成粉末状、颗粒状或块状等固态料供冲调饮用的制品（不包括烧煮型咖啡）。如果汁粉、豆粉、茶粉、咖啡粉、果味型固体饮料、固态汽水（泡腾片）、姜汁粉。

固体饮料是相对饮料的物理状态而言，是饮料中的一个特殊品种。与液体饮料相比，固体饮料的重量轻、体积小，运输与携带方便，且易冲溶。因其含水量低，故具有良好的保藏性。固体饮料种类很多，分类方法也有多种，依据原料组成可分为果香型、蛋白型和其他型三大类固体饮料。果香型固体饮料是以糖、果汁（或不加果汁）、食用香精、着色剂等主要原辅料制成的制品。蛋白型固体饮料是以糖、乳制品、蛋白粉或植物蛋白等为主要原辅料制成的制品。其他型固体饮料是以糖为主，配以咖啡、可可、乳制品和食用香精等，或配以茶、菊花等制成的制品。依据成品形态分，可分为粉末型固体饮料、颗粒型固体饮料、片剂型固体饮料和块状型固体饮料四类。依据成品溶于水时起泡与否可分为起泡型固体饮料和非起泡型固体饮料。

二、固体饮料生产工艺

固体饮料一般有两种生产工艺，即分料法和成型干燥法。

分料法又称合料法，是将多种粉末原料粉碎到一定细度，并按照配方进行混合。这一方法的特点是操作简单，合料是全部操作的唯一工序，生产设备是高效粉碎机和混合机。将各种原料粉碎，并在干燥条件下按配方进行混合，可得到所需产品。目前，国内生产固体饮料时，在合料后还需进一步成型和烘干。

成型干燥法是将多种原料按配方混合、成型后干燥、过筛或粉碎过筛而成。

（一）固体饮料的生产工艺流程

1. 分料法生产工艺流程

固体饮料的分料法生产工艺流程如图 9-13 所示。

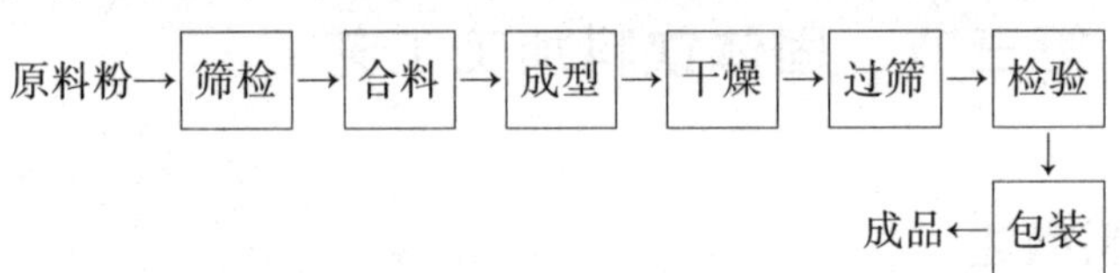

图 9-13　分料法生产工艺流程

果香型固体饮料多采用分料法生产工艺。

2. 成型干燥法生产工艺流程

成型干燥法生产工艺流程如图 9-14 所示。

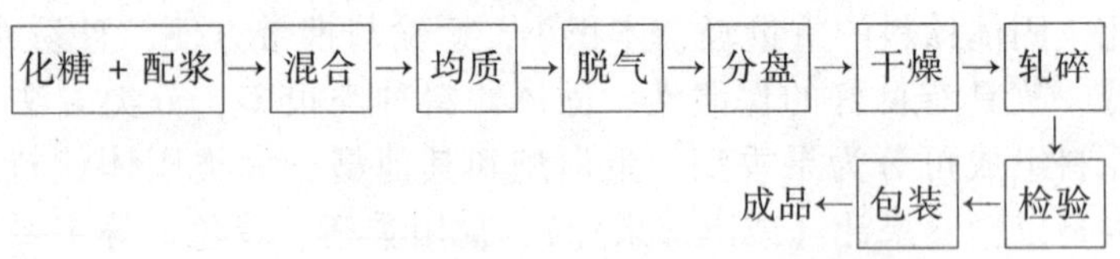

图 9-14　成型干燥法生产工艺流程

蛋白型固体饮料常采用此法生产。

（二）固体饮料生产关键技术

在固体饮料生产中，合料、造粒成型、干燥是基本工序。在干燥的同时，饮料的香气成分会随同水分部分被蒸发，因此在干燥过程中，香气成分的保持尤为重要。

1. 合料

合料是分料法中的首要工序，各种经过筛分细度要求（过 100 目）的原辅料按配方投料后充分混合均匀，通常由混合机混合。合料的用水量需要被严格控制，一般不得超过全部投料量的 5%～7%。全部用水包括果蔬汁中的含水量，用以溶解食用色素和溶解柠檬酸的水，也包括溶解香精的水。用水过多，则成型机不好操作，并且颗粒坚硬，影响质量；用水过少，则产品不能形成颗粒，只能成为粉状，不合乎质量要求，如用果蔬汁取代香精，则果蔬汁浓度必须尽量高，并且绝对不能加水合料。

2. 成型

成型即造粒，将混合均匀、干湿适当的坯料放进颗粒成型机造型，使其成颗粒状。颗粒大小通过合理选用成型机筛网孔眼大小实现，一般以 6 ～ 8 目筛网为宜。造型后成颗粒状的坯料，由成型机出口进入盛料盘。

3. 干燥

颗粒坯料放入烘盘后，轻轻摊匀摊平，放入干燥箱干燥。要求控制温度在 80 ～ 85℃，以使产品保持良好的色、香、味。这种烘箱应配以真空系统，以便尽快排除水分。也可采用沸腾干燥，颗粒料置于筛板上，热风由筛板下吹出，使颗粒料在热风中悬浮、翻滚，从而得以干燥，这种设备称为沸腾床干燥器。如果混合料中含有较多果蔬汁，则其中所含有的许多维生素对温度很敏感，因此，在选择干燥工艺条件时应选择受热时间较短的，以减少营养素的损失，如沸腾干燥设备就比较适合。

蛋白型固体饮料常采用真空干燥，一般要经过四个阶段，即升温、恒速干燥、发泡成型、冷却固化。发泡成型操作是混入空气或添加碳酸铵类物质使之产生泡沫，先进行低真空干燥，物料在减压下膨胀形成泡沫层，干燥到一定程度后，物料形成较稳定的蜂窝状，之后提高真空度进行强化干燥，干燥后可得到组织疏松、速溶性好的物料。

4. 过筛

干燥后的产品有的发生粘连，须将大颗粒及结块颗粒除去，可使其再通过6～8目筛，保持产品颗粒基本一致。

5. 包装

将通过检验合格的产品，摊晾至室温后包装，再用包装机进行包装。如在品温较高的情况下包装，则容易回潮，引起一系列质变。包装如不紧密，也会引起产品回潮变质。其常用设备是薄膜袋包装机、金属罐包装机等。

三、典型固体饮料生产实例

麦乳精原名“乐口福”，是以乳制品、蛋制品、麦精、糖类、香精等为主要原料制成的一种固体颗粒。

（一）麦乳精生产工艺流程

麦乳精生产工艺流程见图9－15。

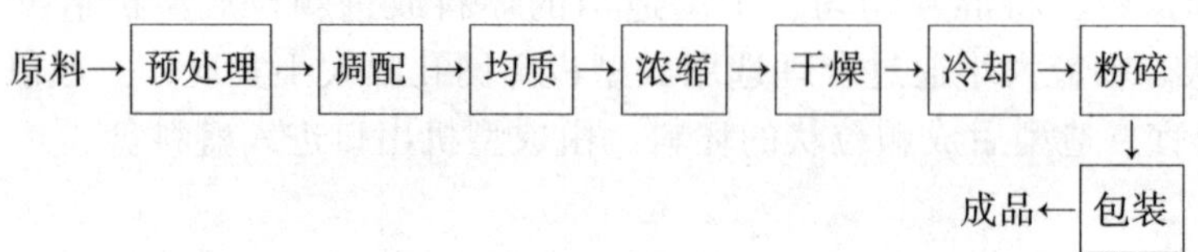

图9－15　麦乳精生产工艺流程

（二）麦乳精生产工艺要点

1. 预处理

按配方称取各种原料用量，其中奶粉、蛋粉、可可粉等应经50～60目筛，奶油要融化，糖类放入化糖锅中加适量水制成糖浆。

2. 调配

调配时在调料桶中进行，桶内应配备有搅拌器、过滤筛、加热系统等。先调制可可乳浆，在桶内加入粉料重量15%～20%的净水，再加入甜炼乳、乳粉、蛋粉、可可粉、融化的奶油等，并不断地搅拌，使固体原料均匀地混入炼乳中，过筛成为可可乳浆。

将预先制好的糖浆加入到可可乳浆中，充分搅拌使其混合，随后加入其他配料，在连续搅拌中制得含水量为24%～30%的麦乳精浆。

3. 均质

麦乳精浆中含有大量油脂和固形物，虽经搅拌器搅拌，仍难以使奶油中团聚的脂肪粒分散，更无法使脂肪球变小，影响产品黏度和口感。而均质能使混合料均匀一致，还能使冲调液保持浓稠、均匀、少沉淀，是保证产品品质的关键工序之一。常用的均质设备是高压均质机，也可用胶体磨、超声波均质机等。

4. 浓缩

浓缩可缩短干燥时间，一般采用真空浓缩，使固形物含量达到82%～84%。在真空浓缩过程中，还可对麦乳精浆进行脱气。麦乳精浆料中含有大量空气，若不将其排除，在干燥时气泡会起泡翻滚，造成损失。浓缩设备常用真空浓缩设备。

5. 干燥

将浓缩麦乳精浆料分装于烘盘中，每盘装料数量须根据干燥设备的具体性能和实际操作条件而定，一般每盘装料的厚度为0.6～1.0cm，干燥后浆料发泡可达8～10cm。分盘后将烘盘送入真空干燥箱中，真空干燥一般要经过四个阶段：升温、恒速干燥、发泡成型、冷却固化。蒸汽压控制在0.1～0.12MPa，真空度为80～100kPa。

另外，还可采用喷雾干燥，它是将浆料喷雾于热风中，在瞬间将水分排出而成麦乳精粉末，可采用制造乳粉的设备生产麦乳精。

除上述干燥方法外，微波干燥作为一种新技术也开始应用在麦乳精干燥工序中，有很好的发展前景。

6. 粉碎

经真空干燥的麦乳精呈蜂窝块状，需通过粉碎机，将颗粒大小控制在3.5～5.0mm，呈鳞片状，经检验后即可投入包装。

7. 包装

麦乳精常用的包装容器有玻璃瓶、塑料瓶、金属罐、薄膜袋等，分别由不同的包装机包装。

参考文献

[1] 陈彦长，罗炜．辐照食品与放射性污染食品［M］．北京：中国质量出版社，2012.
[2] 陈野，刘会平．食品工艺学［M］．北京：中国轻工业出版社，2014.
[3] 刘雄，韩玲．食品工艺学［M］．北京：中国林业出版社，2017.
[4] 李先保．食品工艺学［M］．北京：中国纺织出版社，2015.
[5] 周家春．食品工艺学［M］．北京：化学工业出版社，2017.
[6] 刘雄，曾凡坤．食品工艺学［M］．北京：科学出版社，2017.
[7] 蒲彪，张坤生．食品工艺学［M］．北京：科学出版社，2013.
[8] 朱蓓薇，张敏．食品工艺学［M］．北京：科学出版社，2015.
[9] 刘心恕．农产品加工工艺学［M］．北京：中国农业出版社，1998.
[10] 田龙宾．农产品贮运与加工技术［M］．北京：中国农业科技出版社，2001.
[11] 吴坤，李梦琴．农产品储藏与加工学［M］．石家庄：河北科学技术出版社，1994.
[12] 李新华，杜连起，李代发，等．粮油加工工艺学［M］．成都：成都科技大学出版社，1996.
[13] 赵晨霞．果蔬贮藏加工技术［M］．北京：科学出版社，2004.
[14] 邵宁华．果蔬原料学［M］．北京：农业出版社，1992.
[15] 龙桑．果蔬糖渍工艺学［M］．北京：中国轻工业出版社，1987.
[16] 陈学平．果蔬产品加工工艺学［M］．北京：中国农业出版社，1995.
[17] 李家庆．果蔬保鲜手册［M］．北京：中国轻工业出版社，2003.
[18] 叶兴乾．果品蔬菜加工工艺学［M］．北京：中国农业出版社，2002.
[19] 初峰，黄莉．食品保藏技术［M］．北京：化学工业出版社，2010.
[20] 关志强．食品冷冻冷藏原理与技术［M］．北京：化学工业出版社，2010.
[21] 李雅飞．食品罐藏工艺学［M］．上海：上海交通大学出版社，1993.
[22] 刘建学，纵伟．食品保藏原理［M］．南京：东南大学出版社，2006.
[23] 孟宪军．食品工艺学概论［M］．北京：中国农业出版社，2006.
[24] 曾庆孝．食品加工与保藏原理［M］．北京：化学工业出版社，2007.
[25] 陆兆新．果蔬贮藏加工及质量管理技术［M］．北京：中国轻工业出

版社，2004.
[26] 马长伟，曾明勇. 食品工艺学导论 [M]. 北京：中国农业大学出版社，2002.
[27] 秦文. 食品加工原理 [M]. 北京：中国计量出版社，2011.
[28] 沈明浩，滕建文. 食品加工安全控制 [M]. 北京：中国林业出版社，2008.
[29] 沈月新. 水产食品学 [M]. 北京：中国农业出版社，2001.
[30] 张文叶. 冷冻方便食品加工技术及检验 [M]. 北京：化学工业出版社，2005.